总主编◎陈龙　副总主编◎项建华

21世纪高等院校动画专业实训教材

FLASH动画综合实训

主编◎杜坚敏　孙金山　　副主编◎陆天奕　王晓婷　吴伟峰

中国人民大学出版社
· 北京 ·

SERIES FOREWORD

进入21世纪以来，信息技术突飞猛进，知识经济高速发展，人类社会呈现出数字化、网络化、信息化的特征。如今，经济全球化与文化多元化已成为不可阻挡的历史潮流，并且带来了跨文化传播在全球的迅速兴起。动画艺术作为当今文化产业领域最重要、最流行的艺术形式，正逐渐成为文化消费的主流形式，在文化传播中拥有相当广泛的受众群体。

随着广播影视事业在全国的迅速发展，社会对动画创作人才的需求也越来越大。近年来，我国广播影视类专业高等教育取得了长足发展，为广播影视系统输送了大量的人才。随着动漫游戏产业的迅猛发展，社会对动画制作类人才提出了更高的要求。因此，进一步深化人才培养模式、课程体系和教学内容的改革，提高办学质量，培养更多适应新世纪需要的具有创新能力的动画专业人才，是广播影视类专业高等教育的当务之急。

新的形势要求教材建设适应新的教学要求，作为动画专业教育的重要环节，教材建设身负重任。本套教材针对高等学校，特别是高职高专学生的自身特点，按照国家高等教育的特点和人才培养目标，以素质教育、创新教育为基础，以适应高职高专课程改革为出发点，以学生能力培养、技能实训为本位，使教材内容和职业资格认证培训内容有机衔接，全面构建适应21世纪人才培养需求的高等学校动画专业教材体系。

教育部高等学校广播影视类专业教学指导委员会组织编写的“十一五”规划教材，已经在广播影视类专业系列教材的改革方面做了大量的工作，并取得了一定的成绩。相信这套由中国人民大学出版社组织编写的“21世纪高等院校动画专业实训教材”的出版，必将对高等院校动画专业的人才培养和教学改革工作起到积极的推动作用。

教育部高等学校广播影视类专业教学指导委员会主任委员
王建國 教授

PREFACE

Flash这一交互式动画设计工具，可以把动画、音效等融合在一起，创建基于网络流媒体技术的矢量动画。由于其动画效果好，文件小而且带有交互功能，因此成为网络动画的标准。Flash所运用的范围也是十分宽泛的，如：动画片、音乐动画(MV)、网络广告、媒体展示、交互式游戏、多媒体课件、动态网站页面等。目前市场上关于Flash动画制作方面的书籍很多，但是这些书籍往往都是介绍软件的功能以及工具的部分知识，做动画真正需要的专业技法十分缺乏。从这一点出发，我们编写了这本书，紧密结合动画产业，系统全面地讲解了Flash动画的制作流程、技术方法，以培养学生的动手技能为目标，为学生将来从事动画创作打下坚实的基础。

本书的项目1、项目2为Flash制作的初级模块，内容包括角色造型设计和场景设计；项目3、项目4属于Flash制作的中级模块，内容包括动画中的动作设计和特效制作；项目5属于Flash制作的高级模块，内容为制作一个完整的Flash动画短片。本书的各个项目建议课时如下，具体课时可根据实际情况进行调整：

	项　目	课　时	
		项目实训	拓展练习
初级模块	项目1（角色造型设计）	12个课时	8个课时
	项目2（场景设计）	12个课时	8个课时
中级模块	项目3（动作设计）	20个课时	12个课时
	项目4（特效制作）	16个课时	12个课时
高级模块	项目5（动画短片制作）	80个课时	一切可以利用的时间

本书的主要特点体现在如下几个方面：

1．从简到繁的进阶式模块设置。本书共设置初级、中级、高级三大模块。初级模块为Flash动画中角色以及场景的设定，通过项目设置帮助学生了解Flash动画制作的基本绘图技法。中级模块为Flash的动作调节以及动画特效设计，通过项目设置帮助学生掌握Flash动画中动作调节的技术以及特效合成的规律。高级模块为制作一部完整的Flash动画短片，通过解析动画短片《惊魂夜》的制作流程，帮助学生掌握Flash动画的制作步骤及规范，使学生最终拥有执行和实现创意的能力。

2．对重点、难点的讲解。在解析每个项目制作前，都通过对重点、难点的讲解，让学生知道其中需要着重学习的技法以及知识点。同时，本书注意知识点之间的相互衔接和前后呼应，学生可以循序渐进地掌握Flash制作所必需的技能技巧。

3．真实的案例情景。本书中所有案例都是真实的企业项目或团队创作的项目。通过这样的项目设置，可以帮助学生更好地掌握实际制作中的技术，更好地理解制作规范。

4．以创作思维为引领。本书所有模块都强调对绘画基本功的掌握、对动画基本规律的认知、对生活的观察、对思维能力的拓展，学生能够透过“有限”的经验之谈去构思和执行“无限”的创意之作，在制作方法和创作思路上都有所充实和拓展。

在此感谢所有为本书出版作出贡献的人。感谢南京艺术学院优秀的动画教育工作者高立峰老师、张江山老师、吕涛老师所分享的经验。感谢三江学院的骆浩先生，以及我们的学生杨超、赵丹青、丰玉洁、张旻旻等为本书体例更加完善所付出的时间和努力。感谢利用自己的时间与我们分享在动画设计创作上的见解的朋友及老师们。感谢常州信息职业技术学院，为我们专业教学经验的积累与专业提升提供了很好的条件。感谢为本书提供案例项目的公司。感谢中国人民大学出版社所提供的出版平台，感谢刘继方编辑和赵成亮编辑。

动画制作涉及多方面的知识和技能，本书所述的也许还有值得完善的地方，欢迎各位读者提出意见和建议，请发送电子邮件至jinshan_0722@sina.com，与我们分享您的智慧和经验。

编　者

2012年5月

目 录 CONTENTS

项目1
FLASH动画短片《梦系一线》角色造型设计

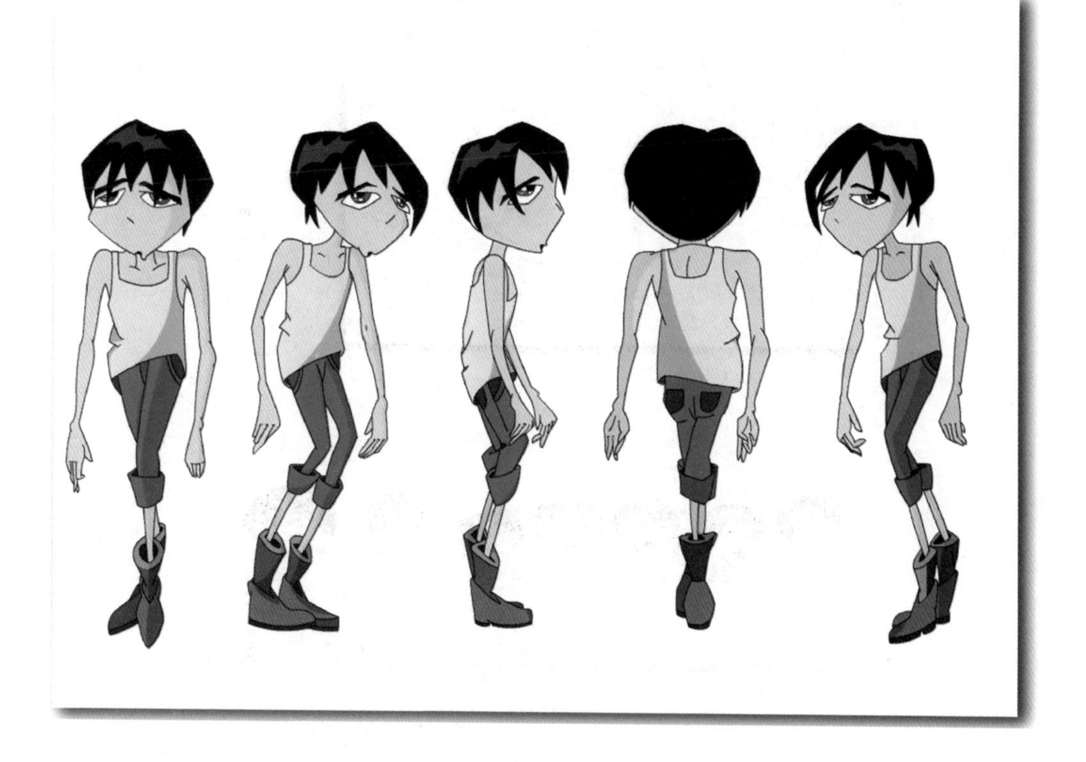

项目概述

该项目选取了Flash动画短片《梦系一线》的前期人物造型制作环节进行讲解，这部动画短片是教学过程中的一个仿真实践项目，整体短片制作周期为6周，前期剧本设定与角色制作时间为3周，采用手绘与Flash相结合的方式制作。

实训目的

通过制作这个项目，掌握Flash动画中造型设计的过程、Flash动画中角色设定的特性，能够设计制作角色造型，并且能够熟练运用Flash中的相关绘图工具。

主要技术

Flash动画中的角色造型制作技术，包括造型小稿的设计（见图1—1）、绘图工具的合理操作（见图1—2）、造型元件的制作（见图1—3）。

图1—1　　图1—2

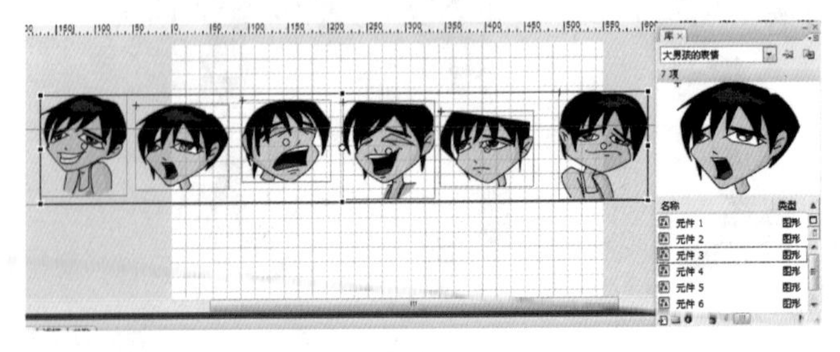

图1—3

重点难点

Flash动画造型富有的特性；造型形成过程及绘制技法的掌握；动画角色的元件组合。

实训过程

《梦系一线》的角色造型项目制作流程示意见图1—4。

前期准备 → 造型定稿与绘制 → 色彩指定与造型元件分层 → 元件合成

图1—4

任务1 前期准备

在动画整体的制作流程当中，前期的准备工作显得尤为重要。在动画制作的各个环节之中，前期工作都是重中之重，前期工作的完善程度对于整体制作的质量有很大的影响。

通过对Flash动画短片《梦系一线》制作过程的分析，我们来看一看，在Flash动画造型制作这个环节，需要完成哪些必要的前期工作。

首先，最需要做的是拿到剧本后，清晰地读懂剧本，了解情节点的设置、人物的性格特点，充分掌握人物的个性；其次，要考虑的就是要符合Flash动画制作的特性，为下一步的人物原画动作设定做好准备。

1.1 项目解析，分析剧情设置

《梦系一线》剧情梗概：一个男孩追求自己的梦想，实现自我的故事。一个性格胆小懦弱的男孩，有着自己的梦想，想成为一名出色的厨师，可是却不断地遭到周围人的嘲笑。一天，在外祖母家，一个昏暗的储物室里，男孩意外地发现了一部老旧的无线对讲机。从这一刻起，一切都发生了变化……通过这部老旧的无线对讲机，男孩与十年后的自己有了联系，虽然一切都显得那么的不可思议，但是当男孩知道十年后自己所遇到的困难和麻烦时，男孩开始改变自己了。经过不断的尝试，在潜意识的驱使下，男孩发现食物也都是被赋予生命的。在似真似幻的环境下，发生了一系列有趣的事情，男孩也从中领悟了烹饪的真正含义，找寻到了真实的自我，从此，他将无线对讲机永远地锁上了。

从剧情分析上可以看出，主要角色是一个男孩，配角是男孩的外祖母。男孩有着一个想成为出色厨师的梦想，性格从胆小懦弱转变成自信坚强。剧情进展是人物完成的时空穿越，这就需要我们设定男孩在两个不同时间段的形象：一个是现在的男孩，一个是十年后的男孩。剧中的关键道具是使男孩完成时空穿越的介质——那部无线对讲机，除此之外还包括那些被赋予了生命特征的食物（见图1—5）。

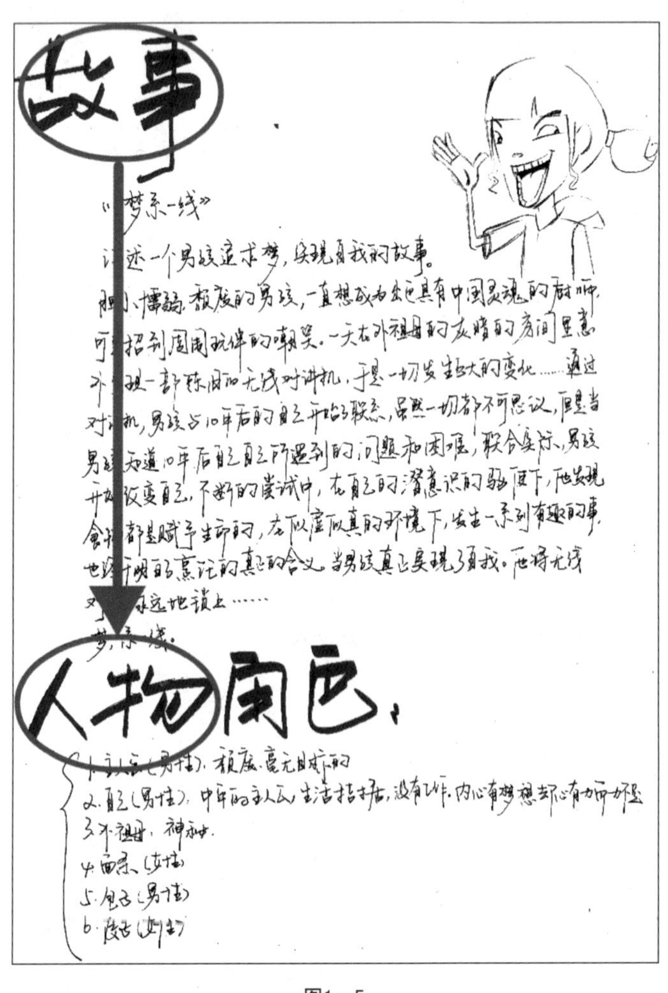

图1—5

从对于剧情的分析，我们得到了所要设定角色的性别、年龄、特点、个性等等，下一步需要做的就是制作小组讨论造型风格、绘制角色小稿、分配任务。

1.2 讨论造型风格、绘制角色小稿、分配任务

首先，需要确定造型风格。经过讨论，制作组确定了以Q版为主的造型风格（见图1—6）。

图1—6

接下来，是比较重要的一步，万万不可忽略，它对于造型的成功起着十分关键的作用，就是开始绘制角色的造型小稿（见图1—7）。

图1—7

造型小稿的绘制，也需要经过多次修改。在绘制小稿的过程中，往往会出现很多有利于角色完整性的好点子，如在《梦系一线》角色小稿的绘制中，制作小组对于角色的细节又作了一些很好的修改（见图1—8），针对角色的特性，给“面条”、“包子”、“饺子”这几个配角增添了更加完整的配饰，从而也更好地体现出角色的性格。

Flash动画短片《梦系一线》制作小组对造型小稿进行了多次的设计与修改，

图1—8

逐渐形成了风格统一、较为完整的造型初稿（见图1—9、图1—10、图1—11、图1—12、图1—13、图1—14）。

图1—9

图1—10

图1—11

图1—12

图1—13

图1—14

最后的工作是分配制作任务（见图1—15），包括主要角色的造型转面设计、次要角色的造型转面设计、道具的结构造型、造型的线条处理、元件的制作组合、造型的颜色指定、动态造型的设定。任务的分配，需由制作小组组长合理安排，每一项任务都有限定的制作周期。

图1—15

任务2 造型定稿与绘制

通过解析制作任务以及绘制造型小稿，最终确定了《梦系一线》中的人物形象，下一步便正式进入造型制作阶段，此阶段可按照以下步骤进行（见图1—16）。

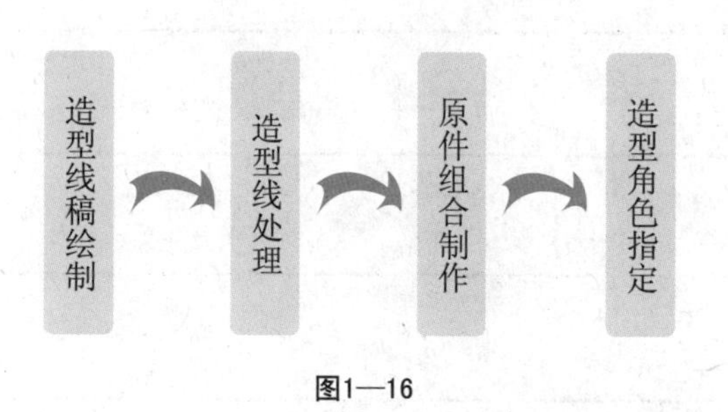

图1—16

2.1 造型线稿绘制

这一步工作包括对动画角色的转面造型、动画角色的表情造型、角色的着装与道具等的线稿绘制工作。这一步工作对于扫描进入电脑，进行Flash制作起着相对关键的作用，所以要求能够把握好人物的比例、结构关系等要素。

步骤1 结合已经完成的造型小稿进行造型草图绘制（见图1—17）。结合造型小稿，在拷贝台上完成造型草图。在绘制的过程中，对造型小稿中的细节进行补充，完善结构中不足的地方，尽可能使造型完整。在结构关系准确的前提下进行造型转面的绘制，这里需要绘制5个基本转面：正面、侧面、背面、3/4正面、3/4背面。另外需要设计角色表情以及动作的草图，作为动作调节的参考。

图1—17

步骤2 根据造型草图进行造型线条绘制。线条绘制同样在拷贝台上完成，在绘制的过程中，需要把结构处理得一步到位，如遇到造型结构的修改，需及时在造型纸上进行标注。动画短片《梦系一线》造型定稿如图1—18、图1—19、图1—20所示。

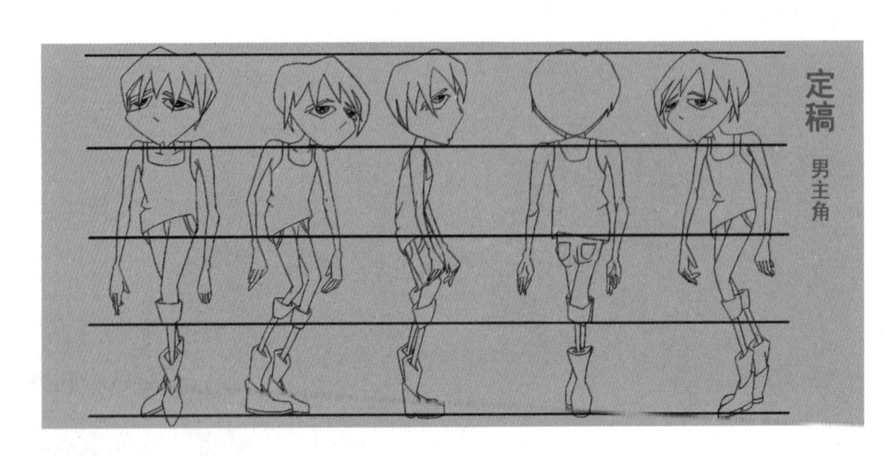

图1—18

图1—19

图1—20

2.2 造型线处理

扫描造型定稿，导入Flash中进行线条处理。在此过程中，Flash操作的熟练程度尤为重要。

步骤1 造型定稿的导入（以《梦系一线》中“面条”造型为例）。一般扫入电脑的图片格式为JPEG。打开Flash之后，新建一个空白文件，选择文件菜单下的导入选项（见图1—21），然后选择“导入到库”，在弹出的菜单里找到面条造型定稿文件的路径，确定导入。这时，在Flash的制作库里就出现了“面条造型定稿”的图片文件（见图1—22）。

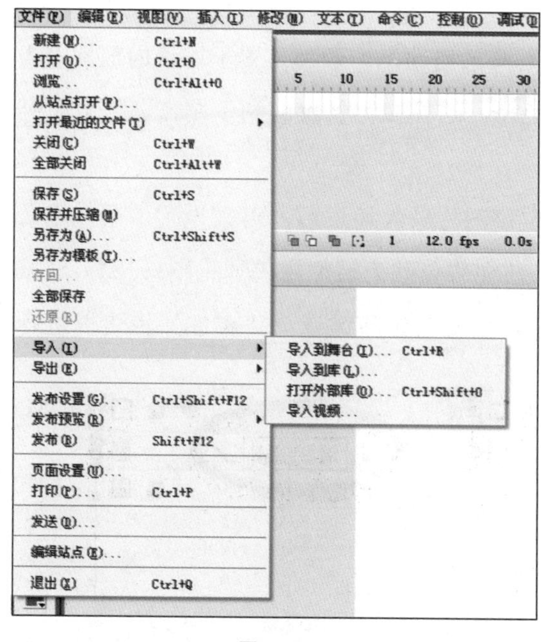

图1—21

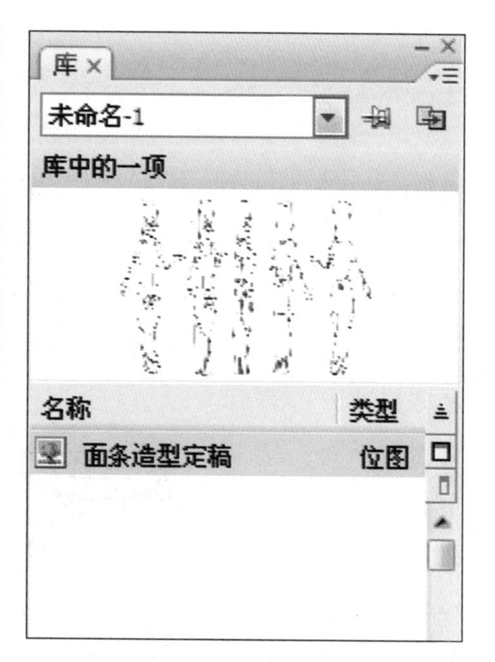

图1—22

提示：我们在制作动画需要导入素材资料的时候，一般选择“导入到库”，这样有利于素材资料的重复利用。如素材利用率较低，可选择“导入到舞台”，用完后直接删除，可减小Flash文件承载量。

步骤2　造型线条绘制前的准备。从库中将造型定稿文件拖入工作区域，用工具条中的任意变形工具（Q）来调节文件的大小（按住Shift键可同比例缩放）。图片文件最好置于场景内部（工作区域白色方框内），以便下一步的线条绘制都在可操作的范围内（见图1—23）。如果图片文件大于场景区域，就不便于场景舞台的移动（按住空格键可移动场景），会对线条绘制造成影响。

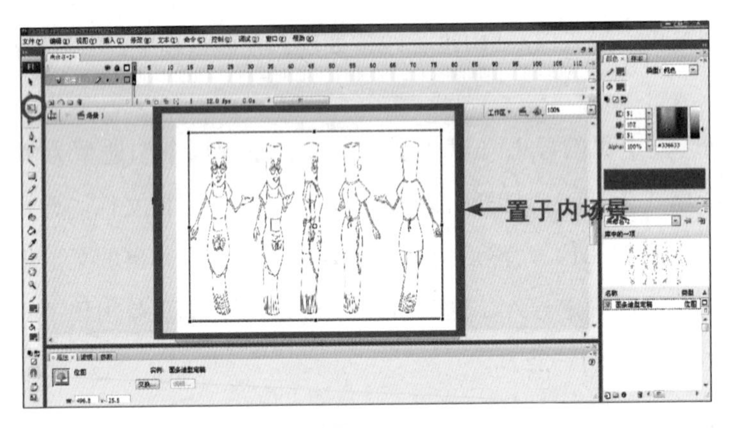

图1—23

提示：在绘制角色、场景或者制作动画的时候，一般都是置于场景内部。因为Flash中最终可展示的区域就是舞台的范围，这样做不仅仅有利于制作，而且有利于测试效果。

步骤3　开始绘制造型线条。造型定稿图片导入场景后，再来设置图层，当前定稿图片所在的图层默认名称为图层1，将名称修改为造型定稿（见图1—24）（双击图层1可修改名称，将鼠标移至图层1，点击鼠标右键选择“属性”也可以进行名称修改），然后将图层锁掉；接下来点击时间轴面板左下第一个图标新建一层，这一层命名为“造型线稿”（见图1—25），在

图1—24

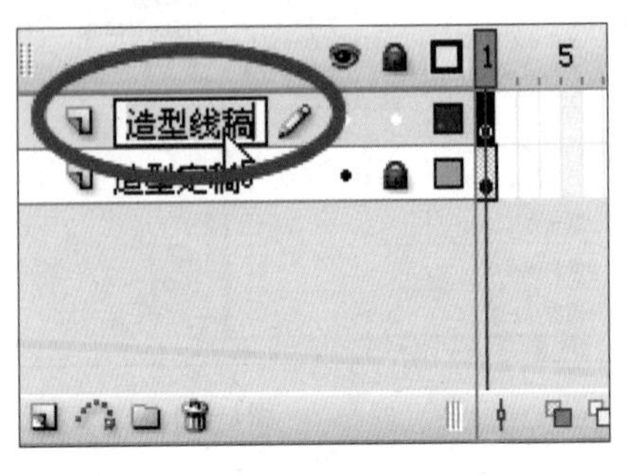

图1—25

这一层开始绘制造型线。造型线稿层需置于造型定稿层上面。

提示：在制作Flash动画时养成修改图层名称的好习惯，对于动画调节等工作会有很大的帮助。给图层取定名字，还有助于调节图层的上下顺序，这在后面的项目中会仔细讲解。

Flash动画短片《梦系一线》的角色造型所采用的线条是传统的铁线线条，这也是动画中最常见的线条样式。在Flash中，就是选择默认的线条样式用来绘制造型线条。首先，选择线条工具（N），线条颜色选择蓝色，以便区分造型线稿层与造型定稿层的颜色，其他处于工作区下方的线条属性面板里所有数值均为默认值（见图1—26）。接下来，利用线条工具在造型线稿层开始绘制，造型定稿层作为参考，这也就要求每一段线条都能严格按照形体进行覆盖，像造型中一些曲度比较顺滑的线段，直接用选择工具（V）便可以调节。如面条造型左侧的胳膊，第一步用线条工具画出直线线条进行覆盖，但是由于胳膊形体略带弯曲，所以再利用选择工具进行曲度的调节（见图1—27）。

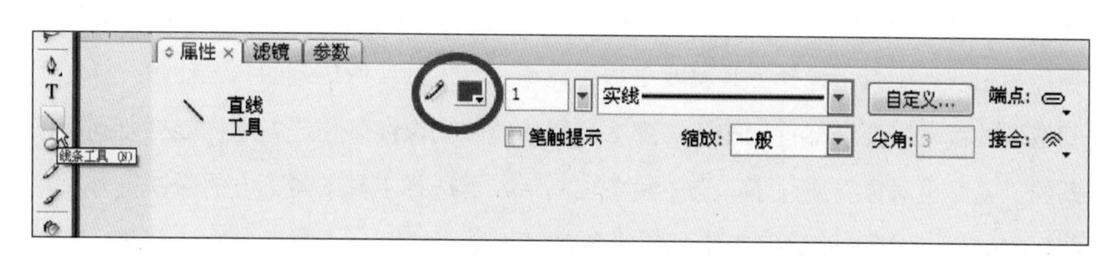

图1—26

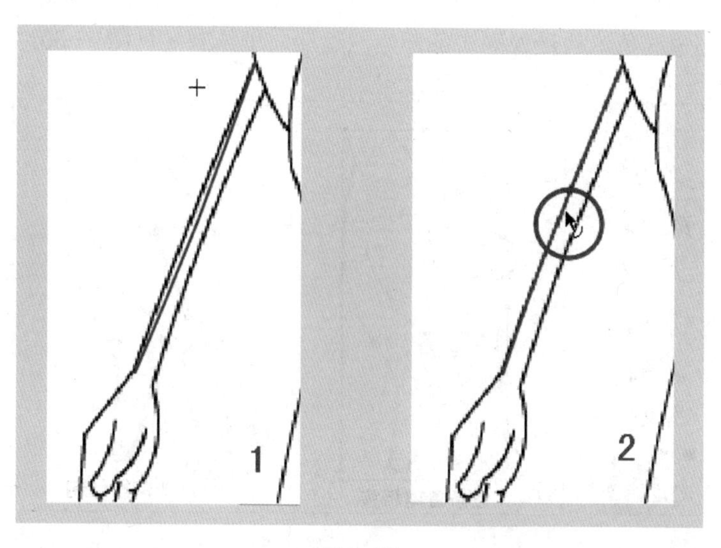

图1—27

提示：在利用选择工具的时候，要注意选择工具的状态。在线条被完全选择的时候（线条呈现雪花状态，鼠标右下出现方形移动标示），是无法调节曲度的，这种状态是用来移动所选中的线条的；当鼠标右下出现小段弧线的时候，说明可以调节线条的曲度了（见图1—28）。

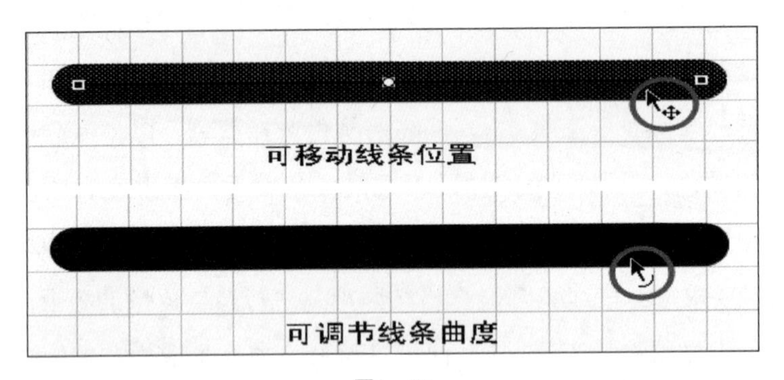

图1—28

除了一些比较好调节的线条外，还有很多需要微调的线条，这也就要求熟练地掌握Flash的操作特性。如面条造型中的手部形态，有很多细小的形态变化与结构穿插，利用线条工具与选择工具就要更加的熟练。首先，就像传统的二维动画一样，手部造型的线条需要全部首尾相接，那么怎样才能够确保线条相连？这样就需要利用线条的“紧贴至对象”属性了，选中线条工具后，再选择工具条最下方的磁铁符号（见图1—29），这样就能确保所绘制的线条首尾相接。其次，绘制手部线条之前，还要仔细观察线条与结构的穿插，这也与传统的二维动画描线工作有相同之处，先绘制长线条，再绘制短线条，从最外侧线条开始，逐渐向里绘制（见图1—30）。

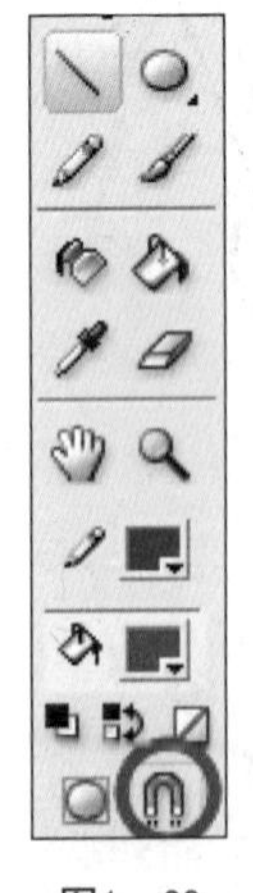

图1—29

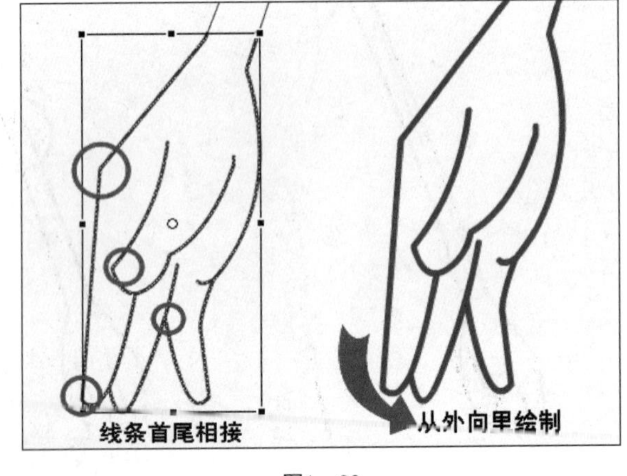

图1—30

在记住以上线条绘制原则之后开始整体动画角色的线条制作，将角色的转面造型绘制完整，完成之后，就可以将造型定稿图层删除。再次强调一下，在整体绘制完成之后一定要检查线条的封闭情况，为下一步的色彩指定做好充分的准备。

怎样才能快速检查线条的封闭情况？首先将绘制完成的线稿利用缩放工具（Z）进行检查，一些比较大的线条开口会很容易被发现，使用选择工具拖动线条端点将其闭合就可以了（见图1—31）。但是在实际制作过程中，会发现线条虽然已经闭合，但是在颜色指定的时候还是无法填充，问题大致会有如下两种：一种是在绘制线条的时候被默认成了打组文件，也就是每画一根线条都是一个默认的组，所以在绘制线条之前一定要检查工具栏下方的状态，将对象绘制按钮关闭（见图1—32）；另外一种是一些很小的开口并没有闭合，这就要利用图层中的线框显示模式进行再次检查（见图1—33）。

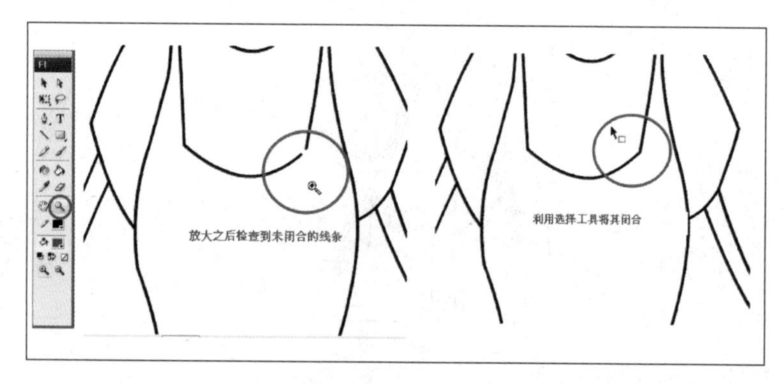

图1—31

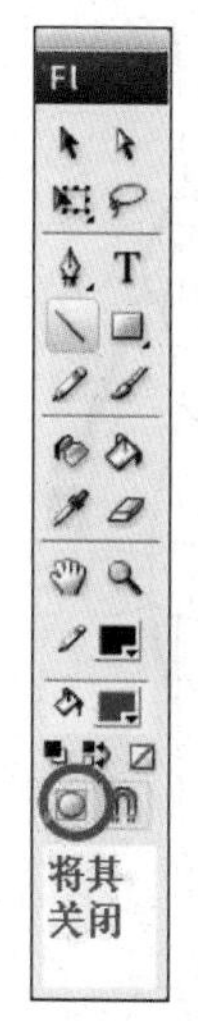

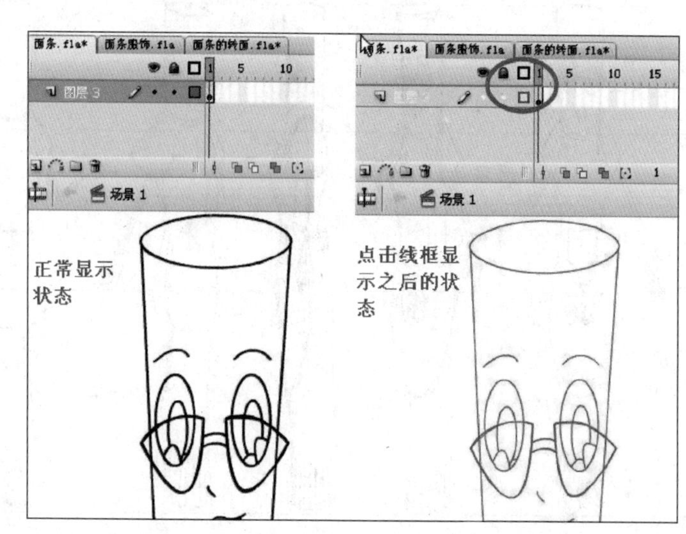

图1—32

图1—33

另外，在动画公司里，一般的动画剧情片都要求在绘制角色造型线稿的同时标注明暗面封色线（见图1—34），其目的是为角色赋予一种立体感，而且在角色指定的时候有助于明暗色调的填充。在绘制角色封色线的时候，应选择红色或者蓝色线条，以便与造型线进行区分。

至此，《梦系一线》中面条角色的造型线稿全部完成（见图1—35）。

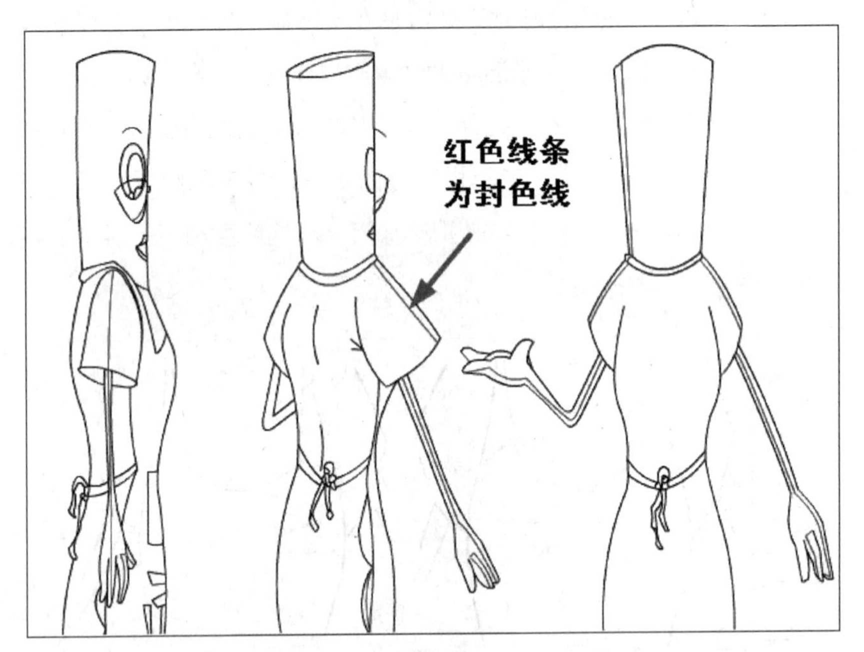

图1—34

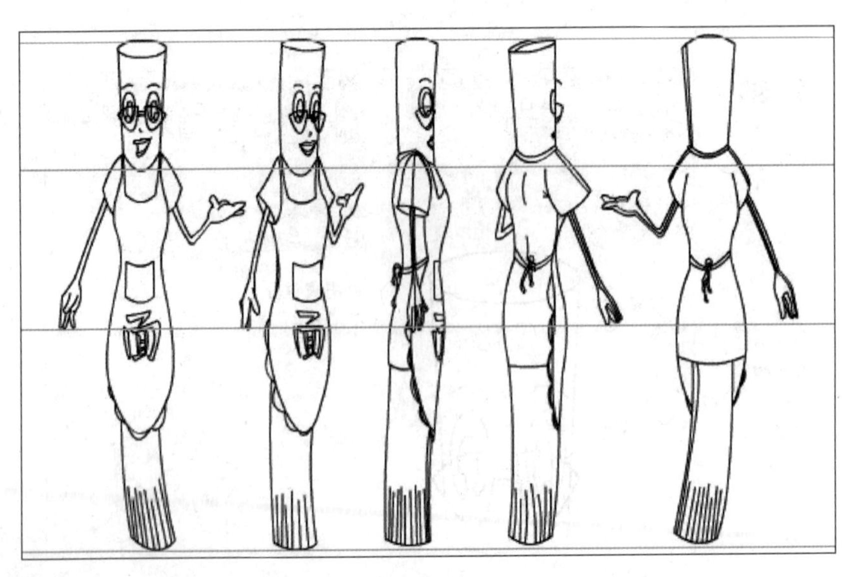

图1—35

任务3 色彩指定与造型元件分层

制作团队经过讨论，确定了整体动画短片的色调以纯度较高、比较鲜艳的颜色为主。因此，在进行面条造型色彩指定时，也要符合整体短片色彩基调。制作团队选择了纯度较高的黄色系与绿色系。

提示：对于整体影片的色彩指定，在前期就需要绘制镜头彩色小稿，以便给后面的工作提供全面的参考。一部动画片，不论是动画剧集还是商业短片，往往都需要做几种色调的设定，通过讨论决定哪一种更符合剧情的要求。当然，色调对于整个动画来讲是十分重要的，所以也要求我们对色彩的原理有很好的掌握，这就涉及绘画基础的问题。

3.1 在Flash中进行色彩指定与填充工作

步骤1 根据确定的造型颜色进行色标的制作。选择矩形工具（见图1—36），在场景中间绘制出一个大小适中的矩形框。在绘制矩形框的时候将工具栏下方的对象绘制按钮关闭（见图1—37），颜色填充同时屏蔽掉（见图1—38），矩形框只由线条构成（见图1—39）。

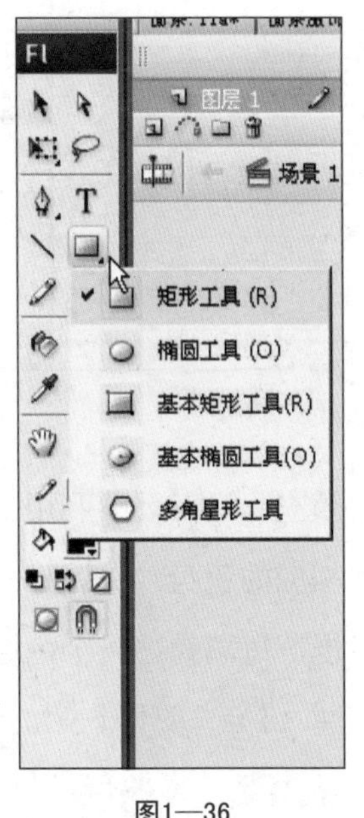

图1—36

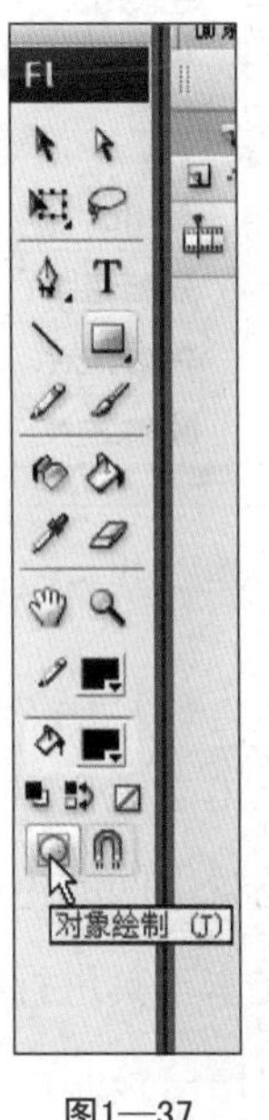

图1—37

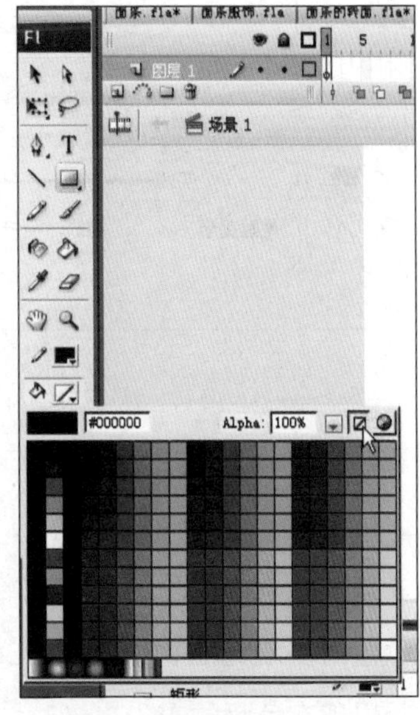

图1—38

复制绘制完成的矩形框。选中矩形框之后点击鼠标右键，选择复制命令（Ctrl+C），然后选择场景其他区域，再次点击鼠标右键选择粘贴命令（Ctrl+D）。这里需要多复制几个矩形框，便于色标的大小统一（见图1—40），将矩形框排列整齐。

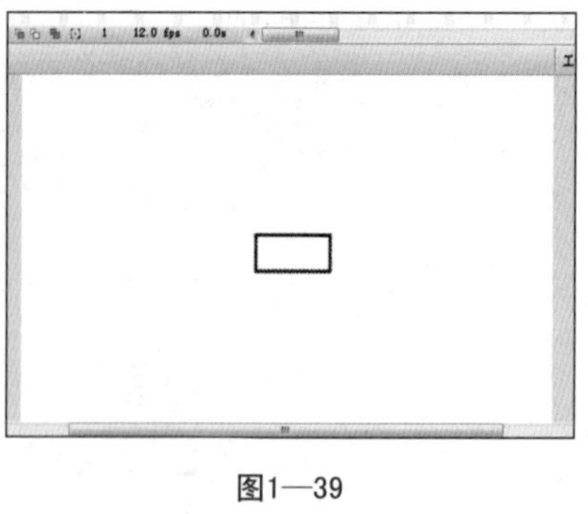

图1—39

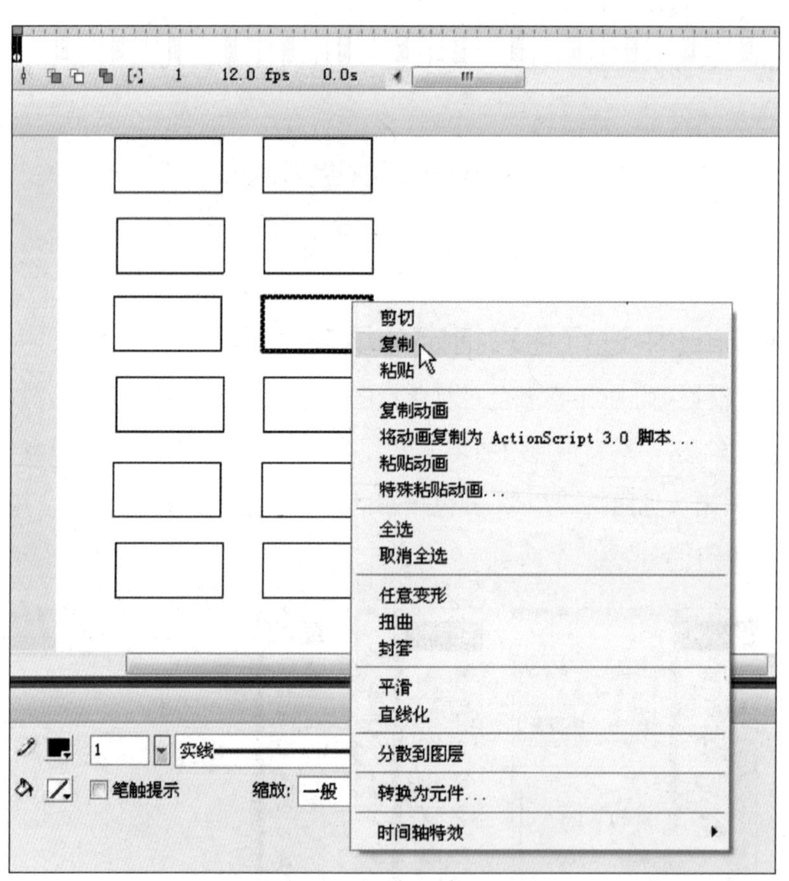

图1—40

根据之前在纸上所设定的颜色小稿，进行色标的填充，这时就要利用颜料桶工具（K）。选择颜料桶（见图1—41），点击之后会出现相应的色盘（见图1—42），逐一选择与色彩小稿接近的颜色，来填充场景中间的色标框，每填充好一个色标都要记录颜色值与颜色所要填充的物体，选择文本工具进行标注（T）（见图1—43），颜色的具体数值会出现在色盘的左上方（见图1—44）。

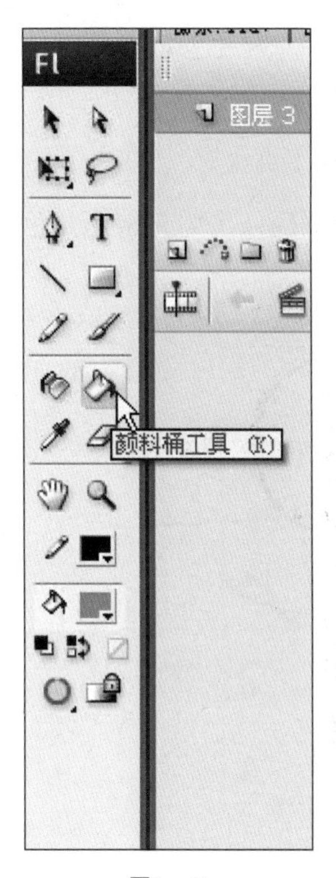

图1—41

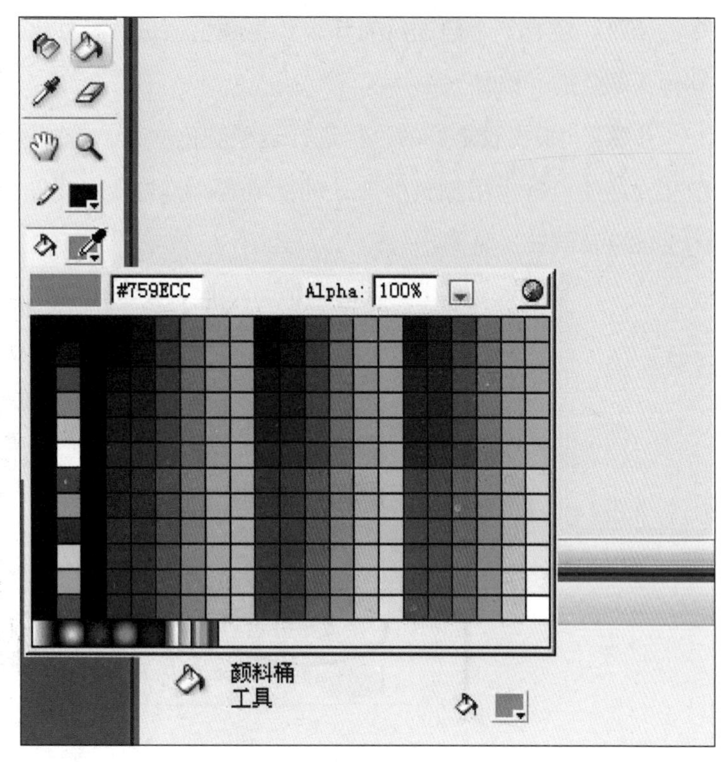

图1—42

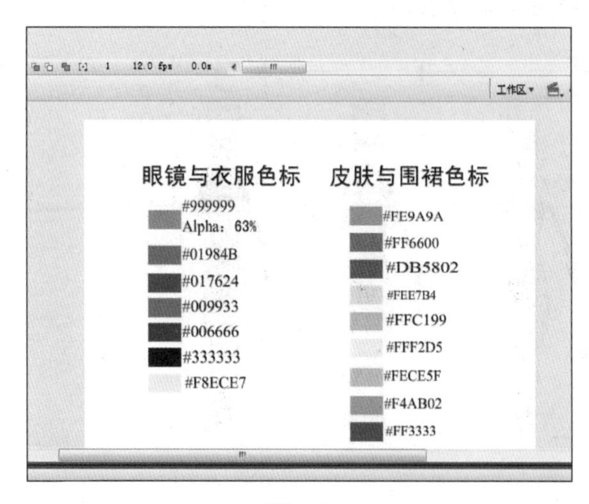

图1—43

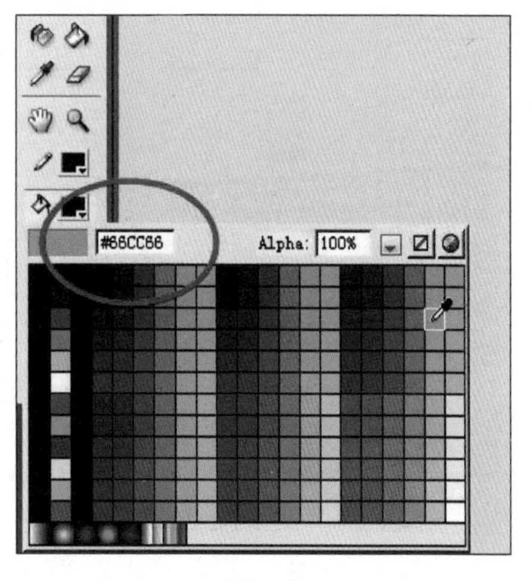

图1—44

提示：有些造型所佩戴的物体是有不透明度的，比如面条角色所佩戴的眼镜，所以我们在标注颜色数值的时候也需要把不透明度的数值一起标明，色盘右上侧的Alpha所代表的数值就是不透明度，可以根据具体的需要来进行调节；另外，除了颜料桶所带的色盘之外，还可以通过窗口菜单调出颜色面板（Shift+F9）来选取更多的颜色。还有一个问题，为什么要将颜色值进行标注？这样做最重要的作用是能够确保颜色的一致性。

步骤2 根据设定好的色标进行造型颜色填充。选择滴管工具（I），吸取与造型相对应的色标，用颜料桶工具进行填充。首先吸取皮肤的颜色，来填充整个角色的头部以及四肢（见图1—45）。

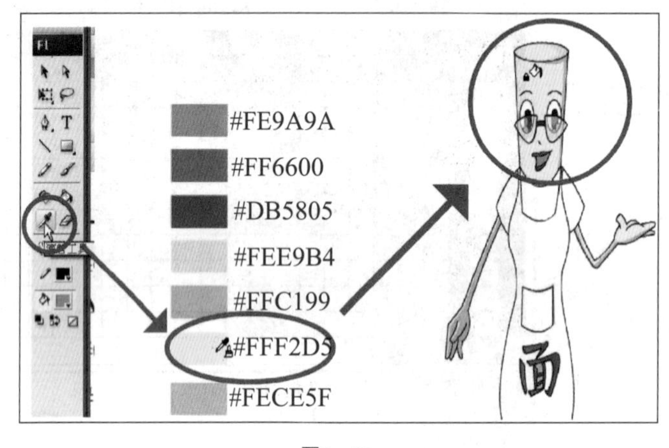

图1—45

其次，填充角色的配饰与服装，逐步将整个角色填充完整（见图1—46）。

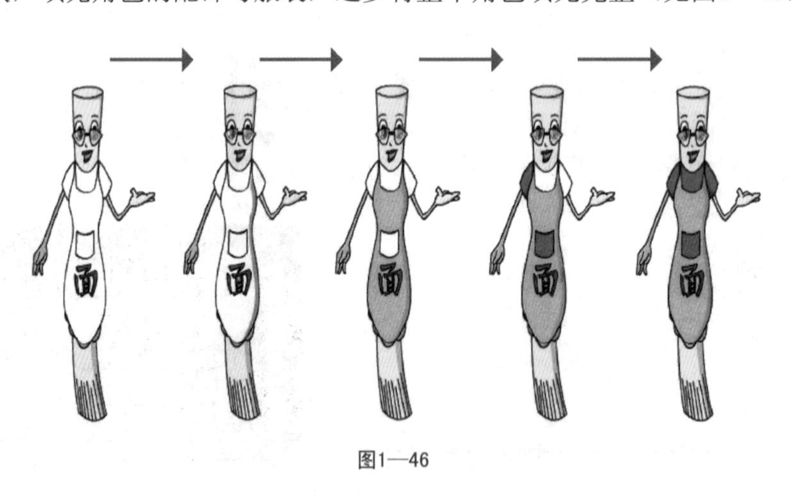

图1—46

《梦系一线》中面条角色的正面与3/4正面色彩指定完成稿（见图1—47）。

提示： 颜料桶工具以及色板的属性要掌握好，工具的合理运用与颜色的调配能够为高质量的上色提供很大的方便。在《梦系一线》中，角色的色彩指定都是以单色为主，比较容易操作。颜色的高级运用，会在后面的项目实训中作细致的分析讲解。

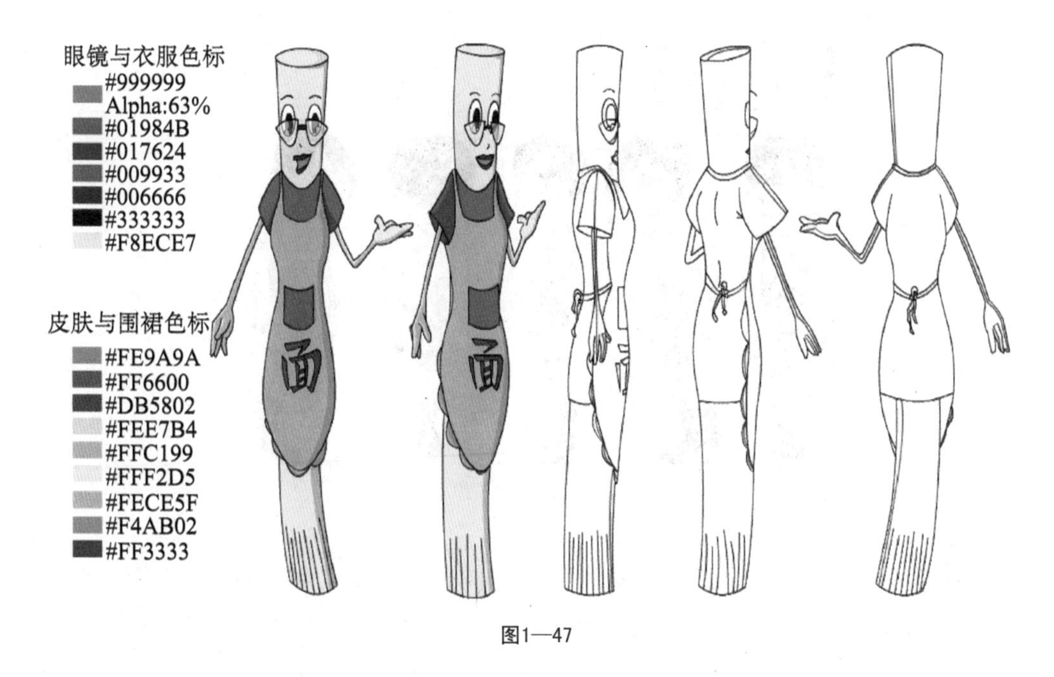

图1—47

3.2 将造型分解成元件

首先要来了解Flash中元件的概念。简单来讲，元件就是可以在Flash中重复利用的元素。

元件有三种类型：图形元件、按钮元件、影片剪辑元件（见图1—48）。

名称	类型
按钮元件	按钮
图形元件	图形
影片剪辑元件	影片剪辑

图1—48

图形元件：经常使用，适用于静态的画面以及Flash中的高级时间轴动画。

按钮元件：在动画中，作为交互式按钮使用，经常是控制影片的开始、暂停、重播、声音等。

影片剪辑元件：从功能上看是运用得比较多的元件，包括动画、互动控制、声音、影片剪辑元件。

对于以上几种元件的掌握，在Flash动画制作过程中是十分重要的，在接下来的项目制作中会作详细的讲解。

接下来，我们以动画短片《梦系一线》中的主要角色大男孩3/4正面为例（见图1—49），进行图形元件的分解制作。

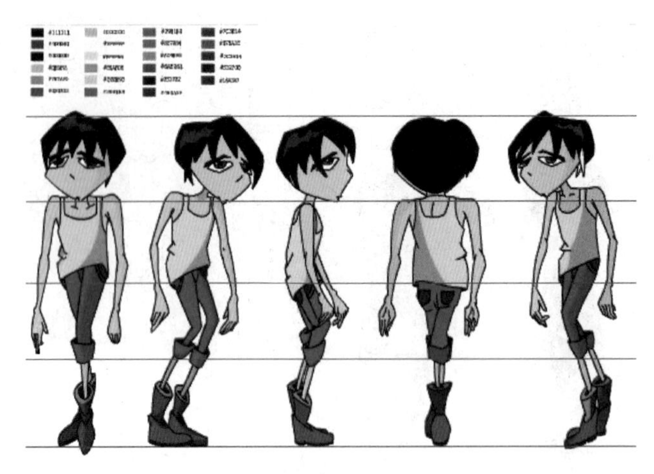

图1—49

步骤1 对绘制好的角色造型进行图形元件制作前的分析。在制作人物动画的时候，首先要明确人物需要做哪些基本的动作。《梦系一线》中的男孩角色相对写实，而且结构比例都与真人相仿，动作自然也是参考现实中的人物运动规律进行制作。由此可见，需要人物基本关节的运动。可以将人物分割成以下元件：头部、脖子、左大臂、左小臂、左手、身体、右大臂、右小臂、右手、左大腿、左小腿、左脚、右大腿、右小腿、右脚。进一步分析，男孩在动画中有很多表情，所以还需要我们对面部进行元件分解，包括头发、面部、眉毛（左、右）、眼睛（左、右）、鼻子、嘴巴。

从绘制完成的造型到拆分后的组件如图1—50所示。

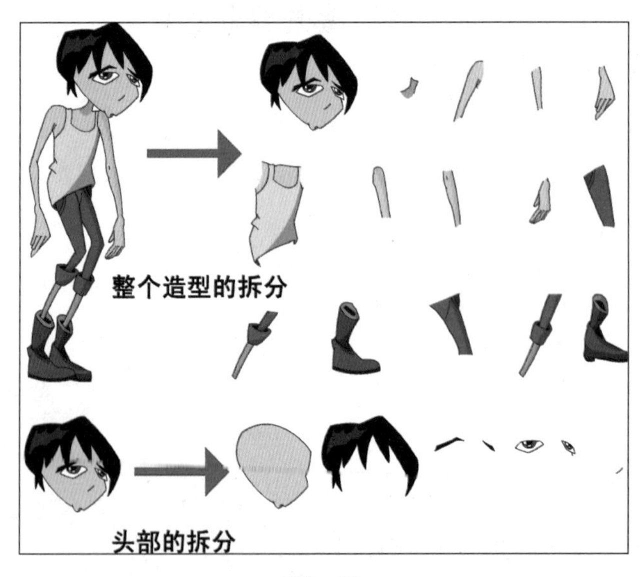

图1—50

步骤2 将拆分的组件全部转换为图形元件。转化成图形元件的方法有两种。第一种方法是利用选择工具框选绘制好的造型组件，选择好之后点击鼠标右键，在右键菜单中选择转换为元件选项（F8）（见图1—51），在弹出的转换面板里选择图形，点击确定按钮关闭面板（见图1—52），这样图形元件就制作好了。另外一种方法是点击Flash上方的插入菜单，选择新建元件选项（Ctrl+F8）（见图1—53），在弹出的创建新元件面板中选择图形，点击确定（见图1—54），这时进入图形元件编辑的场景中（见图1—55）。将之前在舞台中绘制好的组件复制，粘贴到元件编辑场景中来（见图1—56），然后点击左侧的场景回到初始的舞台，接下来再选择上方窗口菜单下的库选项（Ctrl+L），将库面板调入Flash，观察库当中会出现已经做好的图形元件，按住鼠标左键，将所选元件拖入场景中（见图1—57）。这两种制作图形元件的方法，都会将元件自动存于库当中。

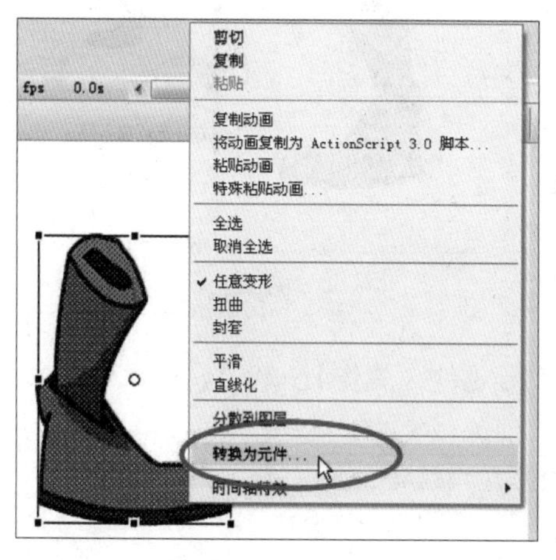

图1—51

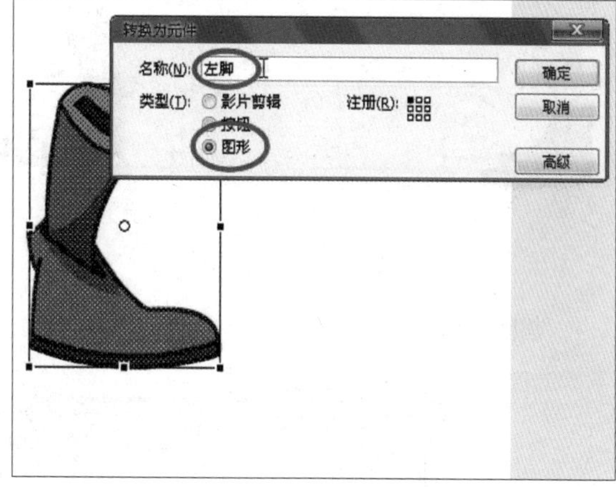

图1—52

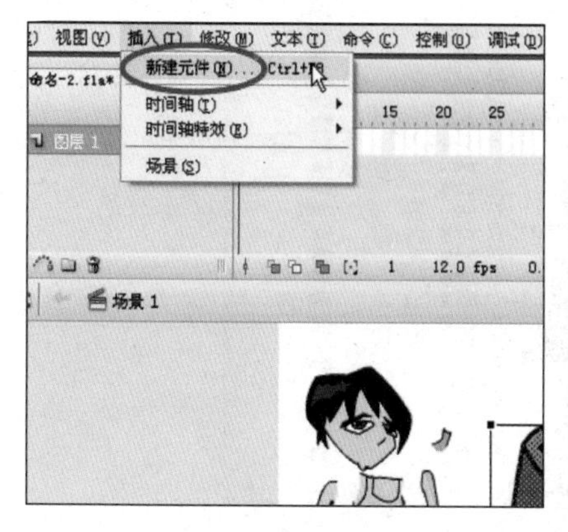

图1—53

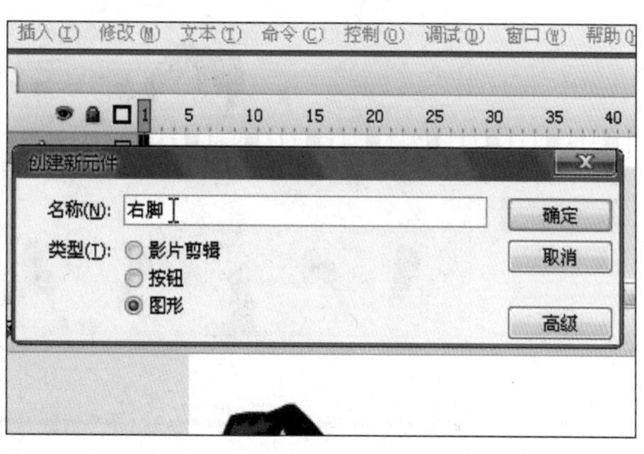

图1—54

提示：图形元件、按钮元件、影片剪辑元件在制作好之后，都会默认储存于Flash库当中，可以重复利用；另外，我们在制作元件的时候，一定要养成给元件命名的习惯，这有利于后期动画的整体制作。

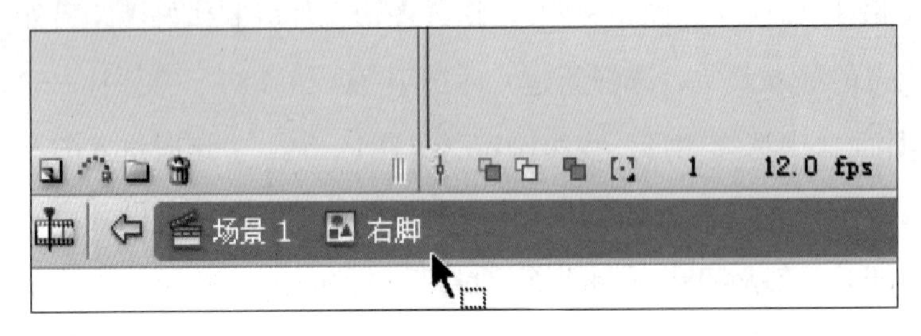

图1—55

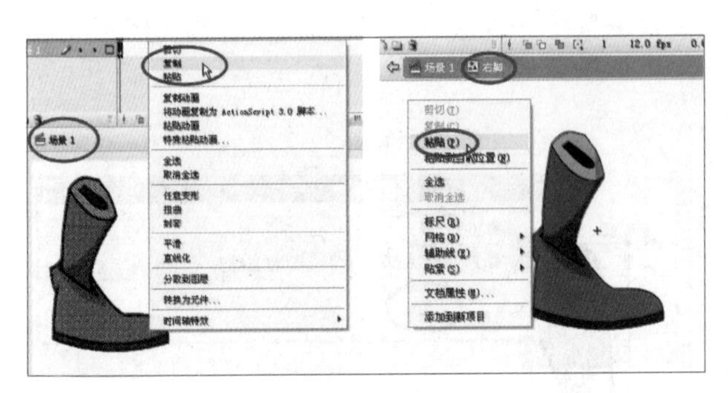

图1—56

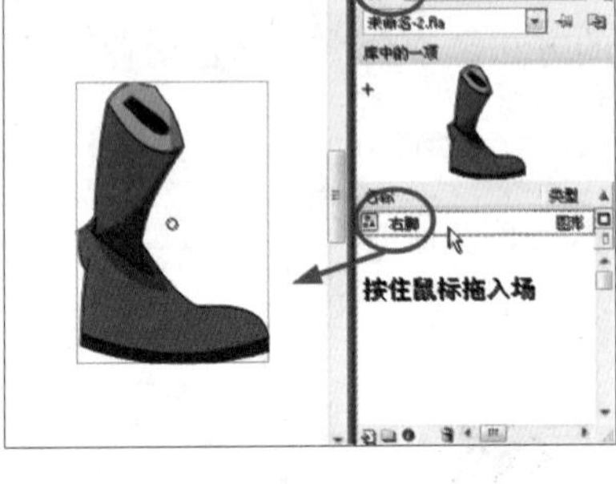

图1—57

按照这两种方法，将所有组件逐一制作成图形元件（见图1—58）。

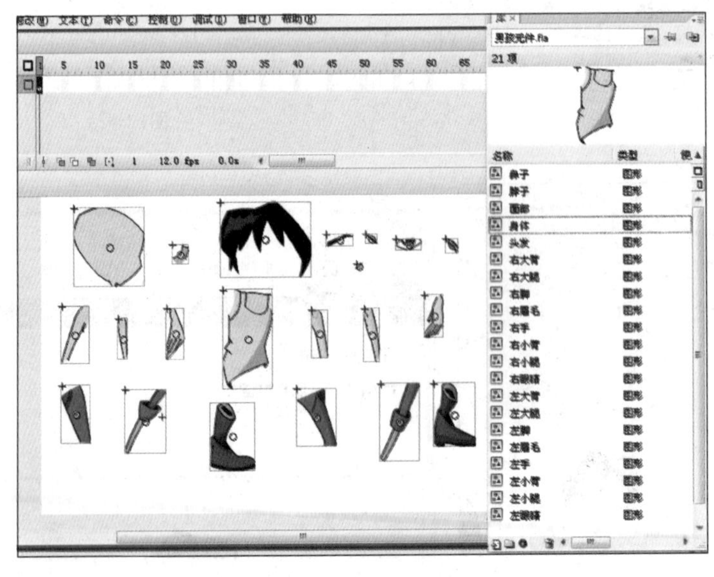

图1—58

步骤3 调节图形元件的中心点位置。为了便于下一步的动画调节工作，需要移动元件的中心点位置，使造型运动起来更加合理，运用任意变形工具（Q）来调节（见图1—59）。

a. 调整面部中心点，向下移动，移动至与脖子相交接的地方；

b. 调整脖子的中心点，向下移动，移动至与身体相交接的地方；

c. 调整右侧大臂的中心点，向上移动，移动至与身体相交接的地方；

d. 调整右侧小臂的中心点，向上移动，移动至与大臂相交接的地方；

e. 调整右手的中心点，向上移动，移动至与小臂相交接的地方；

f. 调整身体的中心点，向下移动，移动至腰部的位置；

g. 调整左侧大臂的中心点，向上移动，移动至与身体相交接的地方；

h. 调整左侧小臂的中心点，向上移动，移动至与大臂相交接的地方；

i. 调整左手的中心点，向上移动，移动至与小臂相交接的地方；

j. 调整右侧大腿的中心点，向上移动，移动至与身体相交接的地方；

k. 调整右侧小腿的中心点，向上移动，移动至与大腿相交接的地方；

l. 调整右脚的中心点，向上移动，移动至与小腿相交接的地方；

m. 调整左侧大腿的中心点，向上移动，移动至与身体相交接的地方；

n. 调整左侧小腿的中心点，向上移动，移动至与大腿相交接的地方；

o. 调整左脚的中心点，向上移动，移动至与小腿相交接的地方。

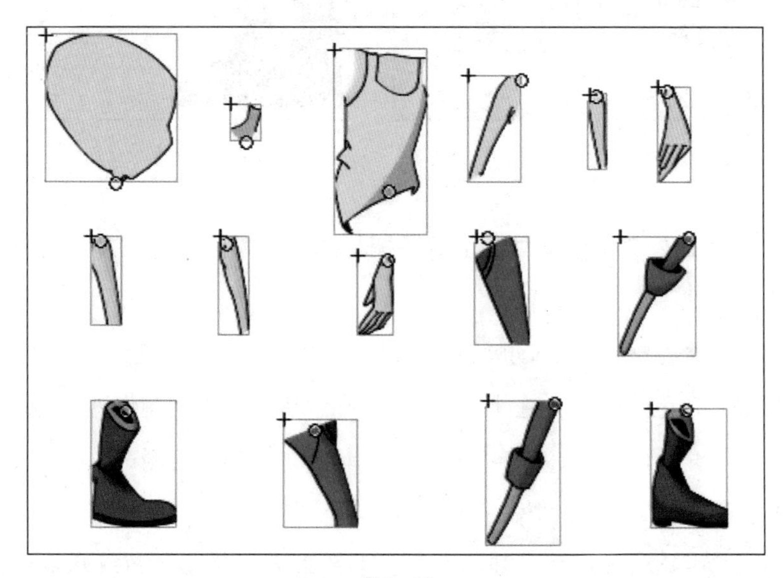

图1—59

步骤4 将元件粘贴到不同的图层（见图1—60），组成完整的人物造型（见图1—61）。

图1—60

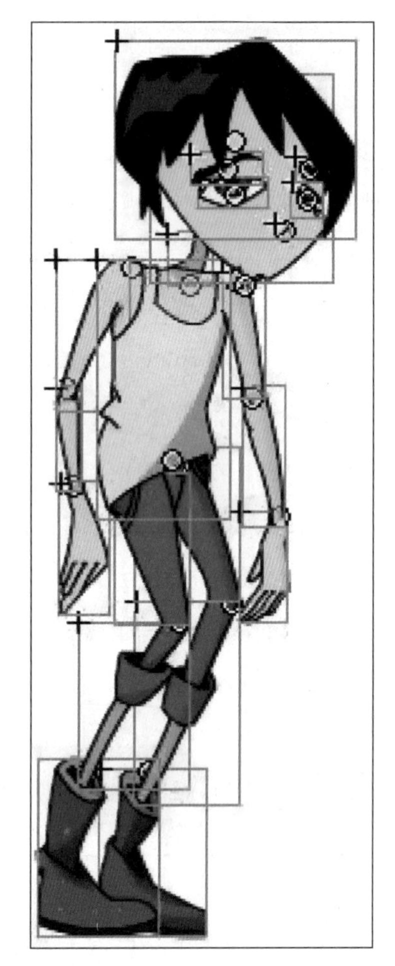

图1—61

提示： 在将做好的图形元件分散到各图层的时候，一定要注意人物身体各个部位的上下层遮挡关系。

以上就是一个完整的Flash动画角色造型设计制作的步骤。在动画的前期设定中，往往还需要加入角色的服装、道具、配饰等。角色服饰的设计制作与人物造型的步骤是一样的，根据角色的年龄、性格、职业、剧情需求等来设定服饰。在《梦系一线》中，角色配套的服装、配饰也都做了很好的设定（见图1—62、图1—63）。

到这里，Flash动画短片《梦系一线》的前期人物造型环节就基本结束了。在

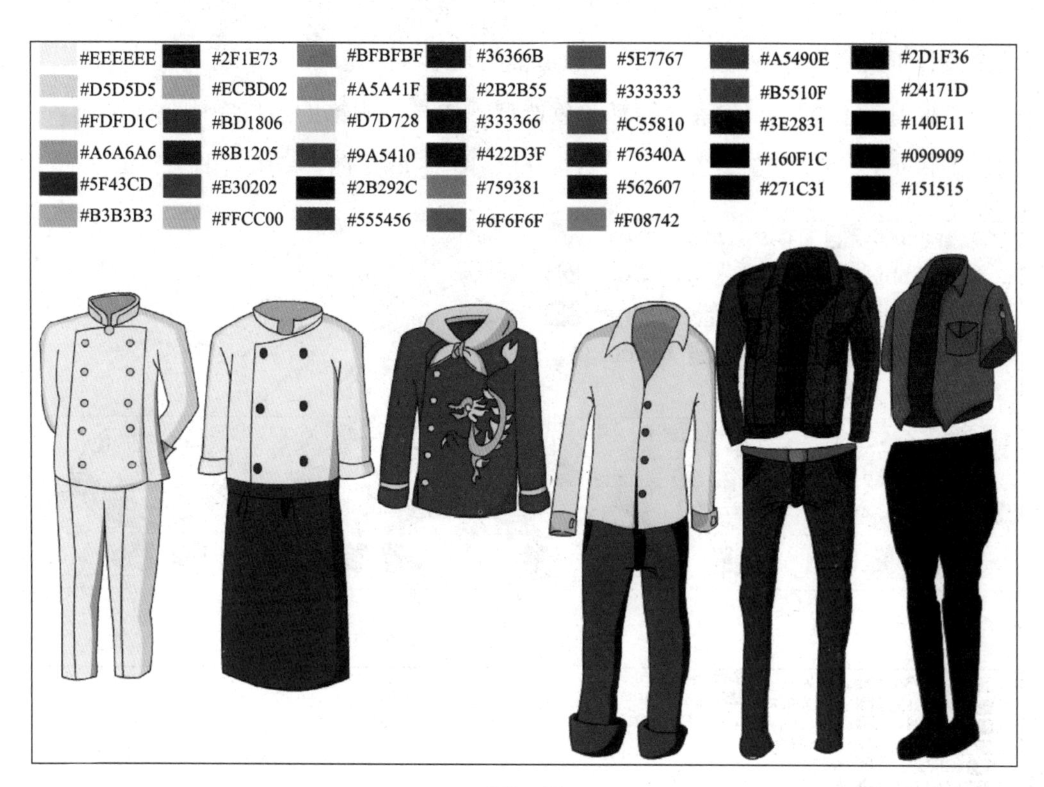

图1—62

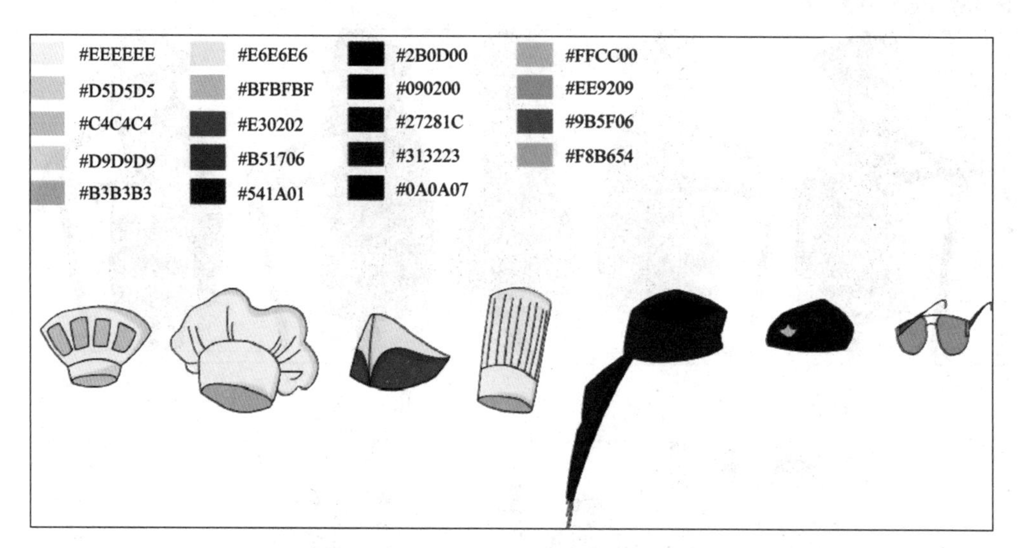

图1—63

这个仿真项目里，我们了解了角色造型分析和角色元件制作的完整过程。在设计流程中，对于手头功夫的要求是最重要的，在绘制人物造型转面的时候，要求在人物结构、透视方面有良好的基础。所以，在此提醒一下，真正的好动画不是把Flash

这个制作工具掌握好就能做出来的，最需要的是绘画的基础能力与思维能力。

下面是动画短片《梦系一线》角色造型、道具、服饰的最终完成稿（见图1—64、图1—65、图1—66、图1—67、图1—68、图1—69、图1—70、图1—71）。

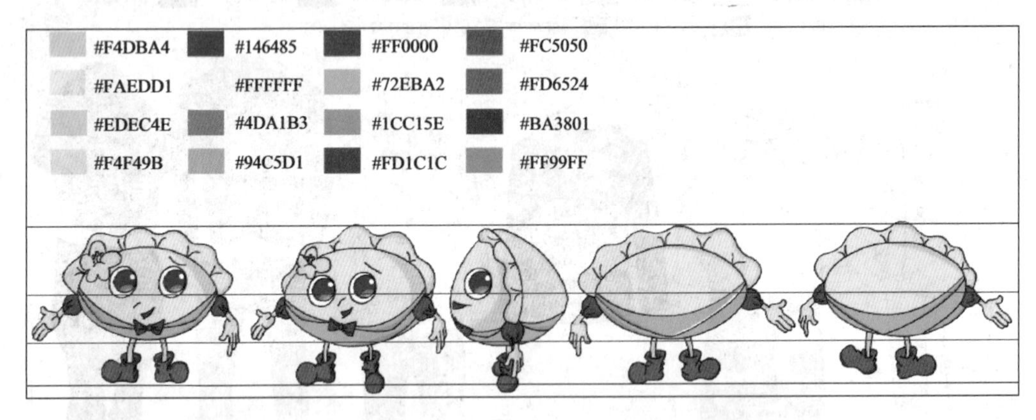

图1—64

图1—65

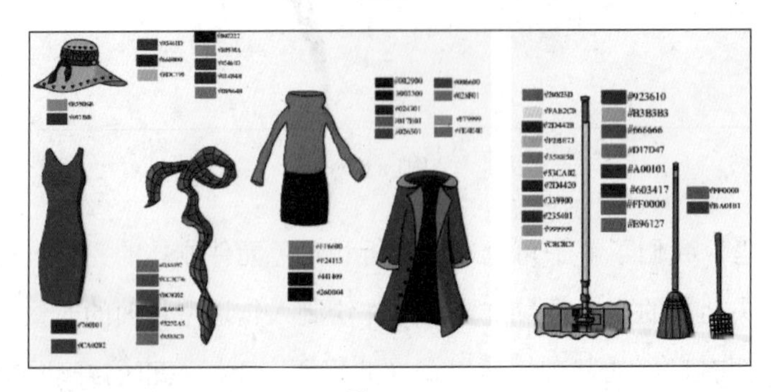

图1—66

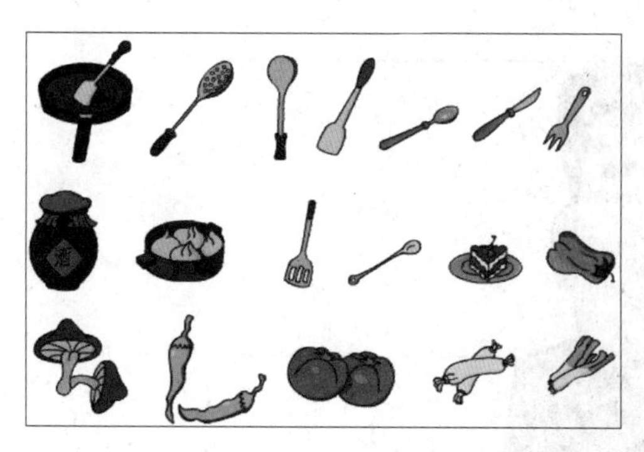

图1—67

图1—68

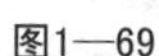

图1—69

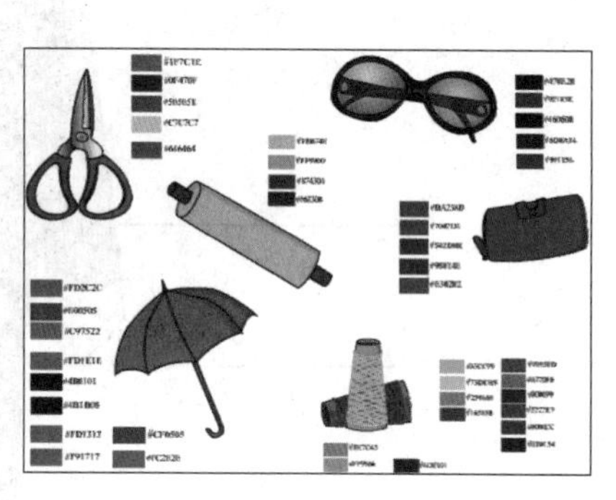

图1—70

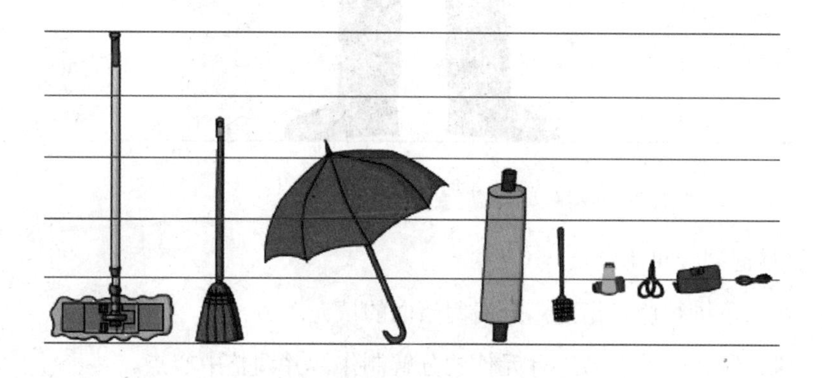

图1—71

拓展练习

1.实训内容

根据所提供的角色造型（见图1—72）进行以下制作：

（1）结合角色的正面造型，手绘出角色其他四个转面（3/4正面、侧面、3/4背面、背面）。

（2）转面造型绘制完成后，扫描入电脑，将储存成JPEG格式的造型文件导入

图1—72

Flash，进行造型线稿制作。

（3）对角色进行色彩指定，分清明暗面的填充。

（4）对绘制完成的造型进行元件的分解制作，并调整中心点。

2.完成标准

（1）手绘转面形体结构准确，在绘制的过程中，需要以比例线作为整体的设计参考；另外，细节要把握到位，如手部的绘制。

（2）在Flash中，造型线稿的绘制要求线条流畅，把握好结构的转折，同时需要绘制明暗封色线，不能出现断线，绘制完成后按照线框显示模式进行细致的检查。

（3）造型色彩指定，按照规范的步骤进行，色标标注仔细。在选择颜色的时候，一定要结合人物的年龄和形体特征进行指定，最终实现效果以下图为参考标准（见图1—73）。

图1—73

（4）元件的分解符合人物运动的特性，元件中心点调节准确，可参考角色正面造型元件分解（见图1—74），同时，应合理安排元件的图层次序。

图1—74

项目2
FLASH公益动画短片
《青蛙写诗》场景设计

青蛙写诗
Frog Writes Poem

项目概述

本项目选取Flash公益动画短片《青蛙写诗》的场景设计与制作环节进行讲解。这部公益动画短片是在省级公益动画大赛中获奖的一个项目，整体动画短片制作周期为2周。

实训目的

通过制作这个项目，掌握Flash动画中绘制场景的方法，并且能够熟练地结合运用Flash中的绘图工具。

主要技术

Flash动画中的场景制作技术，包括场景构图的设计、绘图工具的结合运用、场景颜色的设定方法以及场景的分层。

重点难点

场景颜色的设定方法，组件之间的组合关系。

实训过程

公益动画短片《青蛙写诗》中的场景设计项目制作流程示意如图2—1所示。

制作前分析 → 场景效果图绘制 → 场景元素绘制 → 场景合成

图2—1

任务1 场景制作前的分析工作

这部公益动画短片，主要是通过一只青蛙所写的诗歌来反映环境的不断恶化，目的是产生警示作用：爱护我们所生存的环境。该诗歌的作者是一名小学一年级的小朋友。一个偶然的机会，这首轻盈、纯洁的小诗歌成了我们的剧本。

首先，我们来看看这首《青蛙写诗》（见图2—2）。

青蛙写诗
Frog Writes Poem
有一个美丽的池塘，
There is a beautiful pond,
池水清清，
Where water is clean,
鸟语花香。
Birds are singing and flowers sprouting.
荷叶连成一把把大伞，
Under the lotus leaves in the shape of umbrellas,
鱼儿在伞下游来游去，
Fish are happily swimming,
伞上，住着一只可爱的小青蛙。
And on the umbrellas lives a lovely little frog.

一天上午，
One day morning,
雨过天晴，
When the sun shines after rain,
小青蛙要写一首诗，
Little frog wants to write a poem.
小蝌蚪游过来说：“我来给你当逗号。”
“Let me be the comma,” says a tadpole.
大大的荷叶说：“我来给你当句号。”
“Let me be the period,” says a big lotus leave.
荷叶上的一颗颗水珠说：“我来给你当省略号。”
“Let me be the dots,” says a string of beads on the leaves.
不一会儿，
After a while,
青蛙的诗写成了，这是一首欢乐的诗：
Little frog has its cheerful poem done:
呱呱，呱呱，呱呱呱，呱呱……
Croaking, croaking, croaking…

过了几年，
Several years later,
池塘变了样，
The pond has changed,
黑烟袅袅，
Black smoke wavering in the wind,
臭水条条。
And foul water passing around.
杂物堆成一片片垃圾，
Piles of junks are here and there,
蚊虫在垃圾间飞来飞去，
Where mosquitoes and flies are flying in between,
垃圾上住着一只可怜的小青蛙。
And on the junks lives a poor little frog.

一天上午，
One day morning,
雨过天晴，
When the sun shines after rain,
青蛙要写一首诗，
Little frog wants to write a poem.
一颗生锈的小螺钉说：“我来给你当逗号。”
“Let me be the comma,” says a rusty bolt.
一只瓶盖漂过来说：“我来给你当句号。”
“Let me be the period,” says a bottle lid.
池塘里的沼气泡泡说：“我来给你当省略号。”
“Let me be the dots,” says a group of bubbles from the marsh gas in the pond.
不一会儿，
After a while,
青蛙的诗写成了，这是一首哀伤的诗：
Little frog has its sad poem done:
呜呜，呜呜，呜呜呜，呜呜……
Whining, whining, whining…

图2—2

一池水、一只青蛙、一颗童真的心谱成一首爱与忧伤的小诗。曾经开心、曾经欢乐、曾经赏心悦目，喟叹过后，我们都会掩卷而思。也正是因为这样直白、纯真的思想和语言，所以我们选择这首诗歌作为这部公益动画短片的剧本。

整首诗歌分成两个段落，一个段落描写美丽的池塘，另一个段落描写被污染的池塘。由此看出，在动画中至少需要绘制两张大的场景，一张以明快的色调为主，一张以灰暗的色调为主。

任务2 场图效果图绘制

在绘制场景之前，我们需要设定一张效果图作为参考。这张效果图需要经过数次修改才能完成，包括构图、元素、色彩等。这样做是为了方便下一步的制作，不论是形体还是色调都有据可依，可以大大节省制作的时间，这跟我们在制作动画片之前都要设定风格小稿一样。另外，在绘制的同时，还要结合剧本去分析，看看不同的场景中都需要哪些组成元素，尽可能将效果图绘制完善。

下面的几张效果图是采用了手绘与电脑相结合的方法完成的，在纸上将形体构图设定好，然后扫描入电脑，运用Photoshop进行色调的指定（见图2—3、图2—4、图2—5）。

图2—3

图2—4

图2—5

任务3 场景构成元素的制作

3.1 清澈的池塘场景元件绘制

在设定好的场景构图中可以看出，清澈的池塘场景中包含了以下元素：带有露珠的荷叶、荷花、荷叶上的青蛙、池塘的水波、蝌蚪、小鱼、雨后的彩虹、天空的云朵以及小鸟等。下面就这些元素进行逐一的制作分解。

3.1.1 带有露珠的荷叶

考虑到场景中的动画效果，所以需要将荷叶与露珠分开制作成两个图形元件。

（1）荷叶元件的制作。

根据设计好的荷叶形状进行线条绘制，绘制方法与项目1中所讲到的方法一致，主要运用的工具是线条工具与选择工具，完成效果如下（见图2—6）。

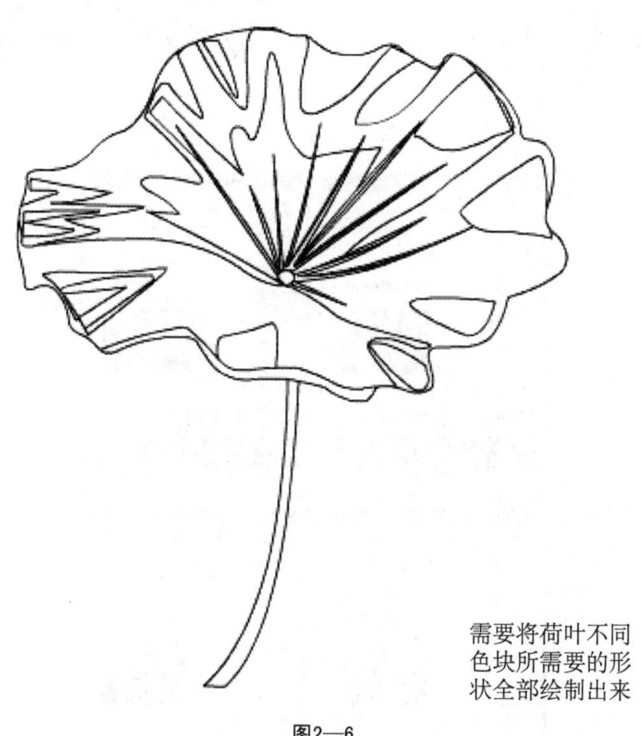

图2—6

对荷叶进行色彩指定。这一步十分重要，要尽可能将荷叶的颜色层次表现出来，包括荷叶的基色、叶子的叶脉、叶片的高光等。所以在绘制颜色的时候，选择从下到上、从大到小的顺序来逐一指定。同时，考虑到不同色调与透明度的覆盖关系，需要将不同的色块进行打组处理（Ctrl+G）。

步骤1 首先填充叶片的基色，选择颜料桶工具放射性填充样式（见图2—7）。

步骤2 在颜色面板中调整颜色，需要增加颜色控制柄，设定每一个控制柄色彩参数（见图2—8、图2—9）。

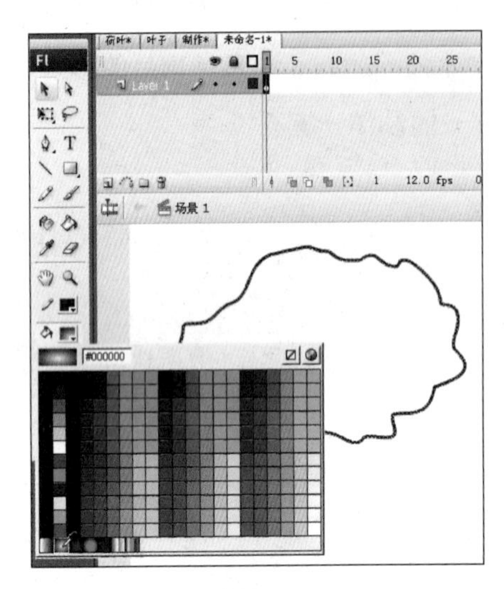

图2—7

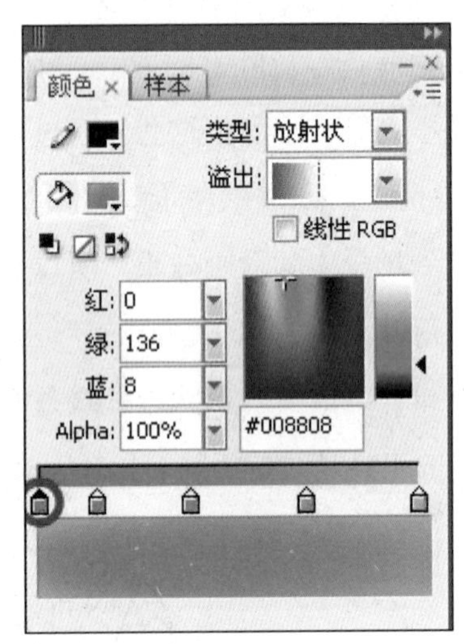

图2—8

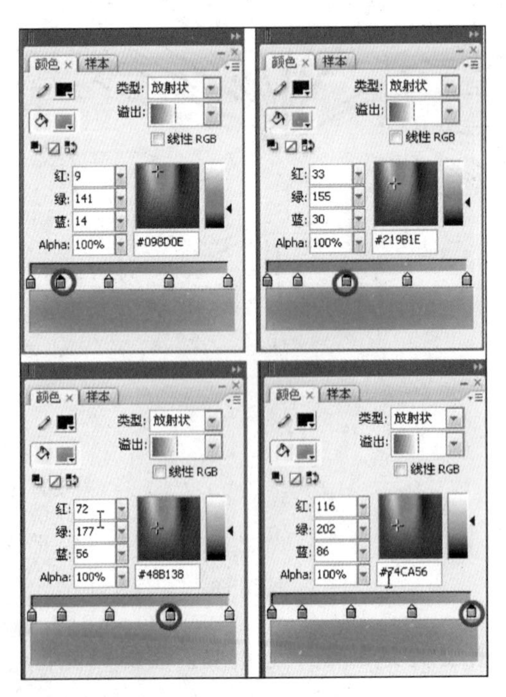

图2—9

提示：在颜色轴的下方任意位置点击鼠标右键便可以添加控制柄，用鼠标左键点住控制柄快速向下拖拽便可以删除。

步骤3 使用颜料桶工具在叶片形状中填充颜色（见图2—10），接下来用渐变变形工具调整颜色的范围，将中心点的位置移动至叶片的中心（见图2—11）。

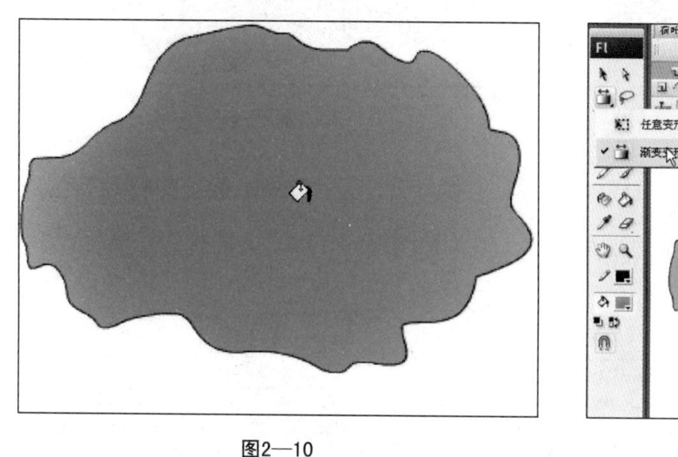

图2—10

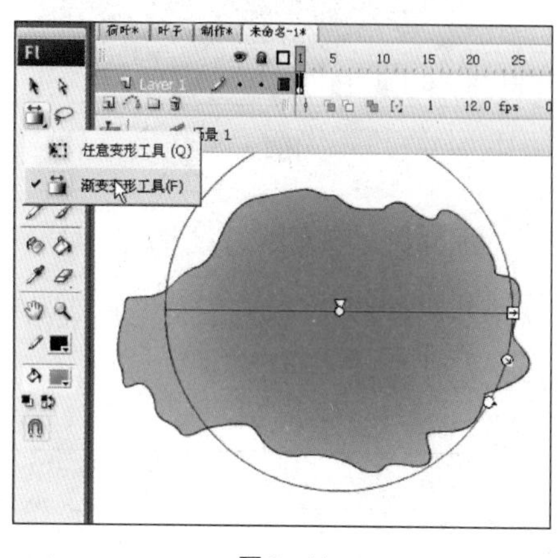

图2—11

提示：渐变变形工具可以控制线性渐变与放射性渐变，控制属性如图2—12所示。

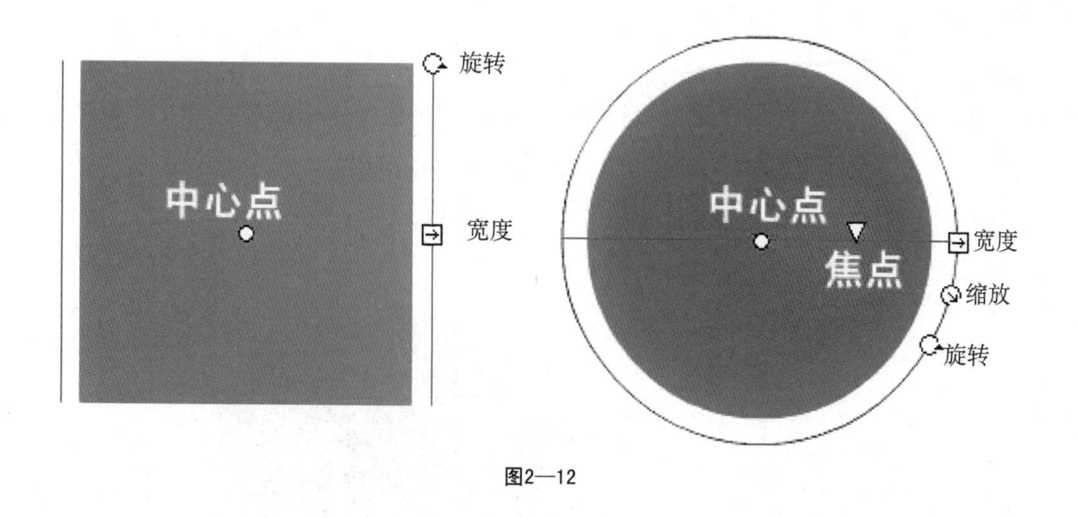

图2—12

步骤4 用选择工具双击线条，点击键盘上的Delete键，去掉线条（见图2—13），将其打组（见图2—14）。

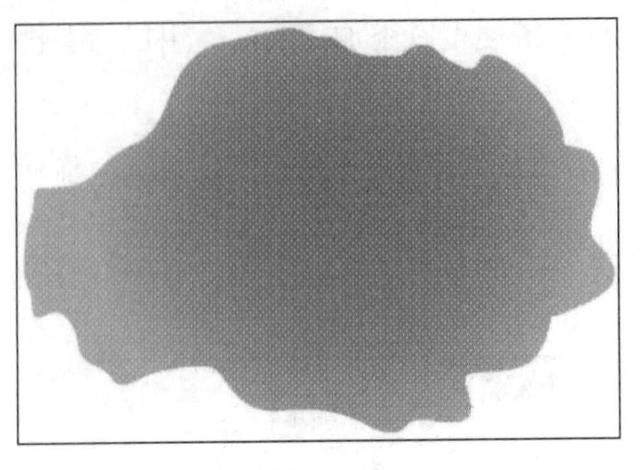

图2—13

图2—14

步骤5 填充叶片上的第二层颜色，为了使叶片有更好的质感，直接用单色进行填充，同时将所有色块的不透明度调至42%（见图2—15），将其打组，置于大叶片之上（见图2—16）。

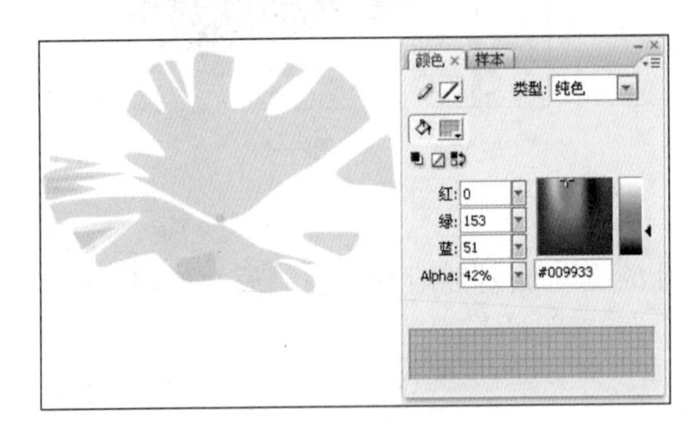

图2—15

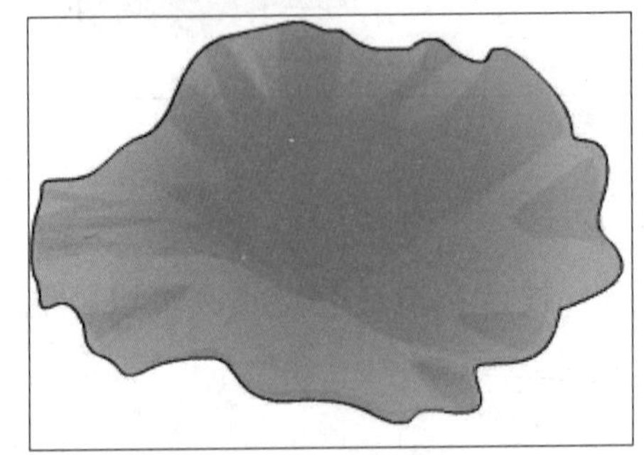

图2—16

步骤6 对荷叶的最上一层进行颜色填充，包括荷叶中心的深色以及叶脉，不透明度适当降低，同样将其打组，点击鼠标右键，在菜单栏中选择排列选项，再选择移至顶层选项，可将组件置于最上层（见图2—17）。

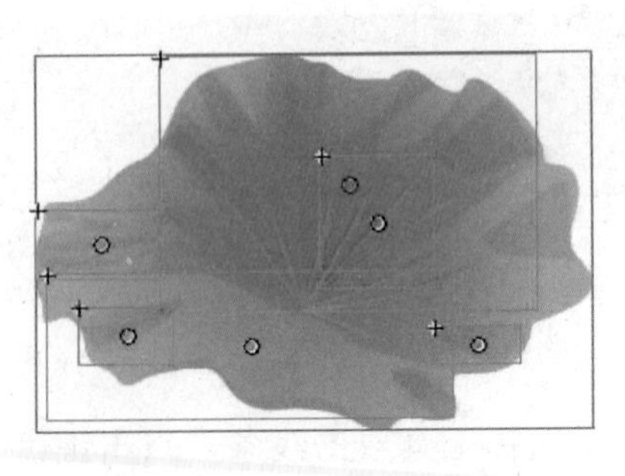

图2—17

步骤7 填充叶梗颜色，利用线性填充样式进行填充（见图2—18）。

（a）　　　　（b）

图2—18

（2）荷叶上的露珠元件的制作。

露珠分成三个部分，露珠的基色、暗部色、高光。由于水的质地是透明的，所以必须降低颜色的不透明度（见图2—19），每一部分填充后都要进行打组（见图2—20）。

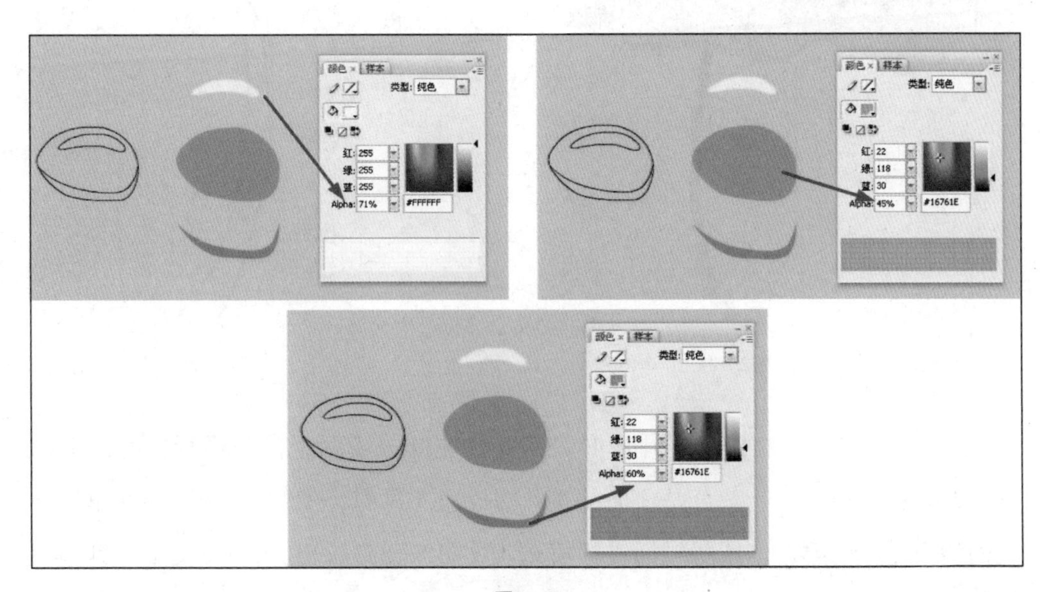

图2—19

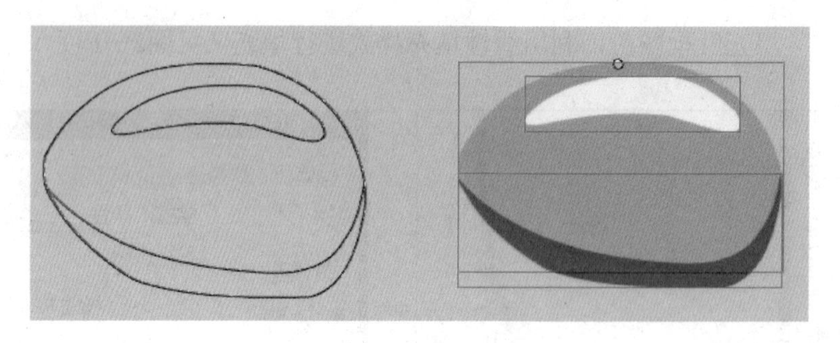

图2—20

经过了上面的制作，荷叶就已经完成，将露珠置于荷叶之上，做成图形元件（见图2—21）。

3.1.2　荷花

荷花由七片叶子与一根梗组成，所以按照上下的遮挡顺序分成八个部分来制作（见图2—22）。

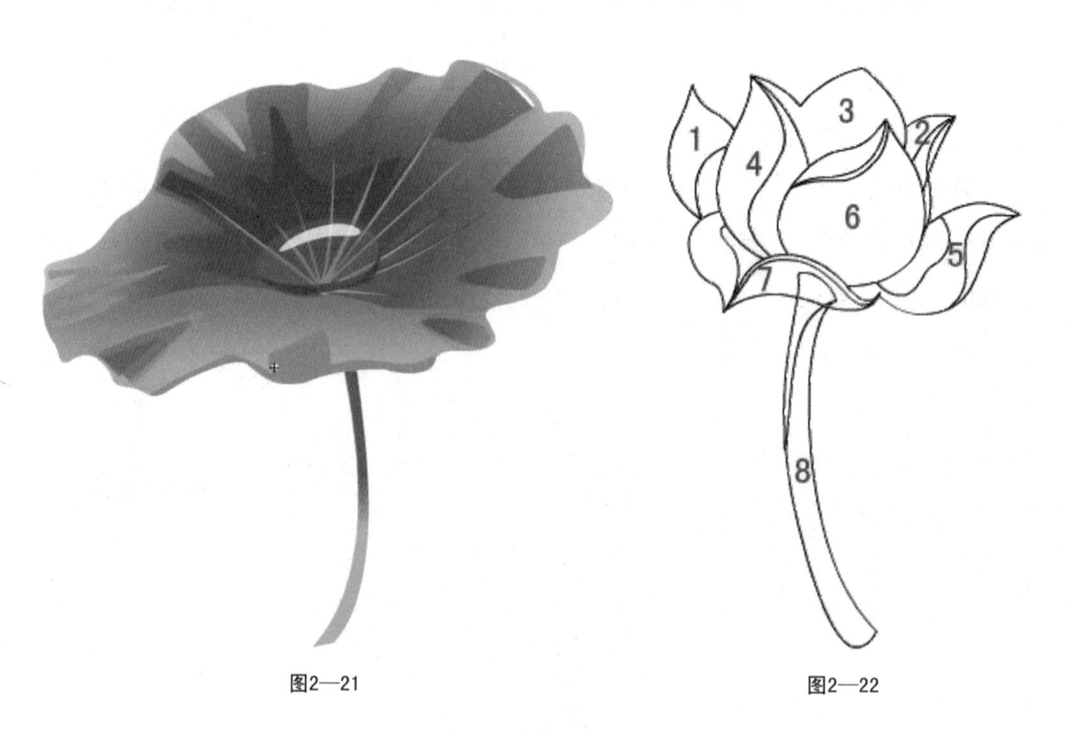

图2—21　　图2—22

步骤1　首先来制作第一片花叶。第一片花叶分成两个部分进行填充：一部分是花叶的颜色，另一部分是前面的花叶的投影（见图2—23）。选择线性填充样式，调出花叶的颜色，用颜料桶进行填充（见图2—24），利用渐变变形工具调节颜色位置与范围（见图2—25），将其打组；接下来，选择纯色填充投影（见图2—

26），颜色填充完成后去掉线条，将其组合（见图2—27）。

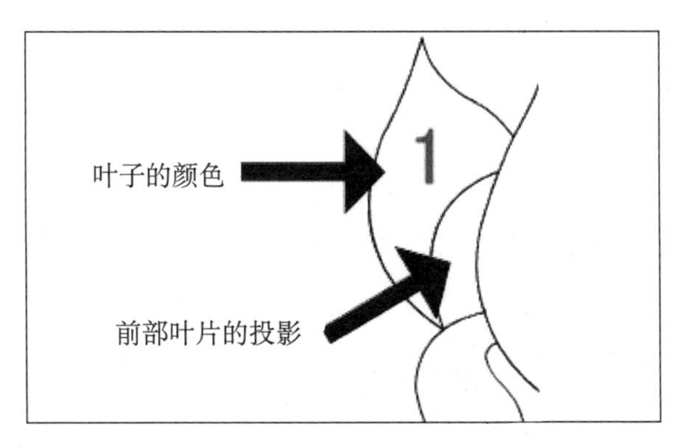

图2—23

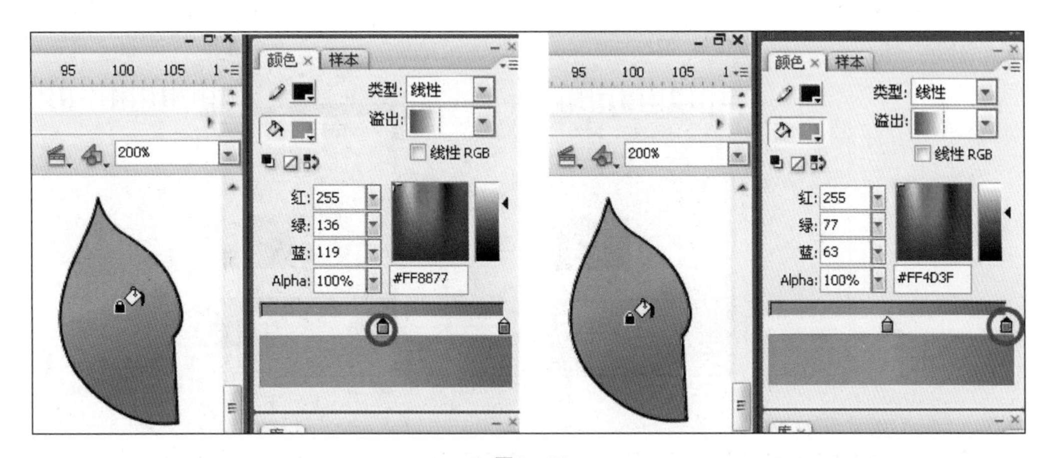

图2—24

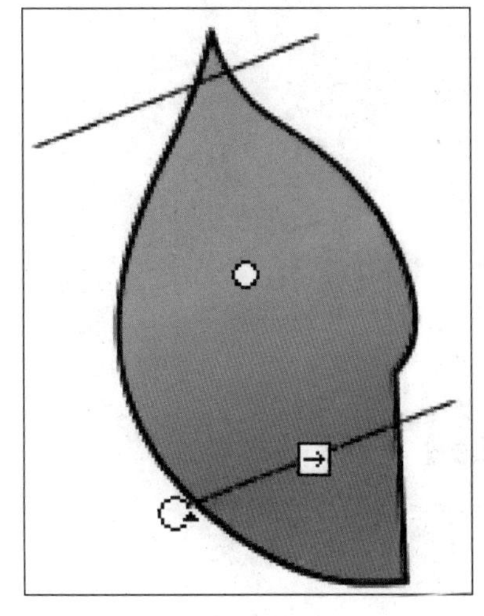

图2—25

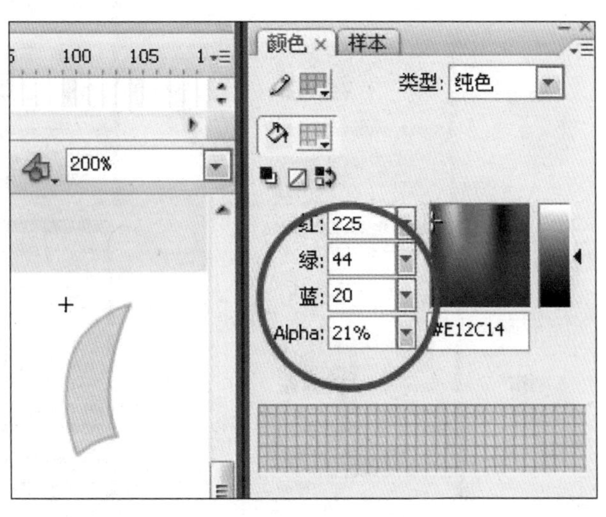

图2—26

步骤2 制作第二片花叶。第二片花叶分成三部分填充颜色（见图2—28），具体的颜色参数见图2—29、图2—30、图2—31；颜色填充完成后按照遮挡顺序进行打组（见图2—32）。

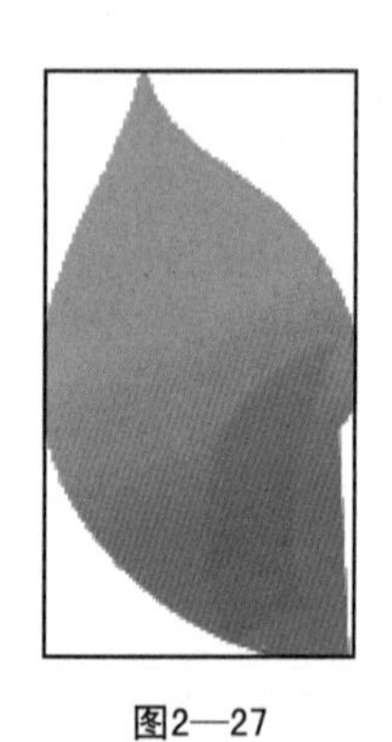
图2—27

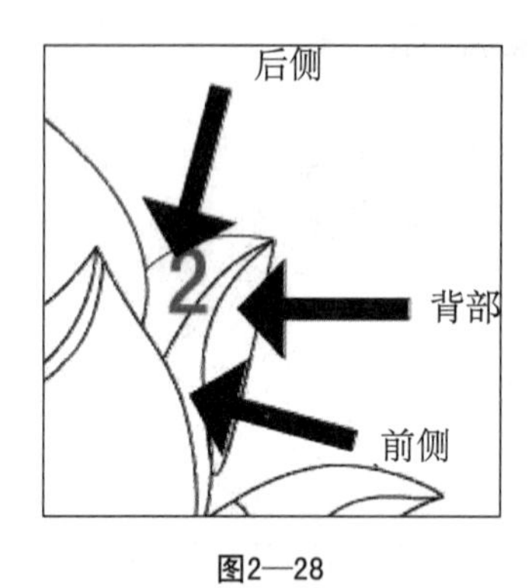

图2—28

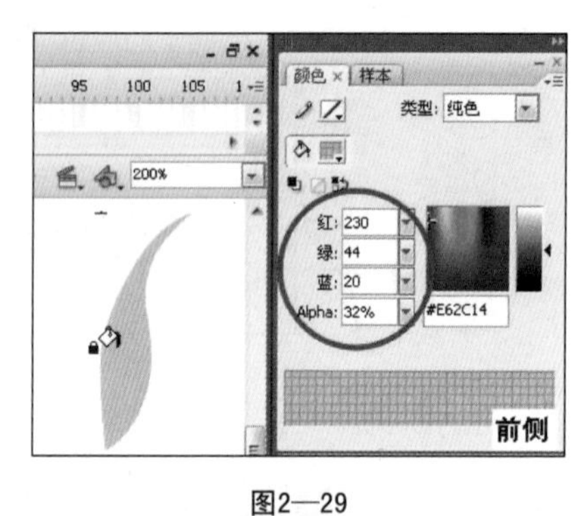

图2—29

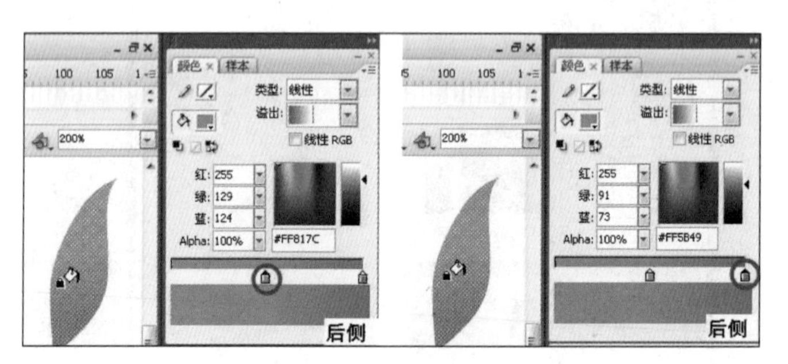

图2—30

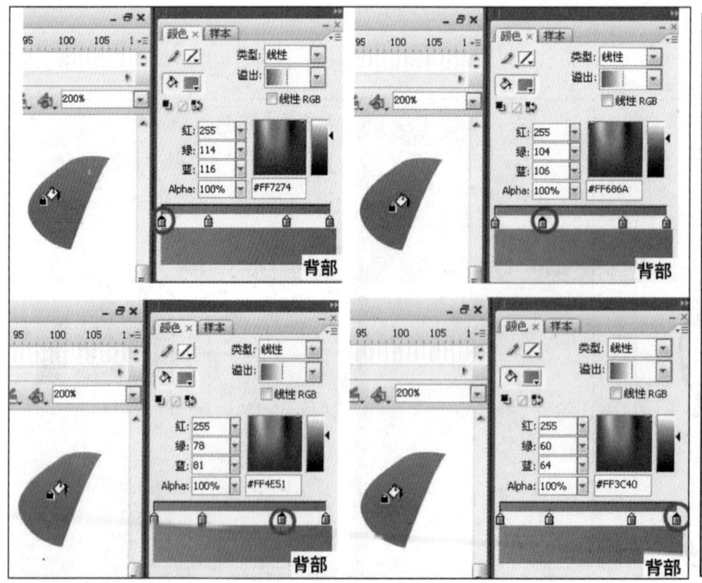

图2—31

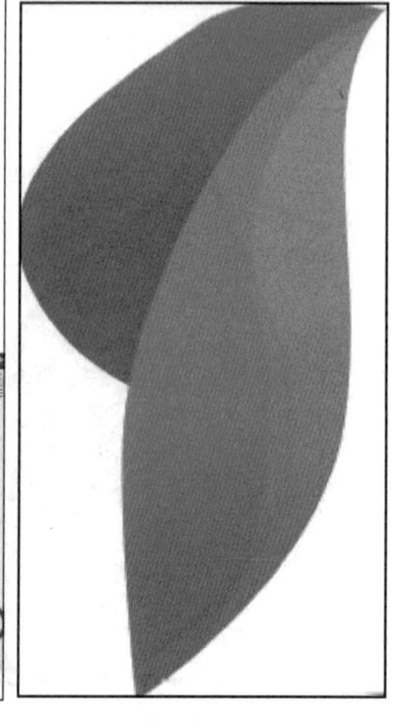
图2—32

提示：在颜色面板中所调的颜色，可以通过添加样本属性进行储存（见图2—33）。

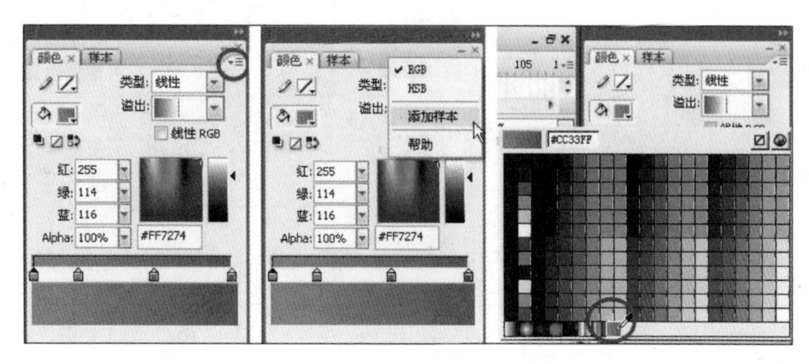

图2—33

步骤3 制作第三片花叶。这片花叶的颜色与第二片花叶背部的颜色是相同的，在制作第二片花叶背部颜色的时候已经储存了颜色样本，可以直接选择填充，再使用渐变变形工具进行调整（见图2—34）。

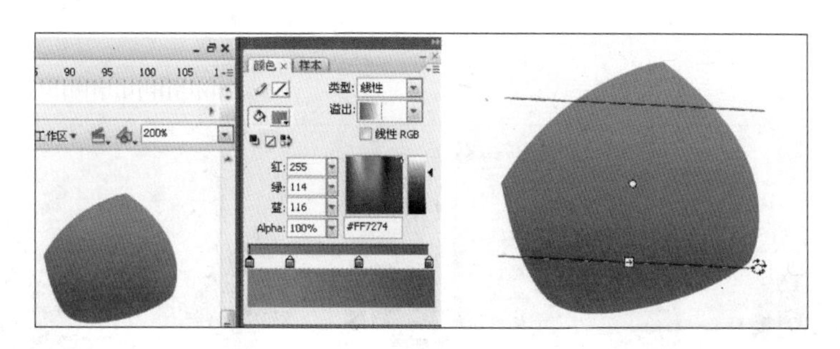

图2—34

步骤4 制作第四片花叶。第四片花叶同样分成前侧、后侧、背部三个部分，同样按照第二片花叶的步骤进行制作（见图2—35）。

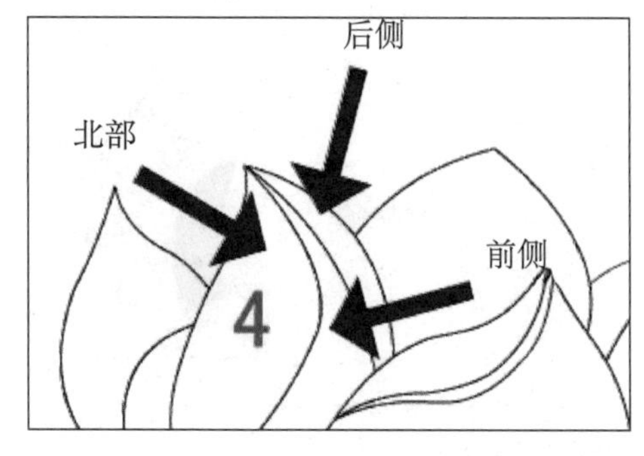

(a) 分成三个部分

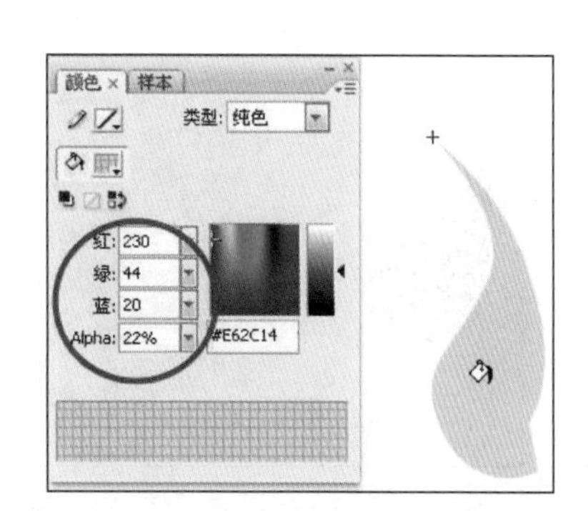

(b) 前侧带有不透明度的纯色

图2—35

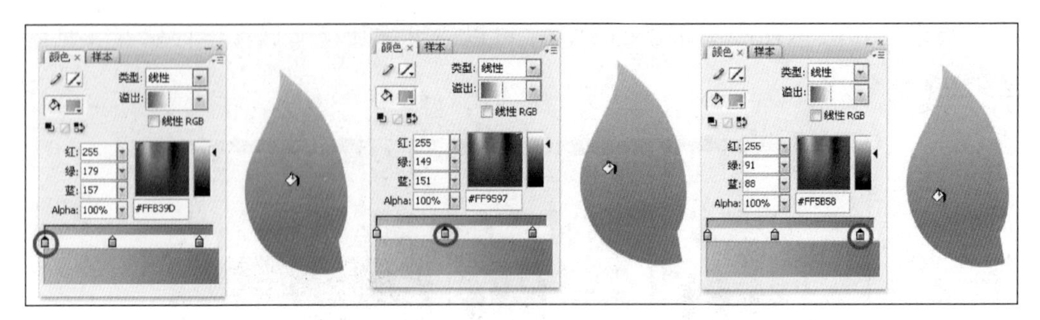

(c) 背部线性填充

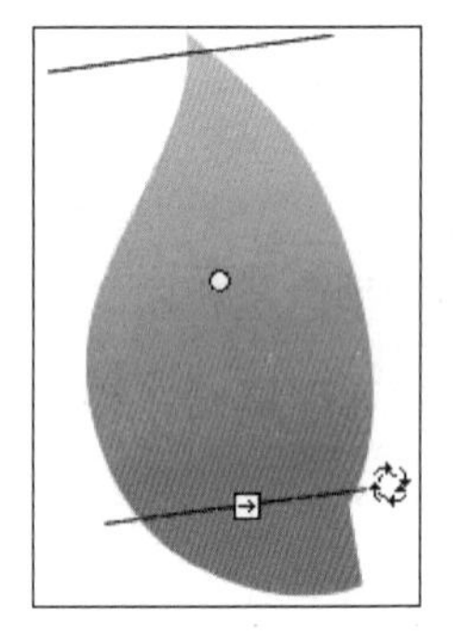

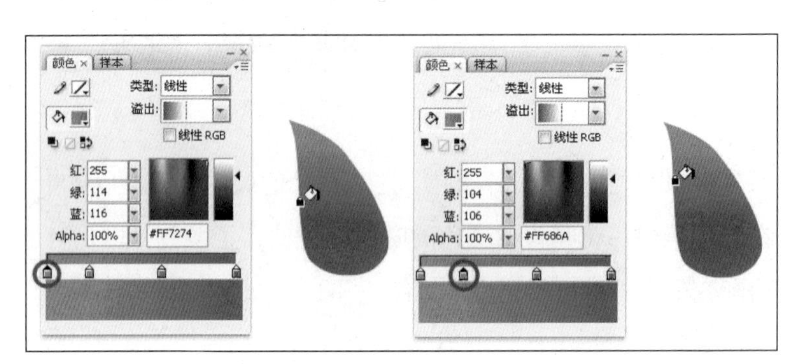

(d) 背部颜色调整

(e) 后侧线性填充

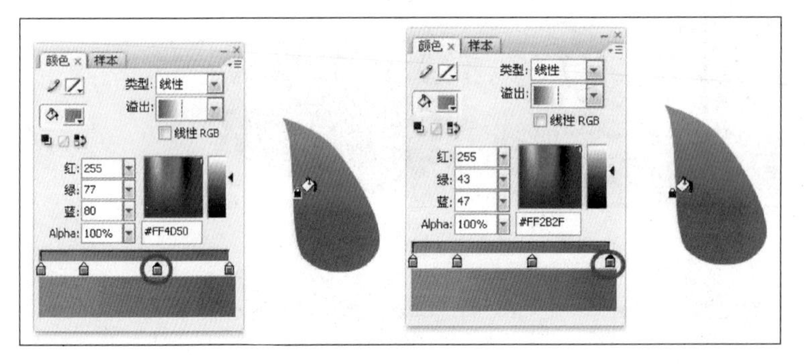

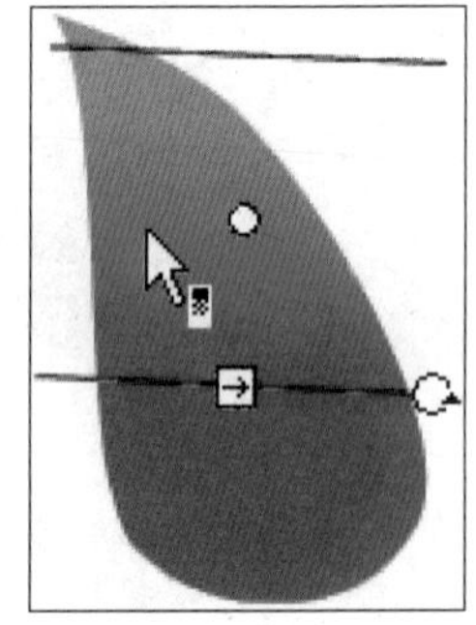

(f) 后侧线性填充

(g) 后侧颜色调整

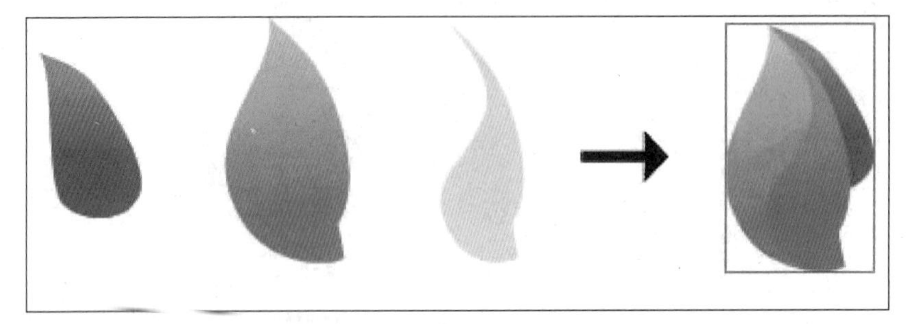

(h) 按上下遮挡关系组合

图2—35(续)

步骤5 制作第五片花叶。第五片花叶同样分成三部分制作：前侧、背部和投影。需要注意的是，前侧的填充色为白色且带有不透明度（见图2—36）。

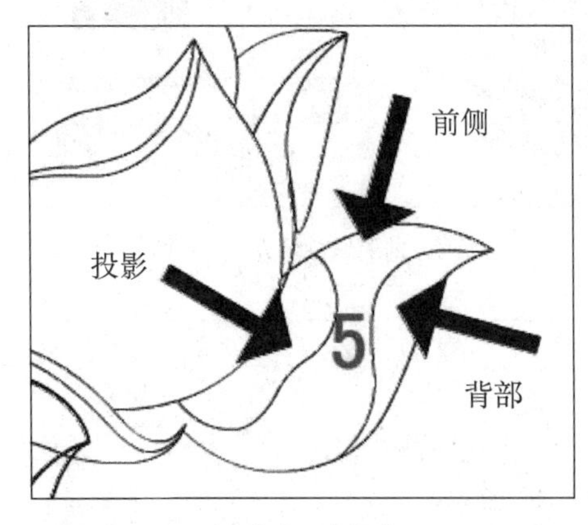

(a)分成三个部分

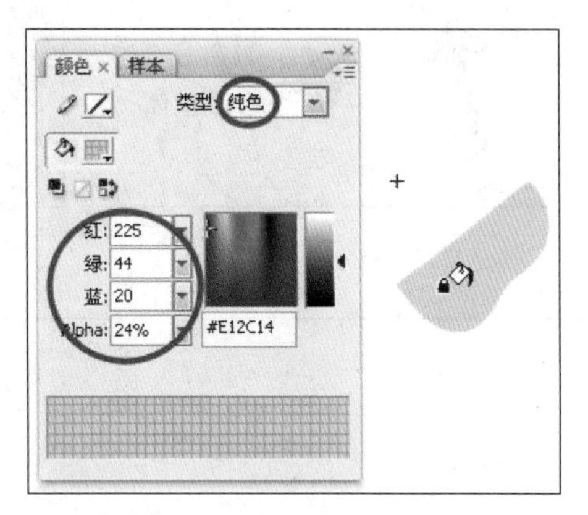

(b)投影带有不透明度的纯色

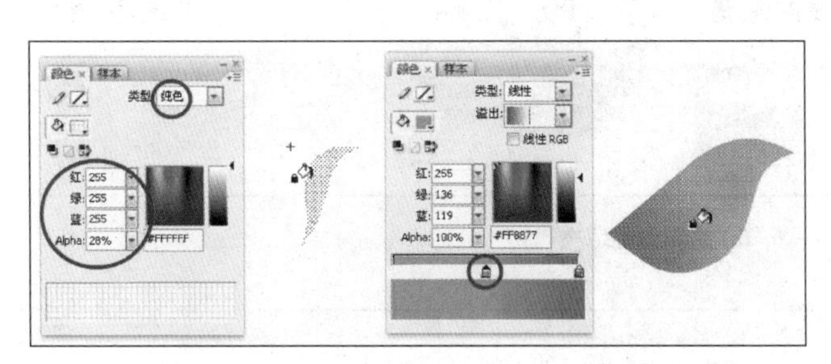

(c)背部有不透明度的白色

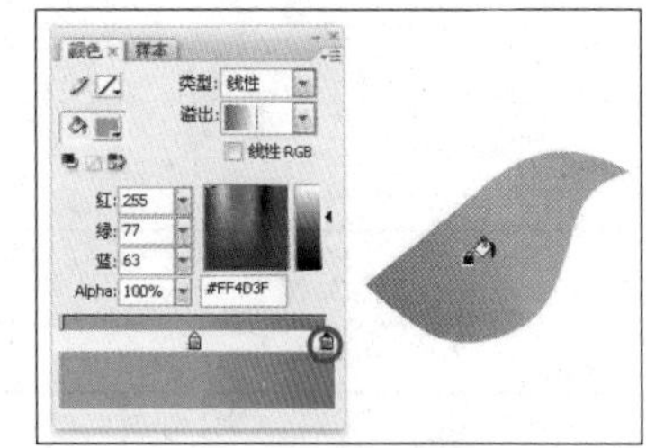

(d)前侧的线性填充

(e)按上下遮挡关系组合

图2—36

步骤6 制作第六片花叶。第六片花叶分成背部、前侧、花叶的厚度三个部分进行填充（见图2—37）。

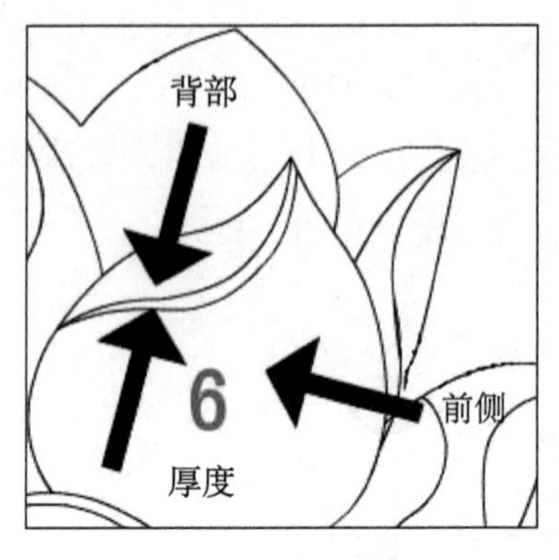

(a) 分成三个部分

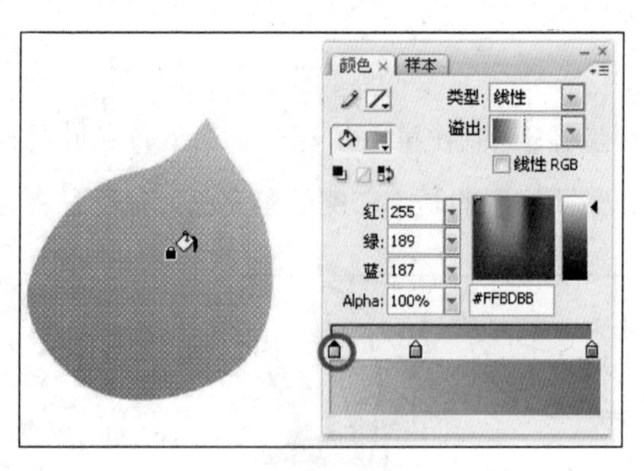

(b) 前侧线性填充

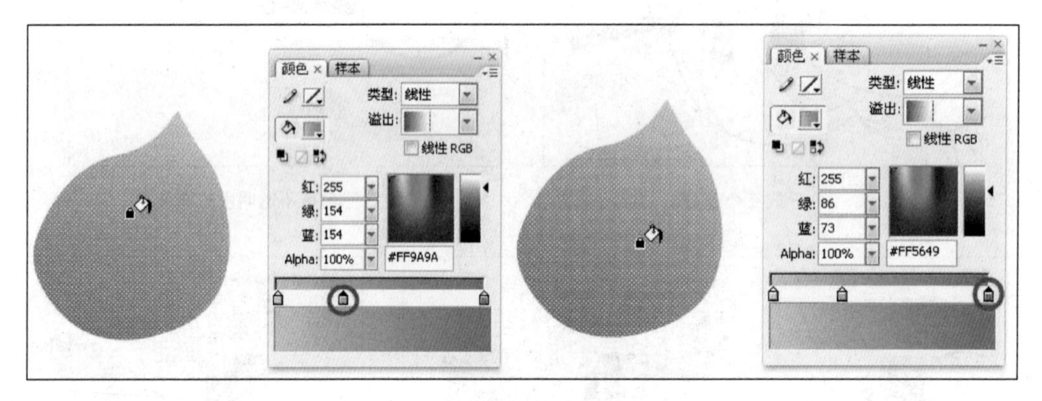

(c) 前侧线性填充

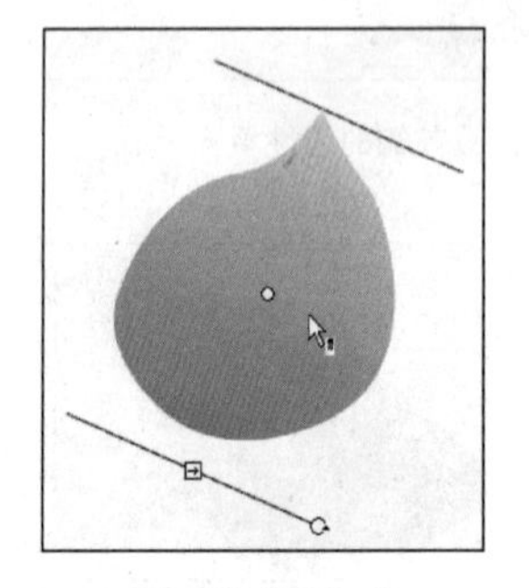

(d) 调整前侧颜色

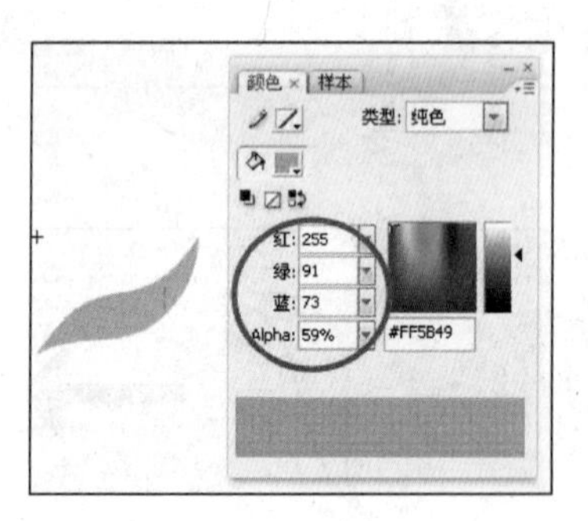

(e) 背部颜色填充

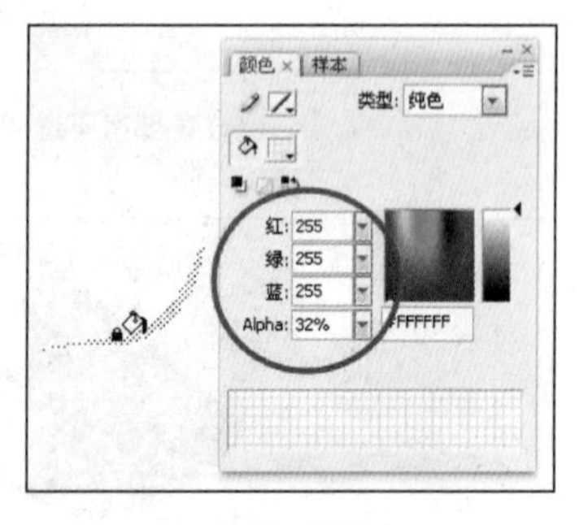

(f) 叶片的厚度

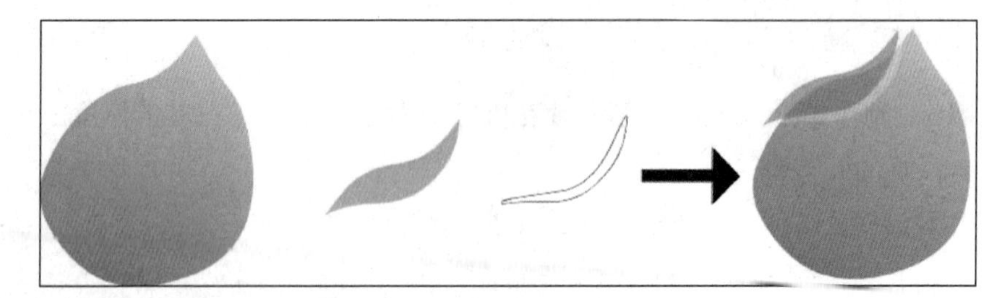

(g) 按上下遮挡关系组合

图2—37

步骤7 制作第七片花叶。第七片花叶处于最底面，一部分被前侧花叶遮挡，一部分处于整朵荷花最前面，所以在制作的时候，需要制作两个大的部分，一前一后组成花叶，前部包含叶片厚度与底面，后部包含投影与叶面。制作步骤见图2—38。

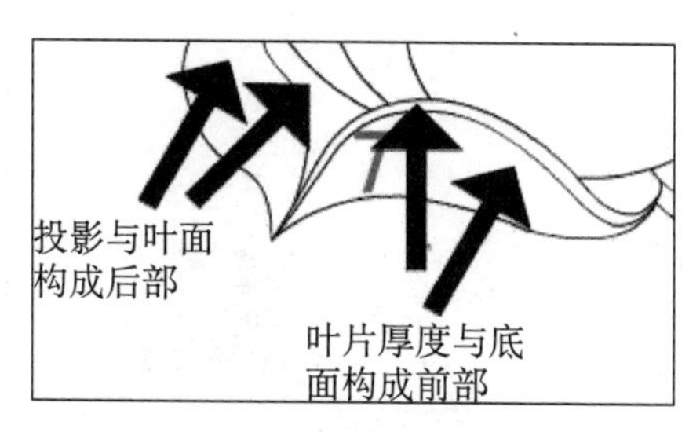

(a)前后两部分构成

(b)投影的填充

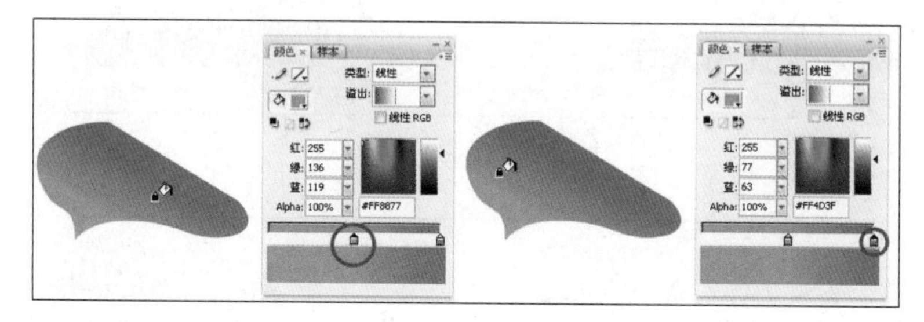

(c)叶面线性填充

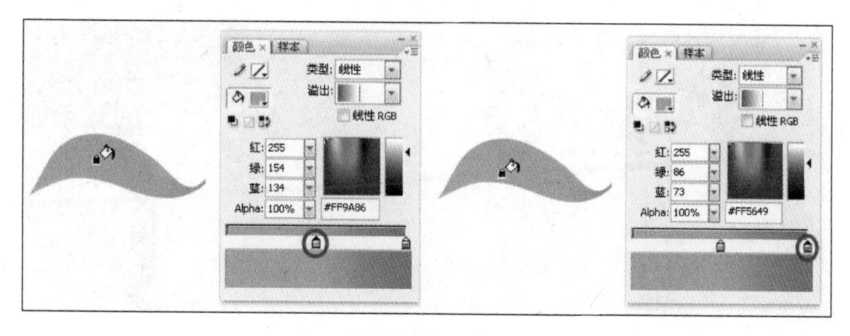

(d)底部线性填充

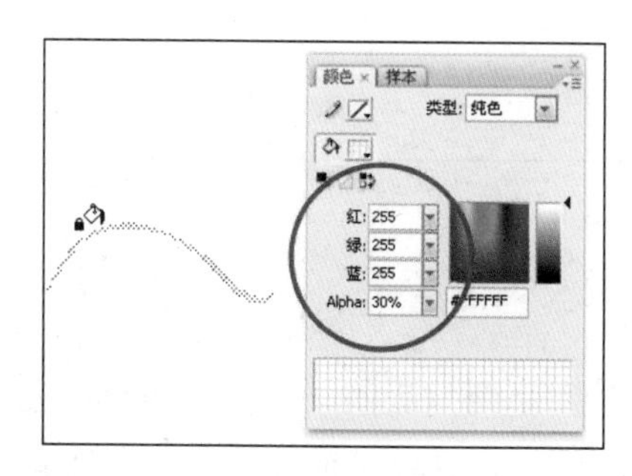

(e)叶片厚度的填充

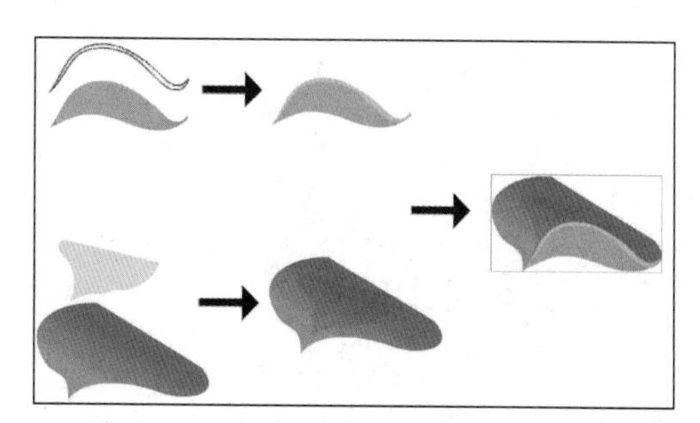

(f)按上下遮挡关系组合

图2—38

步骤8 制作花梗，由暗部和主梗组成，在填充主梗颜色的时候，选择线性填充样式，中间添加八个颜色控制柄，颜色由白色到草绿色（见图2—39）。

最后将八个制作好的部分按照造型的顺序进行组合（见图2—40）。

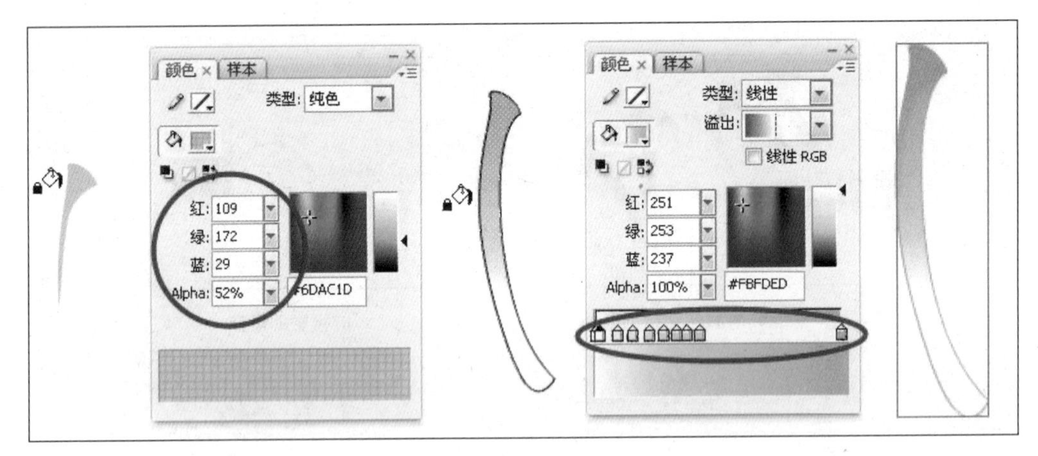

图2—39

图2—40

3.1.3 荷叶上的青蛙

荷叶上的青蛙一共分为八个元件来制作，分别是两只眼睛、头部、身体、左右前肢以及左右后肢（见图2—41）。在绘制青蛙的时候同样需要注意元件之间的上下遮挡关系，合理的遮挡可以为下面的动画调节做好准备。

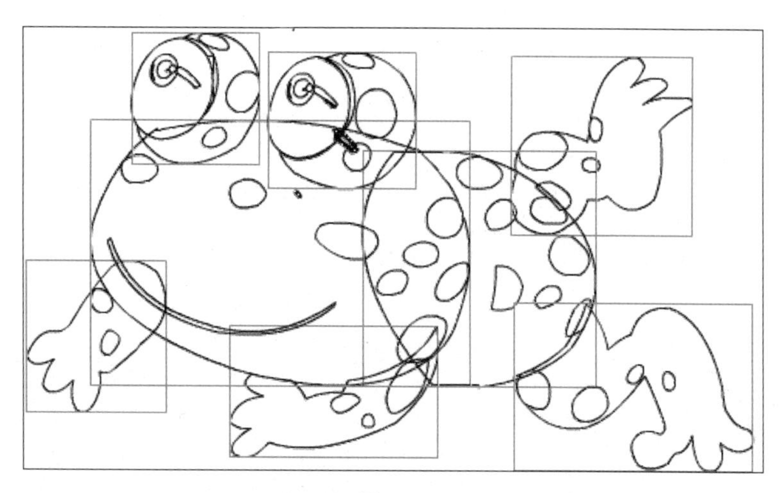

图2—41

步骤1 绘制青蛙的眼睛。眼睛由大大的眼泡、眼球以及眼仁三部分组成。首先运用线条工具绘制出这三部分的轮廓（见图2—42），接下来进行颜色的填充，运用线性渐变工具填充眼泡（见图2—43），眼泡的底色填充结束后，再填充眼皮上的斑点（见图2—44）。

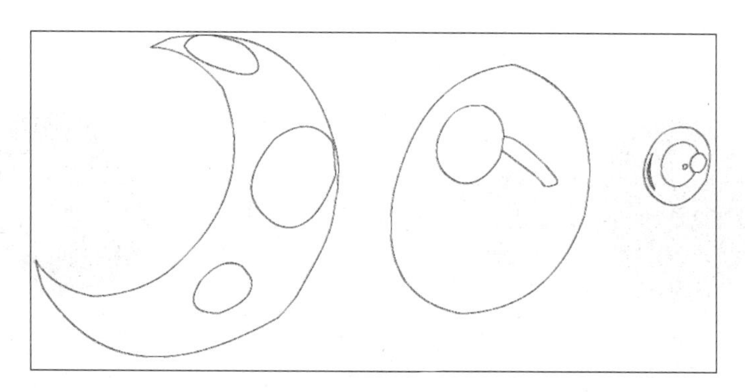

图2—42

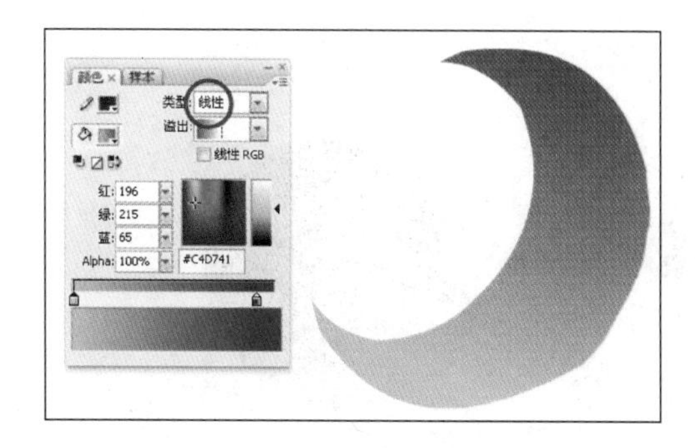

图2—43

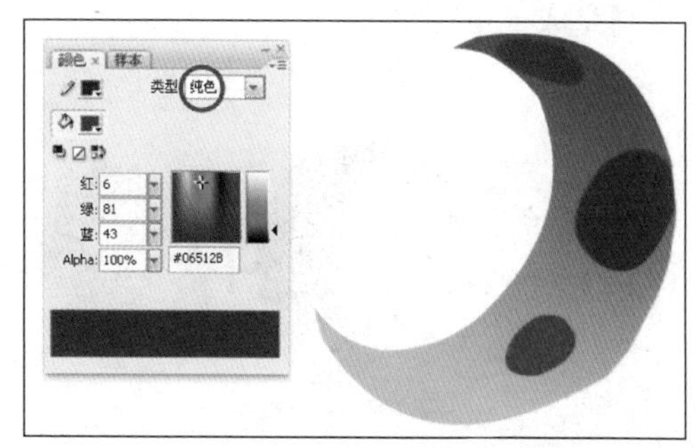

图2—44

提示：在绘制完成单个物体之后不要忘记打组，本任务中所提到的所有组件绘制完成后都需要打组；另外在运用渐变变形工具（Q或F）的时候，要学会颜色方向的调节。

绘制眼球的过程与绘制眼皮的过程一样，先利用椭圆工具、线条工具绘制出眼球的形态，再利用填充工具进行填充，选择放射状填充模式（见图2—45）。

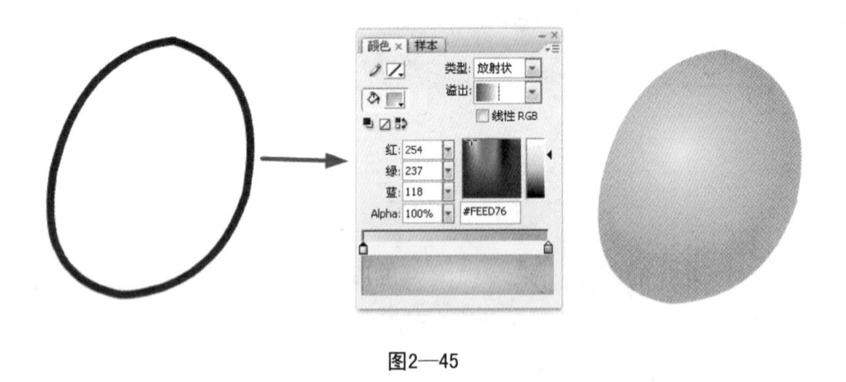

图2—45

绘制眼仁也是同样的步骤，根据形态进行颜色填充，选择单色模式（见图2—46）。

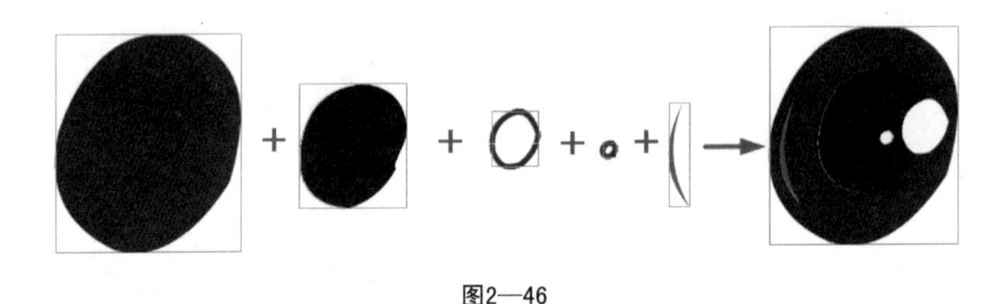

图2—46

最后将绘制完成的三部分组件按照上下层叠关系进行组合，至此青蛙的眼睛便绘制完成（见图2—47）。

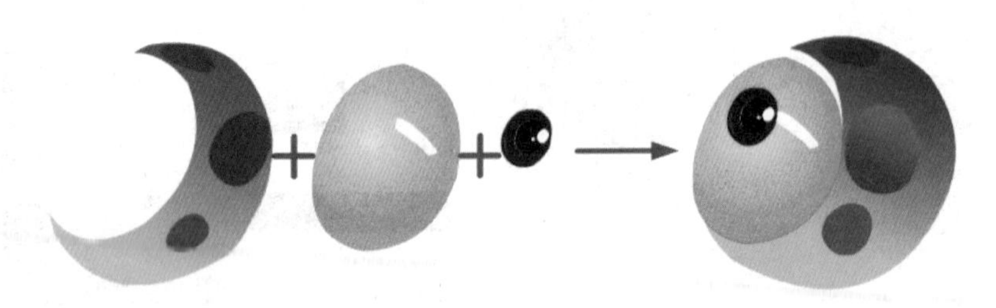

图2—47

步骤2 绘制青蛙的头部。首先运用椭圆工具绘制头部的形态以及头部的斑纹，然后选择线性填充模式进行色彩指定，斑纹填充单色（见图2—48）。

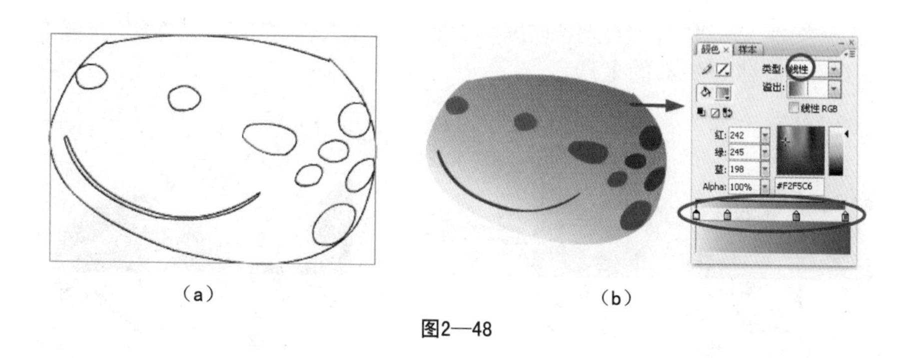

图2—48

步骤3 绘制青蛙的身体，首先运用椭圆工具绘制身体的形态以及身体的斑纹，然后选择线性填充模式进行色彩指定，斑纹填充单色（见图2—49）。

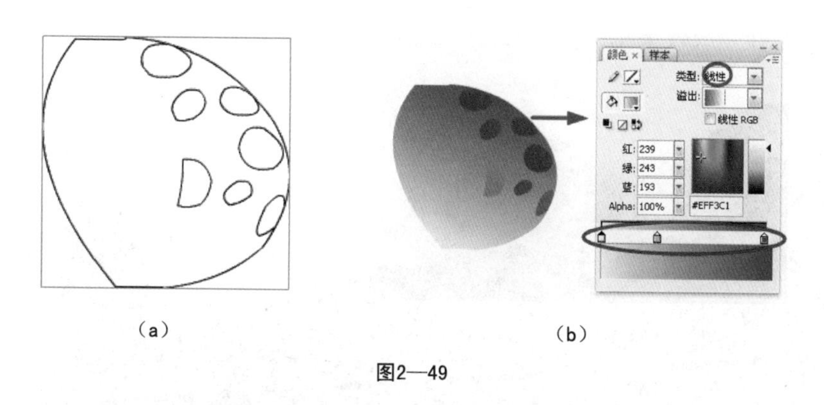

图2—49

步骤4 绘制青蛙的左右前肢以及左右后肢。方法与绘制之前元件步骤相同，先绘制形态再进行颜色填充（见图2—50）。

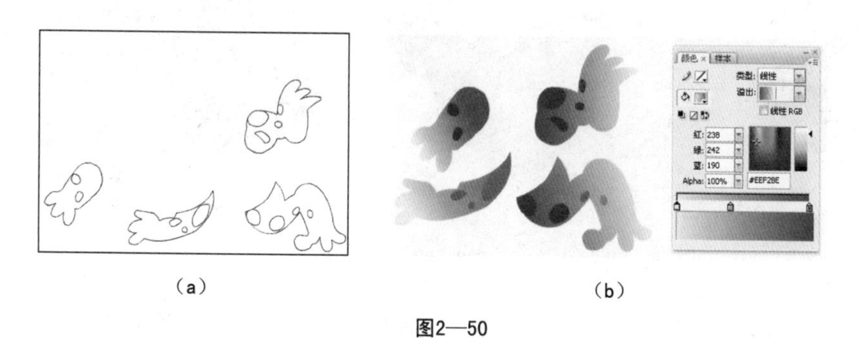

图2—50

最终将所有绘制完成的组件进行组合。这时必须注意上下组件的位置关系，因为绘制青蛙都在同一个图层上，所以就需要移动各个组件的位置。将组件移至上方的方法是用鼠标右键点击组件，出现菜单选择排列选项，然后选择上移一层选项（见图2—51）；将组件移至下方的方法是用鼠标右键点击组件，出现菜单选择排列选项，再次选择下移一层选项，移至顶部或者底部的方法与上述相同。例如，将青蛙的右部眼睛移至头部的上层。

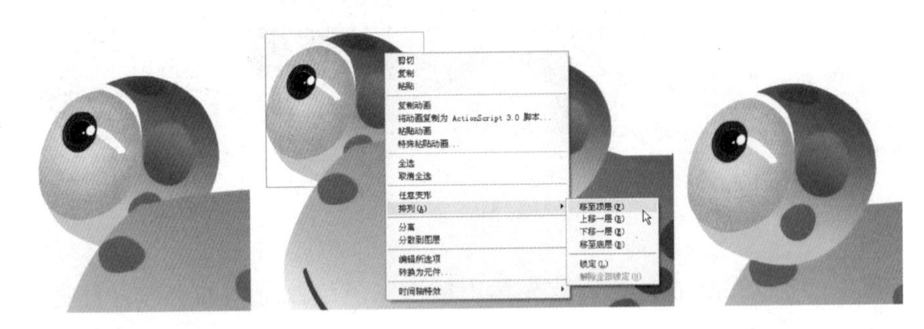

图2—51

最终青蛙完成效果见图2—52。

图2—52

3.1.4　池塘水面、天空、云朵、彩虹等

步骤1　先来绘制水面与天空的色彩基调。运用矩形工具，将色彩屏蔽，只保留线条，绘制出一个与舞台大小相等的矩形，再运用线条工具在矩形的中间偏下位

置绘制出一条中割线（见图2—53），接下来选择线性填充工具将水面与天空两部分进行填充，天空选择湖蓝与白色渐变（见图2—54），水面同样选择湖蓝色系渐变，受到天光的影响，水面远处色彩明度有所降低（见图2—55）。最终完成效果见图2—56。

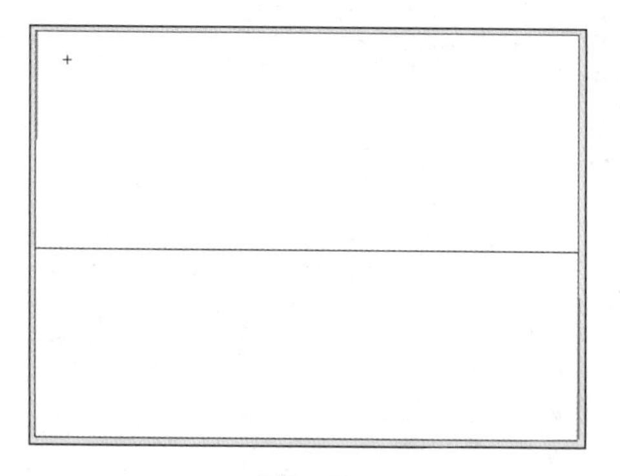

图2—53

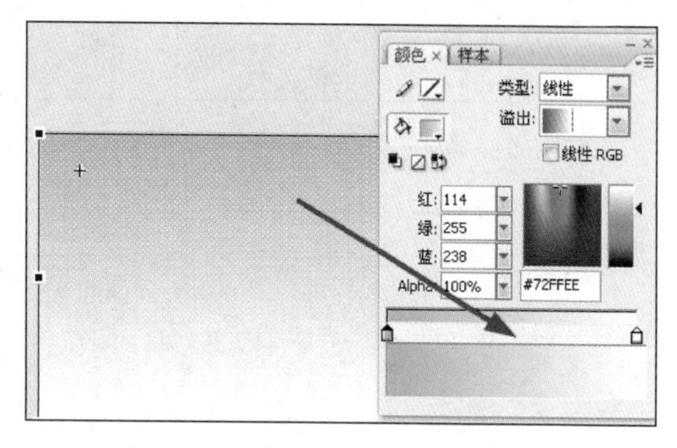

图2—54

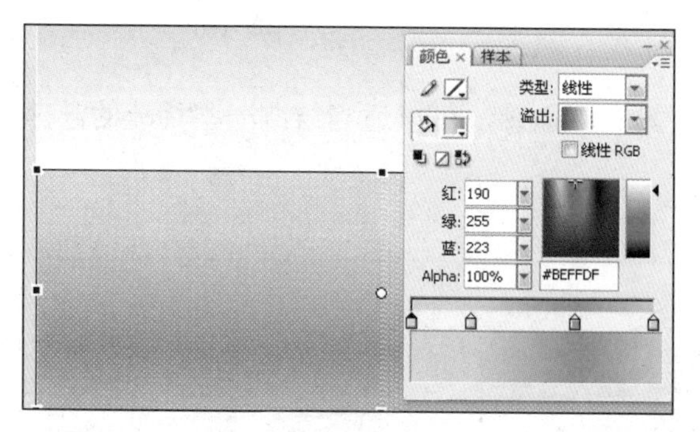

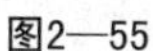
图2—55

图2—56

根据近实远虚的画面构成关系我们会发现天空与水面交界线过于明显，所以需要进一步虚化处理。绘制一个与之长度相等、宽度在交界线上下的矩形（见图2—57），然后进行线性填充，颜色选择白色系，制作三个色标，全为白色，第一个与第三个色标将不透明度调为0（见图2—58），这样我们会发现比之前的画面要合理得多。

池塘的水面应该波光粼粼，所以接下来需要绘制水面的微微水波。水波由一段段S形的曲线构成，先用线条工具与选择工具相结合调节出一小段水波，再进行复制，接下来选择线性填充来进行色彩指定（见图2—59）。

复制做好的水波元件，叠放至水面，完成最终效果（见图2—60）。

图2—57

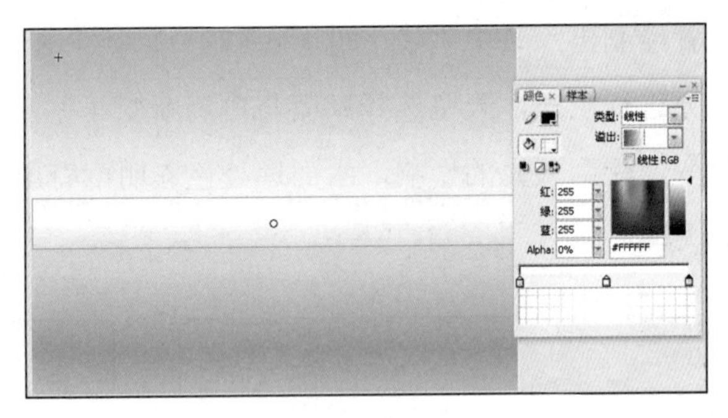

图2—58

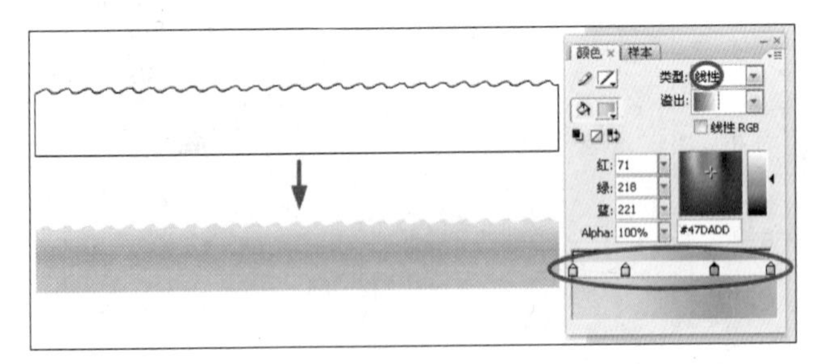

图2—59

图2—60

为了使水面效果更加细致完美，更具有画面感，可以适当绘制一些稀疏的浮萍（见图2—61）。

图2—61

步骤2 绘制天空中的云朵。首先绘制云朵的形态。需要注意的是，云朵是有体积感的，在现实生活中我们所看到的云朵与其他物体一样，分为四部分——明暗交界线、亮面、暗面以及反光。但是在Flash中，云朵相对来说没有那么写实，可以分为受光面和背光面两个面，完成效果如图2—62所示。但是考虑到画面的节奏感，所以需要再绘制一朵云彩。不可以复制之前的一朵，如果天空中所漂浮的云彩都是相同的形状，那就不符合不规则美的法则。完成效果如图2—63所示。

图2—62

图2—63

步骤3 绘制雨后的彩虹。首先绘制彩虹的形状，一般彩虹都呈现出弧形的状态（见图2—64），彩虹的颜色是中间纯度比较高，两端纯度比较低，考虑到这个特性，需要将彩虹分成三部分进行色彩指定，运用线条工具在接近头尾的位置将彩虹割开（见图2—65）。

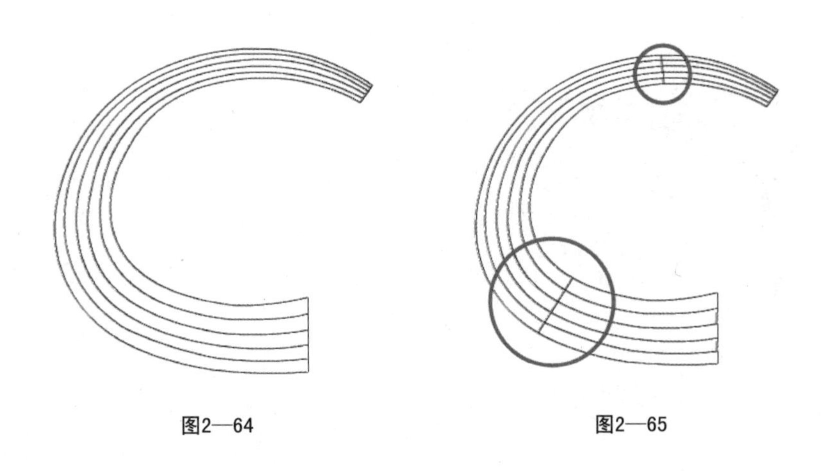

图2—64　　图2—65

中间部分我们来填充单色（见图2—66），头尾两部分运用线性渐变工具来填充渐变色，在彩虹的两端色彩明度变为0（见图2—67）。填充完成后去掉线条，最终完成效果如图2—68所示。

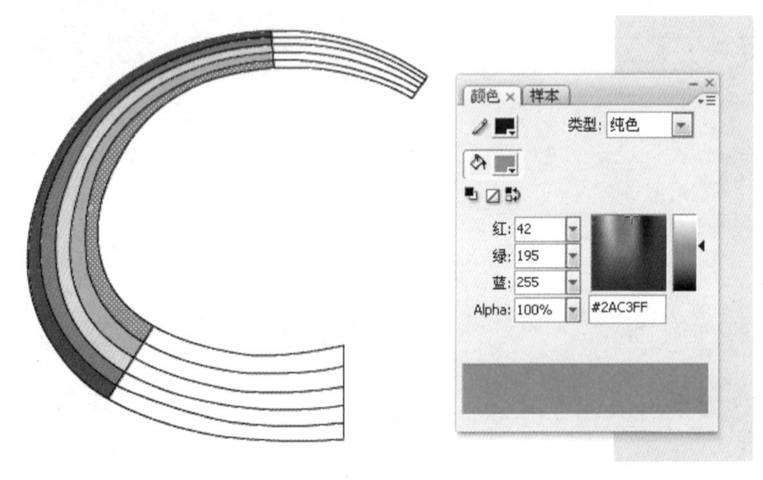

图2—66

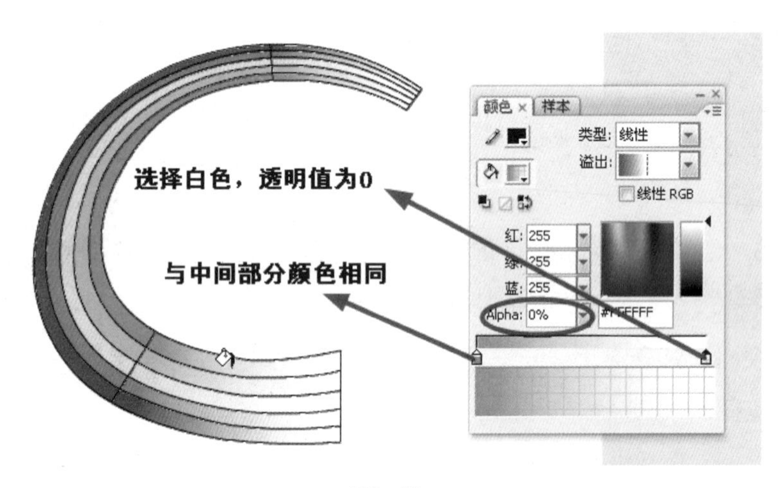

图2—67

图2—68

步骤4 绘制场景中的星星形状的光斑。为了使场景更加清澈，细节更加到位，需要在天空中绘制一些星星形状隐隐约约的小光斑（见图2—69）。

图2—69

首先选择工具栏中的矩形工具选项。该工具右下角有一个三角形标示，用鼠标点住，会出现一个菜单，选择最下方的多角星形工具（见图2—70），然后在整个Flash界面的最下方属性栏中，选择“选项”按钮（见图2—71），会出现工具设置

图2—70

图2—71

菜单，然后选择“样式”下拉菜单下的“星形”选项（见图2—72），边数设定为4，星形顶点大小设定为0.5（见图2—73）。

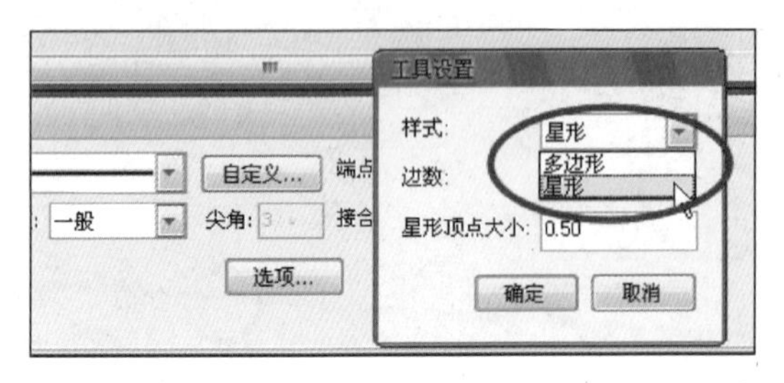

图2—72

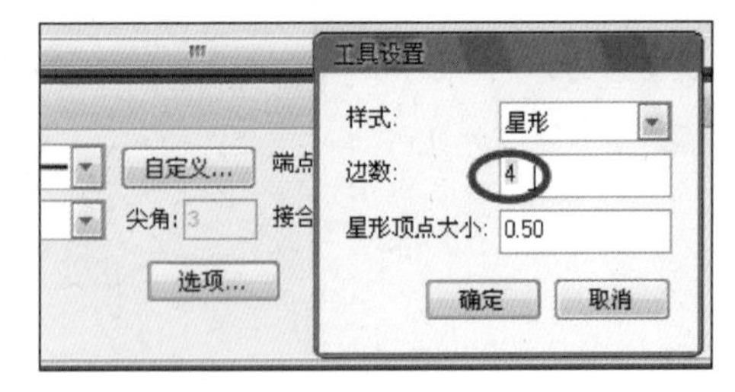

图2—73

在舞台中间画出一个四角星形，选择白色进行单色填充（见图2—74）。填充完成后，将线条去掉，进行打组，再绘制一个圆形，运用放射性渐变进行填充，两个色标均选择白色，后一个色标不透明度设为0（见图2—75），然后去掉线条，打组。

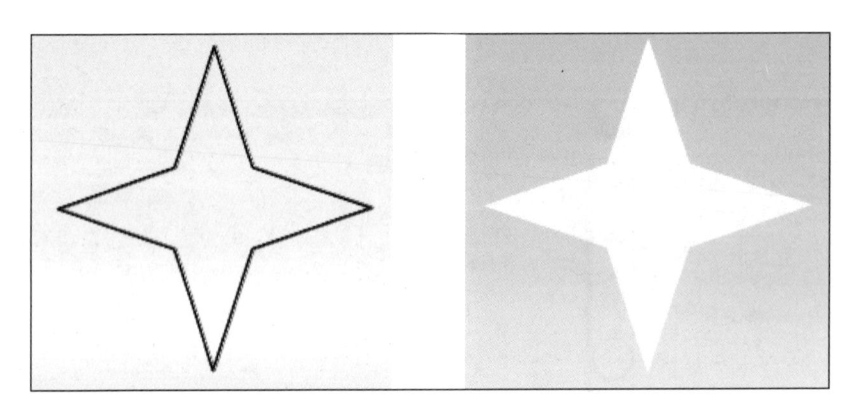

图2—74

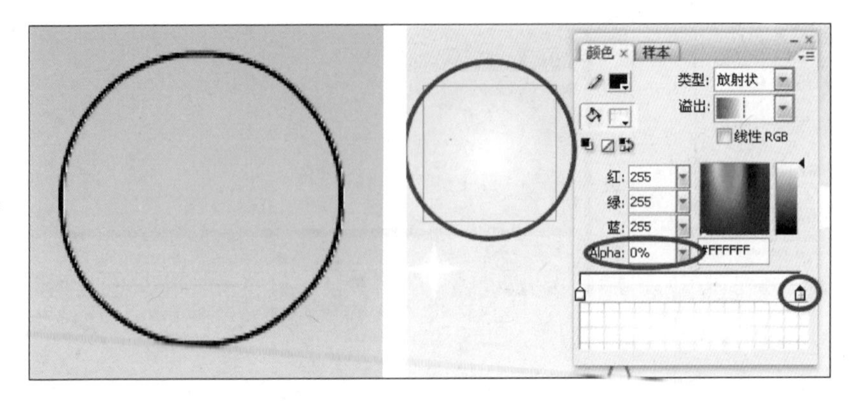

图2—75

接下来将两个做好的组件进行组合，星形放置在圆形的上方，同时选择进行打组，最终效果见图2—76。

图2—76

到这里，清澈的池塘场景中所有的元素都已绘制完成，根据Flash中元件的上下叠放关系，将所有组件进行放置，得到以下完整效果（见图2—77）。

图2—77

3.2 被污染的池塘场景元件绘制

被污染后的池塘，整个色调变得灰暗，与清澈干净的池塘相比，不再是莲叶片片、荷花朵朵、鸟语花香……呈现在眼前的是肮脏的池水，各式各样漂浮的垃圾，如易拉罐、瓶盖、上锈的螺丝、废报纸、腐烂的蔬菜以及灰暗色的气泡等（见图2—78）。青蛙的状态也要有所改变，最能突出青蛙状态的就是嘴部的变化，从之前的开心上扬的嘴角变成现在失落下垂的嘴角。

图2—78

整体的绘制步骤不再作详细的讲解，方法与上面所阐述的基本一致。在绘制的过程中需要注意的有以下几点：

①整体色调不再那么鲜艳，天空与池面整体呈现灰蓝色调；

②在绘制气泡的时候，一定要注意气泡由几部分组成，注意打组，并且能清晰地叠放；

③在绘制易拉罐、螺丝、金属罐的时候，要熟练运用色彩面板以及色彩工具；

④在绘制气泡、烟雾的时候，要特别注意颜色透明值的调节。

绘制完成所有元件，将场景进行合成，效果如图2—79所示：

图2—79

拓展练习

1. 实训内容

完成网络Flash商业广告《雀巢咖啡——精彩瞬间》部分场景绘制（见图2—80），这部商业广告是第三届全国大学生广告创意大赛获奖作品，整体制作比较成熟，完成效果较好，在后面的综合项目中我们会对这个广告的制作流程作详细的分析讲解。

图2—80

具体完成的内容包含：

（1）根据所提供的参考图例绘制手绘稿，注意场景中的整体透视关系以及各个物体的具体形态。

（2）扫描手绘稿，在电脑中运用Flash进行描线处理，注意对各个物体进行打组。

（3）场景色指定，在上色的时候，注意色彩工具的合理运用与色彩属性的调节，同时需要注意场景色调的统一以及光源对于场景的影响。

2.完成标准

最终完成效果需要与下图相仿（见图2—81）。

图2—81

具体完成标准为以下几点：

（1）场景透视准确，此场景透视关系属于平行透视；要注意各个物体形态的准确。

（2）整体色调为暖色调，色调必须统一；另外，受到光源影响，物体的投影需要合理投射。

（3）将场景中各个物体最终打组，并且按照上下顺序合理叠放。

场景元素效果参考（见图2—82）：

窗户、窗帘、镜框、桌子、椅子、房间支柱、装有玫瑰花的花瓶、时钟、咖啡杯等。

图2—82

项目3
FLASH动画中的
动作设计

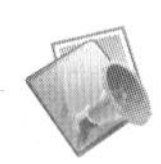

项目概述

本项目选取了部分商业动画中的角色动作进行详细分析和讲解，其中包括动作调节的方法、元件的套用等。

实训目的

通过本项目内容的操作，掌握Flash动画中调节动作的方法、调节动作的基本规律，能够熟练运用几种动画元件。

主要技术

Flash动画中的动作制作技术（见图3—1），包括元件的套用（见图3—2）、图层的运用、时间轴与关键帧的运用（见图3—3），以及动作与时间的设置等。

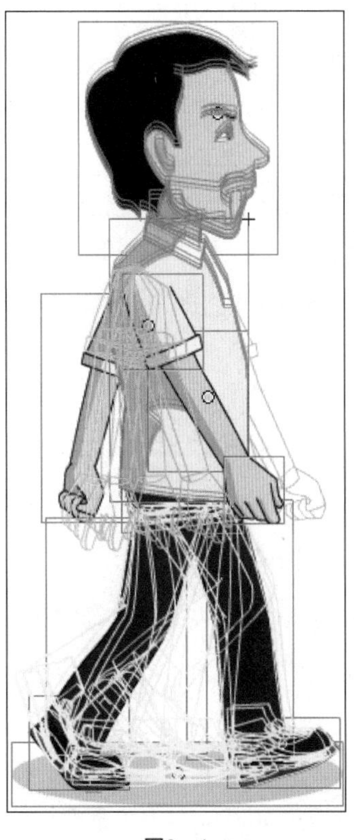

图3—1

图3—2

图3—3

重点难点

动作的调节方法（逐帧动画、补间动画），元件的熟悉运用（图形元件、影片剪辑、组文件），图层与时间轴、关键帧的运用。

对动作制作的构思，其中包括对动画运动规律、原动作设定、中间动作设定的掌握。

Flash动画作为电脑动画，虽然很多制作环节都是利用电脑完成的，但是与传统的手绘动画相比，最核心的技术还是相同的，这种核心的技术就是手头上的功夫以及对动作的理解。而对动作理解的前提是对动画基础的掌握，这其中包括形体的塑造、人体结构的理解、动态的概括以及运动规律的运用。

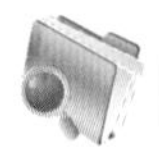

实训过程

人物动作调节制作流程示意如图3—4所示。

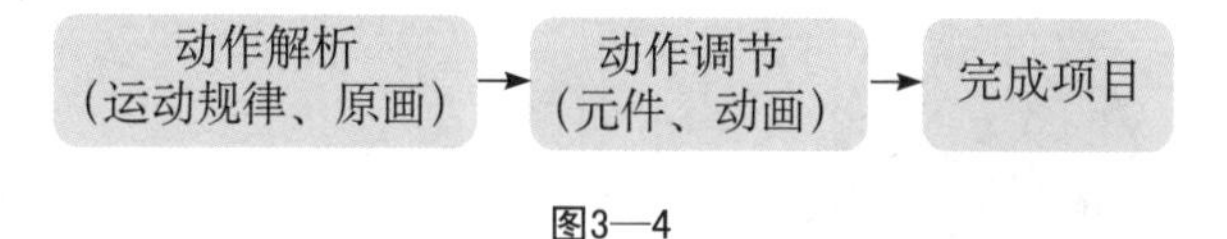

图3—4

本次项目的制作可以分解成两个任务，选取人物走路、人物讲话这两个基本的人物动作来设计制作。通过制作流程图可以看出，对于动作的解析是第一步，而且也是重要的一步，它关系到动作的节奏，以及动作准确与否。

建议：对于动作的理解与设计，与基本功有很大的关系，动画属于艺术的一个门类，所以做动画必须有扎实的绘画功底。造型能力与动态的认知又是其中最为重要的。当然，对于人体结构也必须透彻掌握。建议平时多加强手绘训练（见图3—5），如造型训练、动态设计训练。每天都抽出一定的时间来画几张速写，坚持下去就会得到很快的提升，这样也有利于动画各个环节的设计制作。

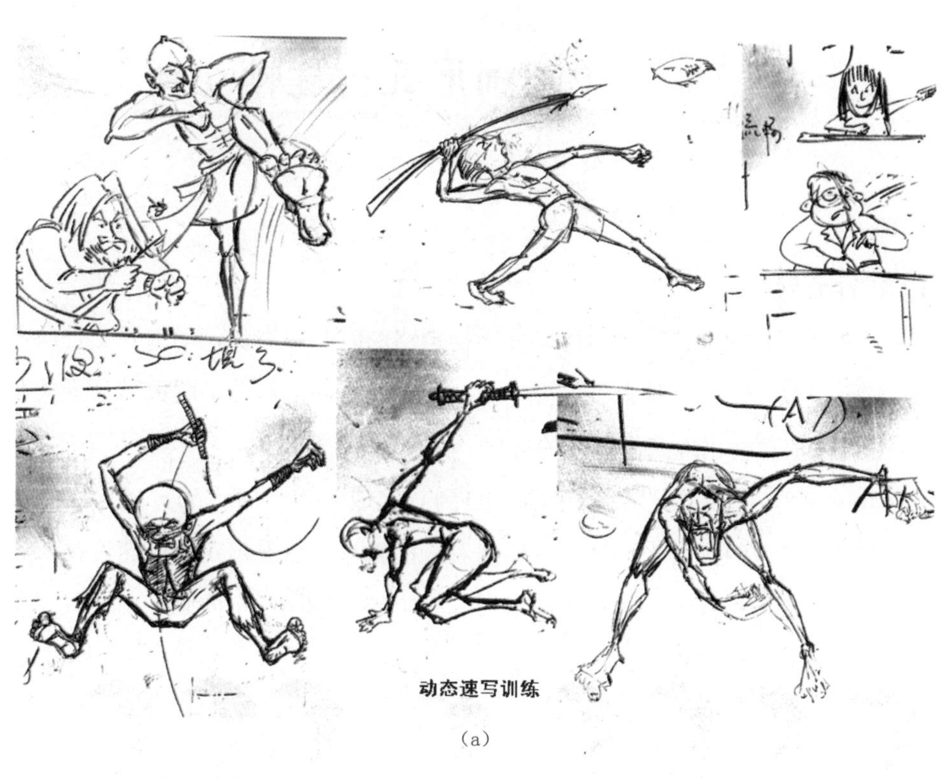

动态速写训练

（a）

（b）

图3—5

任务1 角色侧面走路动画（动画形式：逐帧动画）

1.1 动作解析

首先来分析人物走路的运动规律。人物走路的时候左右腿带动双脚交替向前，并带动整个身体向前，同时为了保持平衡，配合双臂前后摆动，腿关节、踝关节带动腿部屈伸，身体会出现高低幅度的变化。

如图3—6所示，A1到A5完成半步，A1到A9完成一步，A1、A5、A9这三张属于原画张，A3、A7这两张属于关键张，根据右侧的轨目可以看出走路的速度是匀速状态，原画A1的状态与原画A9状态相同，A2、A4、A6、A8属于中间画。由此我们就得

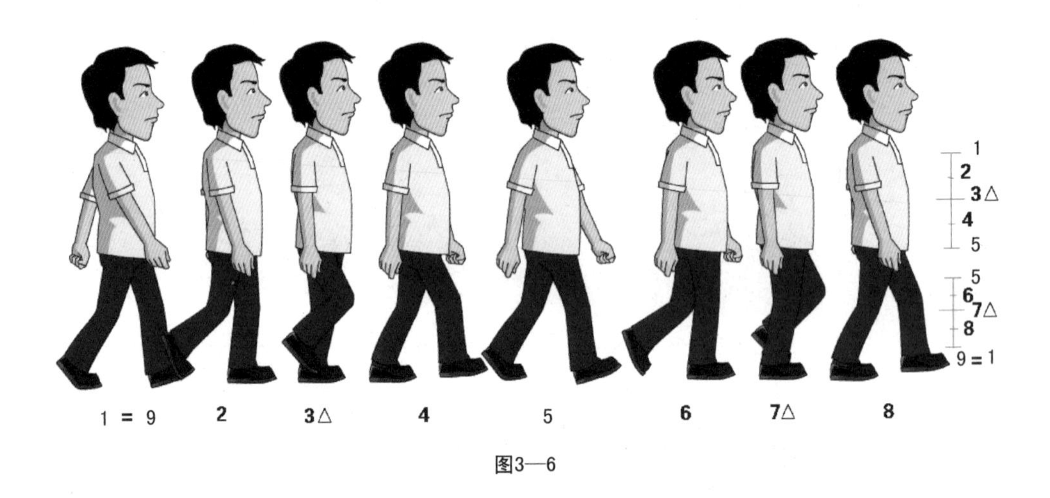

图3—6

到了人物走路动作调节的依据。

提示：对于运动规律，可以参阅相关专业书籍，多观察生活，同时锻炼手绘的能力，做到学以致用，真正理解动作、设计动作。

1.2 动作调节

在Flash动画中，动作调节的方法一般有两种：逐帧动画和补间动画。当然，逐帧与补间也是经常相结合运用的。本任务一中调节人物侧面走路的方法，将利用

逐帧动画方式来完成。

步骤1 根据绘制好的角色第一张原画动态，将角色置入Flash场景中，进行打组处理（见图3—7）；接下来将打组好的角色分散到图层。在基础模块我们已经具体讲解了相应的操作步骤，需要注意的是由于角色各个组件的上下遮挡关系，所以要将图层关系进行合理的排序（见图3—8），最上层为角色右侧的胳膊，第二层为角色的身体与头部，第三层为角色的腿部，第四层为角色左侧的胳膊，最后一层为角色的投影（见图3—9）。

图3—7

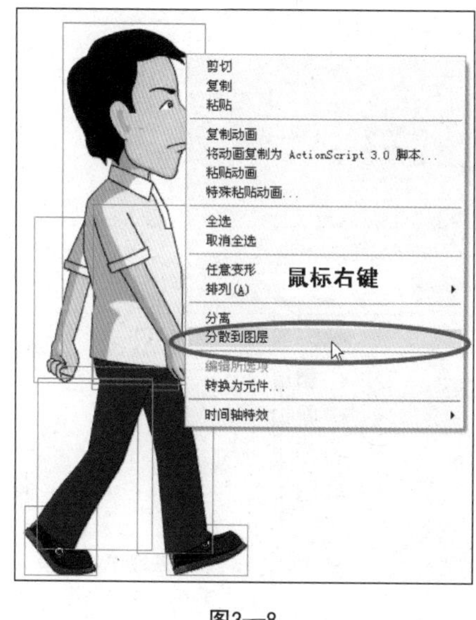

图3—8

图3—9

步骤2 动画是根据人眼的“视觉暂留”原理来制作的，也就是说在动画中每秒需要24幅画面才能保证播放流畅。在传统的动画电影制作中，一般采用“一拍二”的方式制作，也就是说1张动画拍2格，那么1秒钟的动画只需要画12张动画便可。另外，有些动画也采用“一拍三”的方式制作，就是说1张动画拍3格，这在日本动画中非常常见。如果动画制作完成后，需要在电视上播放，就需要每秒25格或者30格了，因为电视的播放制式为PAL制（25格）和NSTC制（30格），国内电视所播放的动画一般都是PAL制。Flash中1帧就代表传统动画中的1格，Flash默认的帧率为12帧每秒（见图3—10），在制作人物走路的动画项目中，我们将播放帧率数值修改为24（见图3—11），每张动画延续3帧，即“一拍三”。

根据对走路动作的分析，完成一步走一共需要9张动画，其中1、5、9这三张属

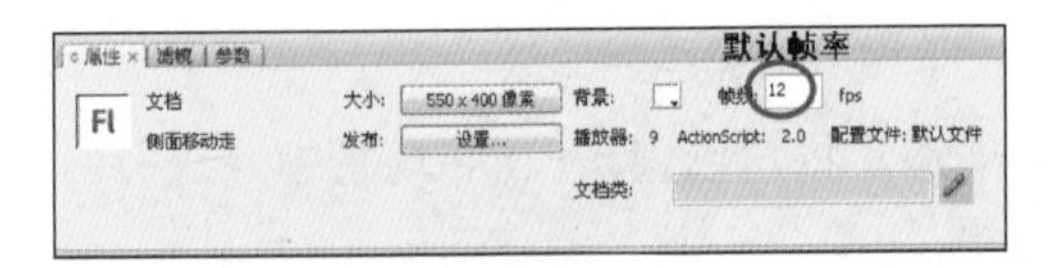

图3—10

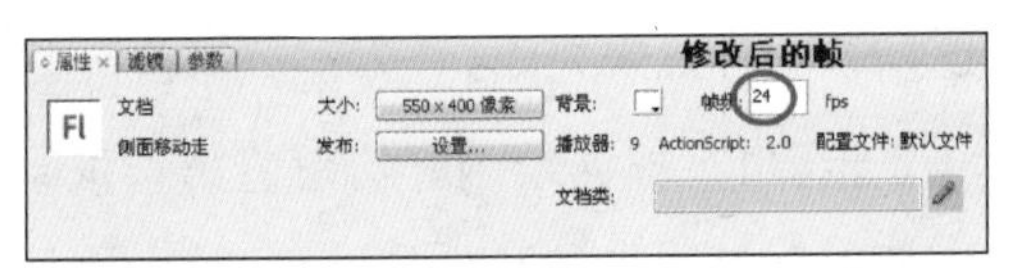

图3—11

于原画，其他的属于中间画，一张需要停留3帧，一共就需要27帧。原画1已经置于场景中，接下来在第一层也就是右侧胳膊的图层点击第3帧，按住鼠标左键不放，向下拉至最后一层也就是投影层（见图3—12），所有图层的第3帧都呈现黑色被选择状态。然后放开鼠标，黑色选择状态变为浅蓝色，将鼠标移至呈现蓝色选择状态的帧上，点击鼠标右键选择插入帧选项（见图3—13），将原画1延伸至第3帧处

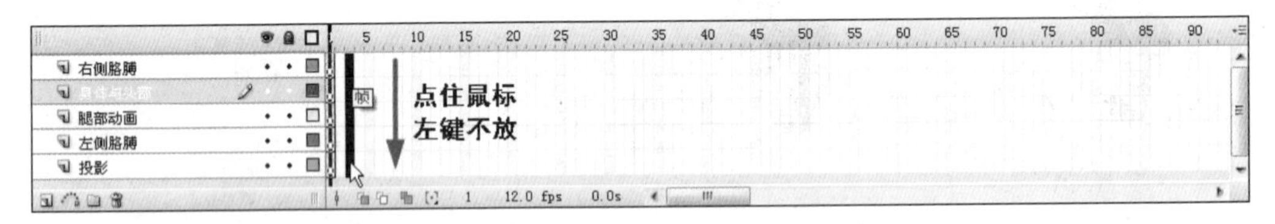

图3—12

图3—13

（见图3—14）。

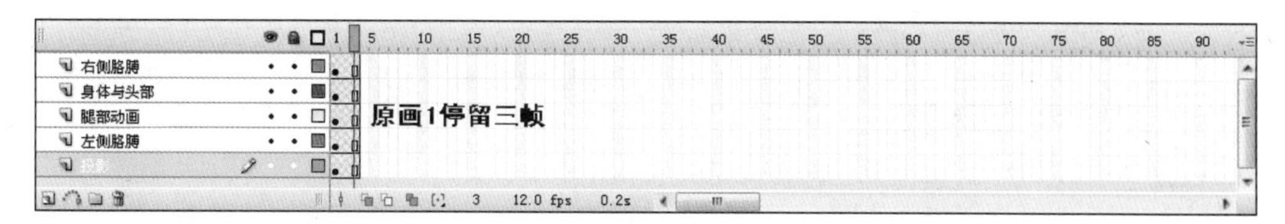

图3—14

步骤3 选择第一层第4帧，按住鼠标左键不放，向下拉至最下层投影层（见图3—15），帧呈现选择状态后点击鼠标右键选择插入关键帧选项（见图3—16），这时

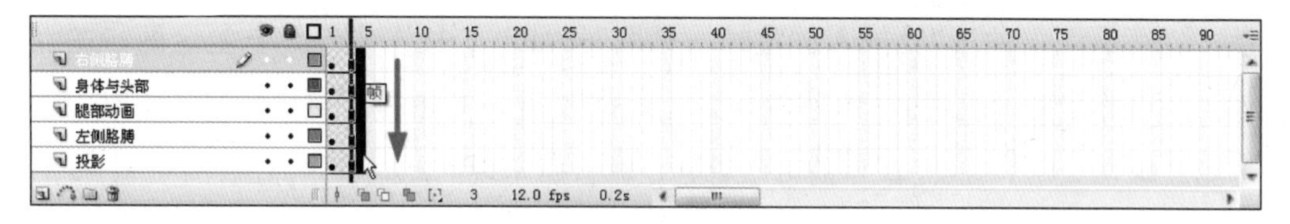

图3—15

图3—16

所有图层的第4帧都插入了关键帧（见图3—17），人物状态同样是原画1的状态。

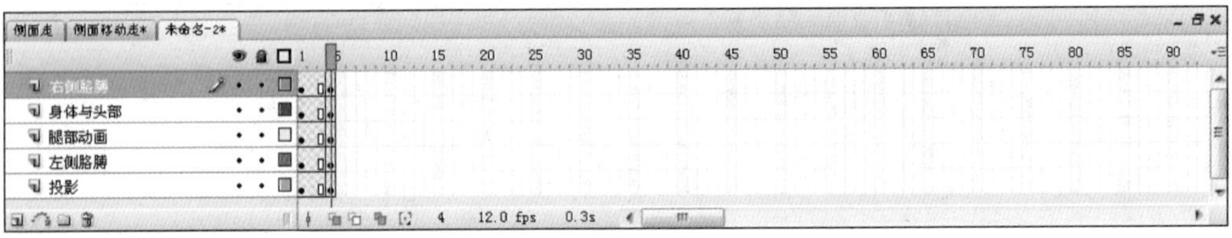

图3—17

步骤4 具体操作方法与步骤2中一样，选择所有图层中的第4帧，点击鼠标右键选择插入帧选项，将第4帧延续至第6帧（见图3—18），然后重复步骤3中的方法，在所有图层的第7帧插入关键帧（见图3—19）。接下来继续重复这两步的操作，一直将走路动作的9张动画帧全部延续3帧为止，也就是一直将帧延续至时间轴的第27帧（见图3—20）。目前可以看到，舞台所呈现的动画都是原画1的状态。

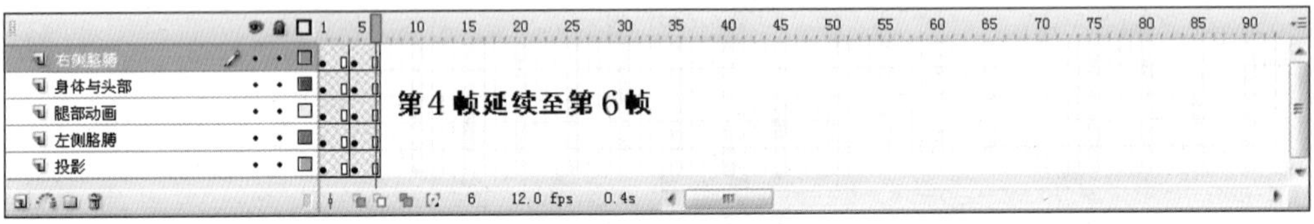

第4帧延续至第6帧

图3—18

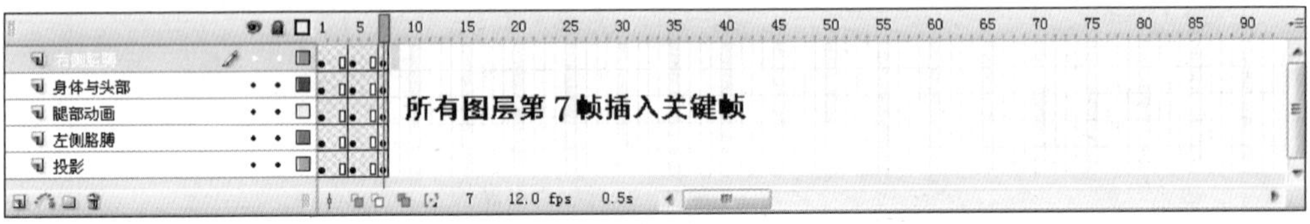

所有图层第7帧插入关键帧

图3—19

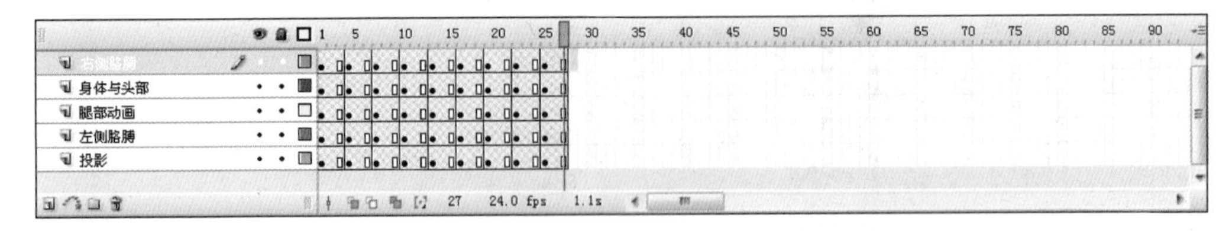

图3—20

步骤5 从原画1到原画5，左腿属于支撑腿，那么身体的动作就要以左脚为支点进行运动。进而我们得出，在调节中间画2、3、4的时候，左脚属于不动脚，也就是左脚与底面相接处的范围不会变化。脚尖位置尤为重要，如果左脚位置每一张动画都上下左右偏移，那么最后完成的动画就会很滑稽，不符合人体运动的规律。

接下来选择中间画2，根据已知的动作规律进行动画的调节。这时候需要用到的是Flash中的“洋葱皮”功能（见图3—21）。

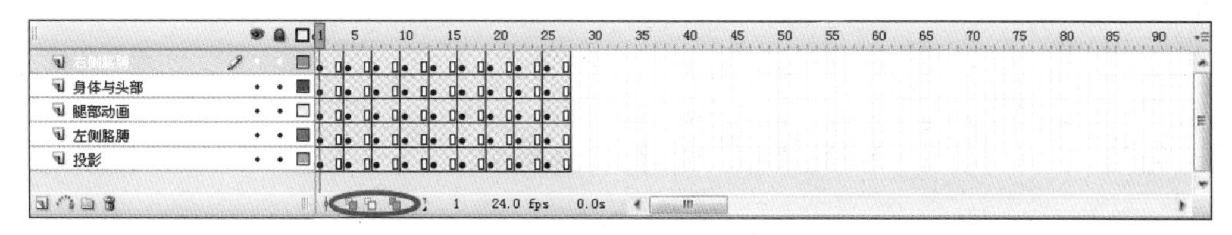

图3—21

提示：“洋葱皮”功能共有三种方式。第一种是绘图纸外观方式，选择此种方式后，画面可以呈现多个动作的叠影效果，在调节动画动作的时候经常要用到（见图3—22）；第二种是绘图纸外观轮廓方式，选择此种方式，画面中可以呈现多个动作轮廓线（见图3—23）；第三种是编辑多个帧方式，选择这种方式，可以编辑多个图层中的所有被选择的帧，此种方式在调节动画时经常用到（见图3—24）。

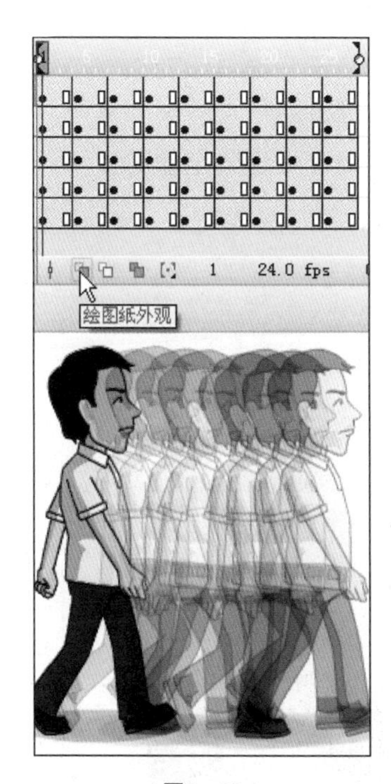

图3—22

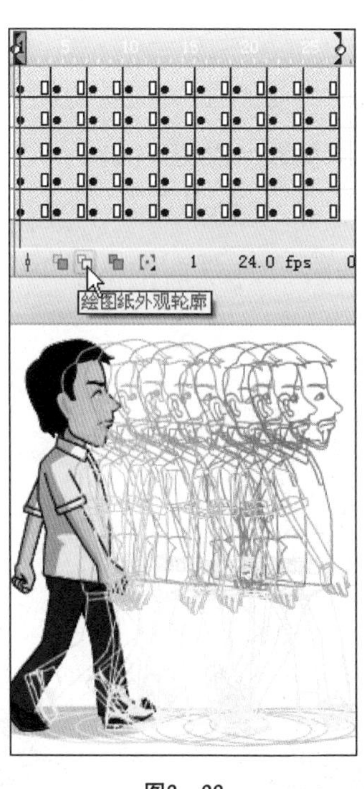

图3—23

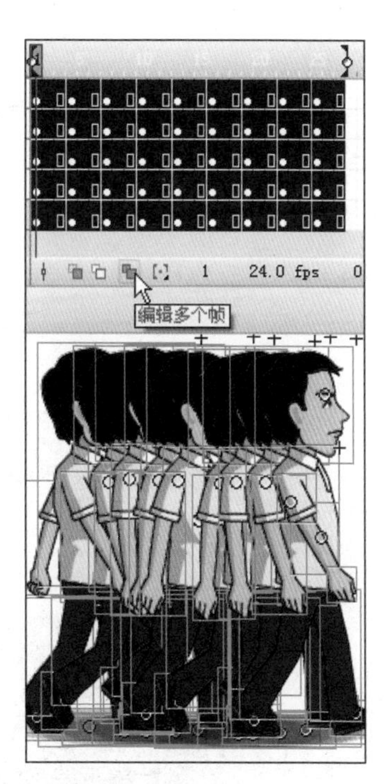

图3—24

选择第4帧，也就是中间画2，使用“洋葱皮”功能中的绘图纸外观方式（见图3—25），下一步就需要先将固定脚位置调节好。为了方便调节，我们先将其他图层锁定，点击时间轴锁定图层标志（见图3—26）。这样做很有必要，在调节动画的时候，往往有很多图层，而且有很多动画组件，有时在调节其中一层动作的时候，就会不小心选中其他的组件，进而影响动作的准确性。

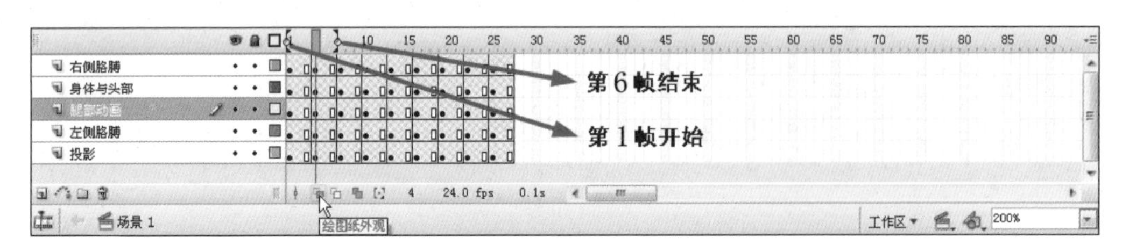

图3—25

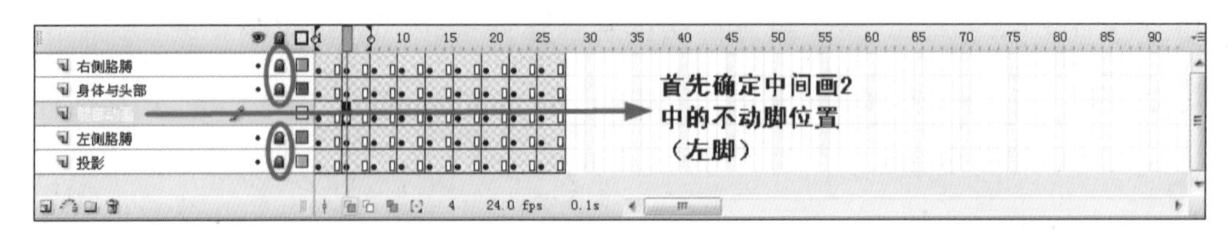

图3—26

选择腿部动画层中第4帧，比对原画1中左脚的位置，运用选择工具以及任意变形工具来调节中间画2中的左脚位置（见图3—27），接下来在脚步固定的前提下调节腿部动画层中其他组件的位置（见图3—28），脚部动作调整完成之后，将该层锁定，再将身体与头部图层解锁，调节其动作（见图3—29）。

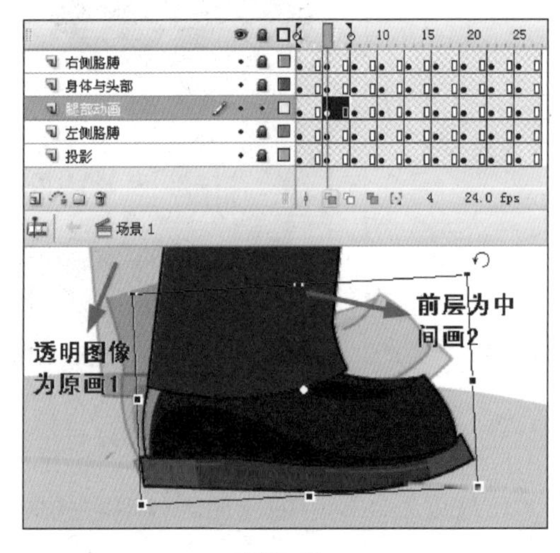

图3—27

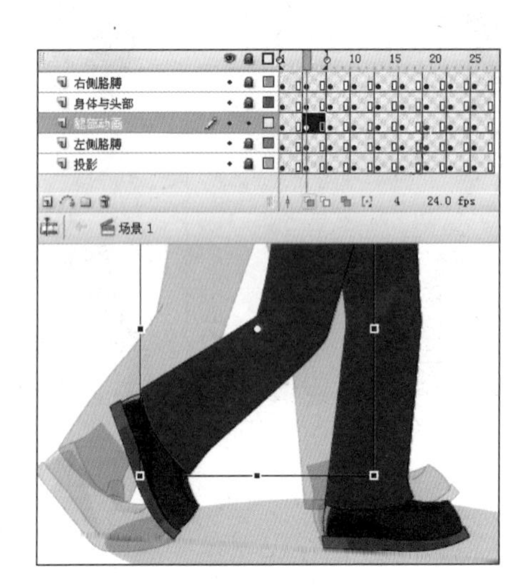

图3—28

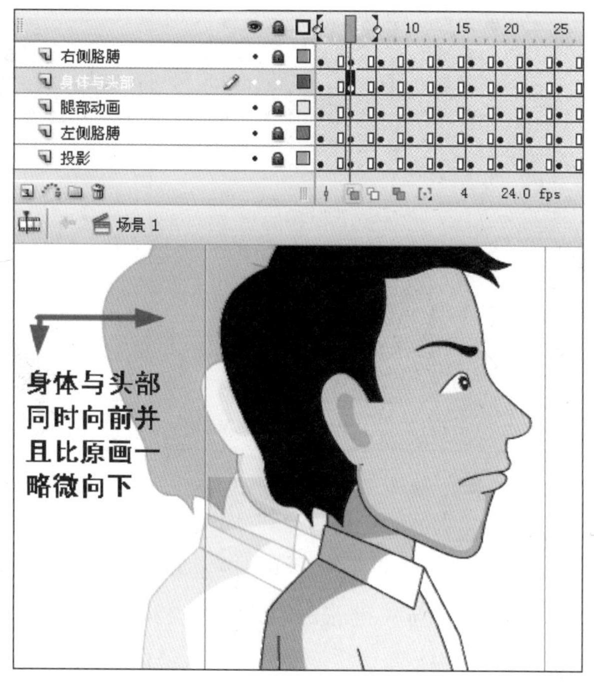

图3—29

下面继续调整右侧胳膊（见图3—30）、左侧胳膊（见图3—31）以及投影层动作（见图3—32），到此中间画2的动作调节全部完成（见图3—33）。

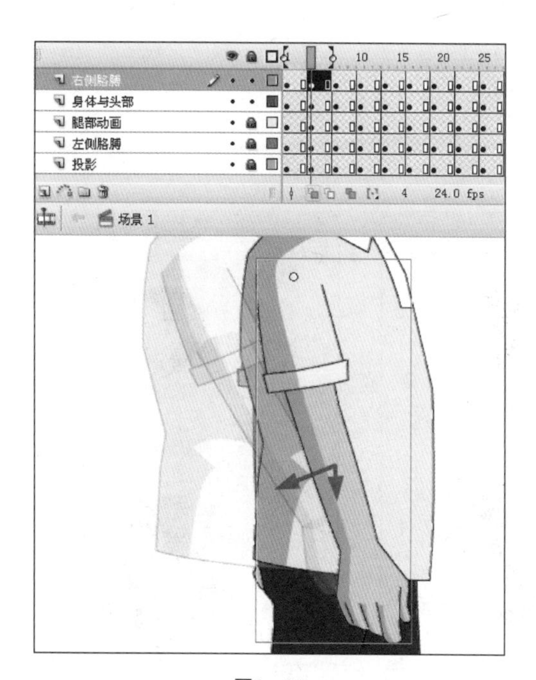

图3—30

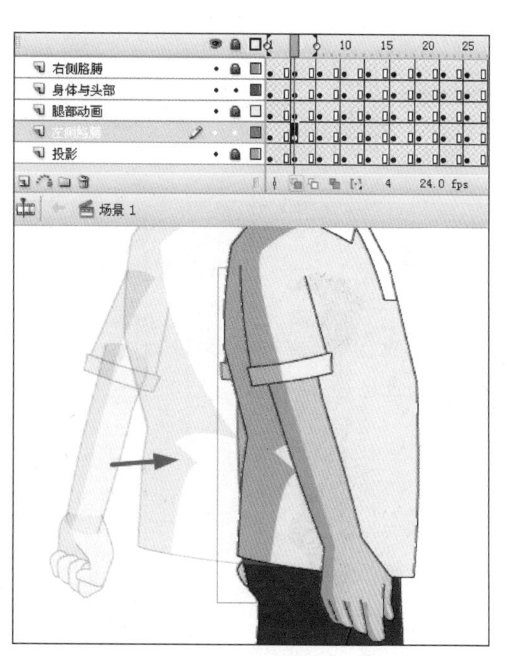

图3—31

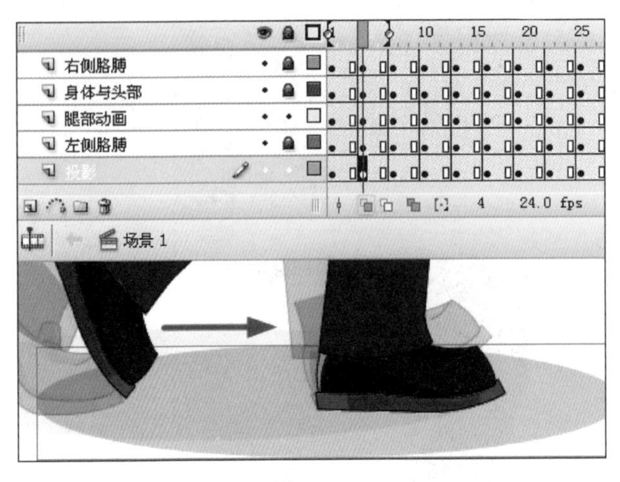

图3—32

图3—33

提示：在传统动画中，在原画1已经设定好的前提下完成原画5，再根据两张原画来绘制关键张5，根据原画1与关键张3绘制中间画2。但既然是Flash动画，考虑到操作的快捷性，我们采用逐帧调节，前提是对于运动规律要有很好的理解。

步骤6　同样，根据已知的运动规律，调节关键张3的动作。方法与步骤5一样，打开绘图纸外观功能，参照中间画2的动作来调节，最先调节的还是固定脚，最终得出关键张3的动作（见图3—34）。根据关键张3调节中间画4的动作（见图3—35），根据中间画4调节原画5的动作（见图3—36），根据原画5调节中间画6的动作（见图3—37），根据中间画6调节关键张7的动作（见图3—38），根据关键张7调节中间画8的动作（见图3—39）。

图3—34

图3—35

图3—36

图3—37

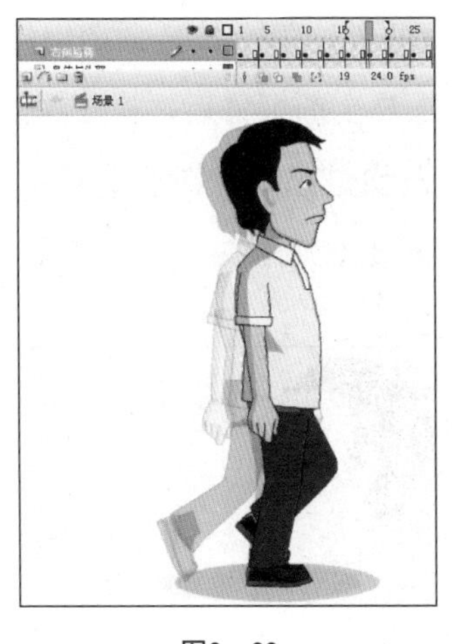

图3—38

图3—39

原画9与原画1的状态一样，只不过位置发生移动，这时我们可以开启“洋葱皮”功能中的编辑多个帧选项，将原画9所有图层选定，平移至所需位置即可（见图3—40）。

图3—40

提示：平行移动的方法有两种：第一种是全选组件之后，利用选择工具同时按住键盘上Shift键；第二种方法是全选组件后，按住键盘上的左、右方向键。

经过几个步骤的调节，人物走路动作就做好了，效果如图3—41所示，选择Flash控制菜单下的测试影片选项（Ctrl+Enter）查看动画效果（见图3—42）。

图3—41

控制(O) 调试(D) 窗口(W) 帮助(H)	
播放(P)	Enter
后退(R)	Ctrl+Alt+R
转到结尾(G)	
前进一帧(F)	
后退一帧(B)	
测试影片(M)	Ctrl+Enter
测试场景(S)	Ctrl+Alt+Enter
测试项目(J)	Ctrl+Alt+P
删除 ASO 文件(A)	
删除 ASO 文件和测试影片(T)	
循环播放(L)	
播放所有场景(A)	
启用简单帧动作(I)	Ctrl+Alt+F
启用简单按钮(T)	Ctrl+Alt+B
✔ 启用动态预览(W)	
静音(N)	Ctrl+Alt+M

图3—42

通过本任务，Flash中最简单也是最经常用到的动画调节形式——逐帧动画调节——得以展现。能够运用这种方法调节出精彩的动画，一方面需要具备相关技术，另一方面需要具备对运动规律的认识，以及进行动作设定的能力。

角色讲话动画（动画形式：补间动画）

2.1　动作解析

角色讲话的动作，包括预备、缓冲与开始三个部分（见图3—43）。什么是预备动作？比如在拳击比赛中，如果准备出右侧后手重拳，往往需要先用右侧胳膊带动右侧身体极力向后压缩，以积蓄力量。这个过程在动作设定中就是预备动作。什么是缓冲？当臂部力量挤压到一定程度的时候，就要向前释放，释放的过程会将手臂略微拉长，动作结束后，手臂回到正常状态，这个过程就是动作的缓冲。

图3—43

动作的预备与缓冲，决定了动作设定的好与坏，很多优秀的动画片都将动作的这个特性设计得淋漓尽致，如美国的《猫和老鼠》、《米老鼠和唐老鸭》这些长篇的动画剧，又如我国的经典动画片《三个和尚》、《大闹天宫》等。通过仔细的观看，会发现这些动画中所有的动作设定无一例外的都将预备与缓冲做到了极致，所表现出的动作的弹性与节奏恰到好处。对于动画专业的学生来说，平时需要多多观察生活，学会记录，经常动手去设计，在设定一套动作之前，仔细思考动作的预备、过程、缓冲这些关键点。建议在工作室内置放一面大镜子，在动画工作台上也放上一面镜子，在设定动作的时候，可以自己在镜子前面先做做这个动作，这样就可以更加直观地理解动作（见图3—44）。

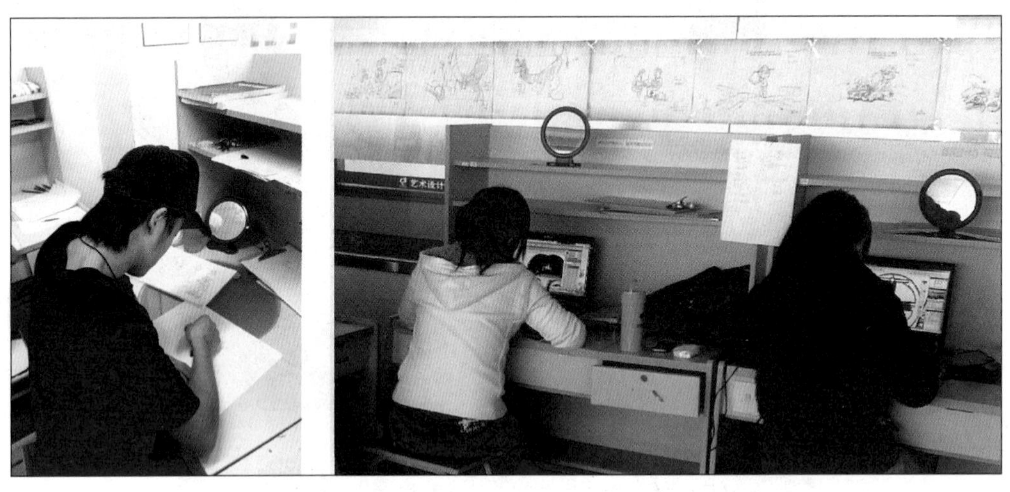

图3—44

2.2 动作调节

人物讲话这个动作我们采用另外一种Flash动画调节方式，这种方式即补间动画。在Flash中，补间动画是十分重要的，通常在制作中占有很大的比重。在此任务中，也涉及对于元件的套用，元件的合理套用同样属于Flash中重要的技术环节。

2.2.1 预备动作

首先来制作第一部分——预备动作（见图3—45）。动作开始的时候，人物整体状态比较舒展；动作结束的时候，人物整体状态发生变化，头部与身体形成一种略微挤压的状态，右臂抬起，左臂向下移动，人物的表情也发生了变化，从睁着眼睛变为闭着眼睛。

提示：在Flash动画中，调节人物动作最常用的元件类型是图形元件，在本任务中我们会着重讲解图形元件的套用；对于影片剪辑的运用在后面的项目中会逐步讲解。

步骤1 先按照已绘制好的人物造型来制作各个部位的图形元件。从对动作的解析得出，人物的右侧胳膊不需要弯曲的运动，所以并不需要将大小臂、手部分开，只需要将右侧胳膊做成一个图形元件即可。另外，根据人物表情的需要，人物

图3—45

的眼睛、眉毛、鼻子、嘴部都需要单独制作图形元件，由此得出需要制作的元件包括人物的头部、眼睛、眉毛、鼻子、嘴、脖子、身体、左手、左小臂、左大臂、拿着书的右侧胳膊、人物所戴的眼镜、场景中的讲台（见图3—46）。

图3—46

提示：关于制作图形元件的方法，本书项目已经具体讲到，在此只稍作讲解。选择上好色的组件，点击鼠标右键选择“转换为元件”选项，在弹出的面板中类型选择“图形”。（也可以在选择绘制好的组件后，按键盘上的F8键进行元件转换。）

步骤2 将做好的元件按照设定好的动作在场景中置放好（见图3—47），接下来全选元件（Ctrl+A），点击鼠标右键选择“分散到图层”选项，将每个元件分散到不同的图层（见图3—48）。

图3—47

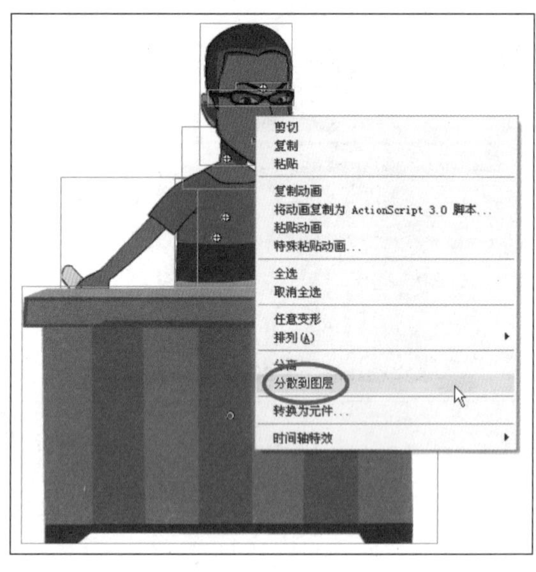

图3—48

步骤3 每一个图形元件对应一个图层，分别对图层的名称进行修改（见图3—49）。在这个动作中，由于人物表情需要变化，所以将人物的头部与五官放置到了一层，这一层需要用到动态图形元件，涉及图形元件的套用技术（见图3—50）。

注意上下层关系
讲台
头部
右手
右小臂
脖子
左臂
身体
右大臂

图3—49

图3—50

步骤4 修改Flash的帧频率为24帧每秒（见图3—51），先根据动作的节奏大致测算一下整个动作的时间，前面一个侧身的预备动作约为0.3秒，后面一个讲话动作约为3.7秒，那么整体动作的时间就是4秒。接下来制作头部的动态图形元件，选择“插入”菜单下的“新建元件”选项（Ctrl+F8），新建一个图形元件，命名为“头部动画1”（见图3—52），点击确定，便进入了元件编辑面板。此时的“头部动画1”元件里是空的，需要我们把之前在主场景中做好的头部图层里的元件复制进来，先回到主场景（见图3—53），拷贝头部元件（见图3—54）。

图3—51

图3—52

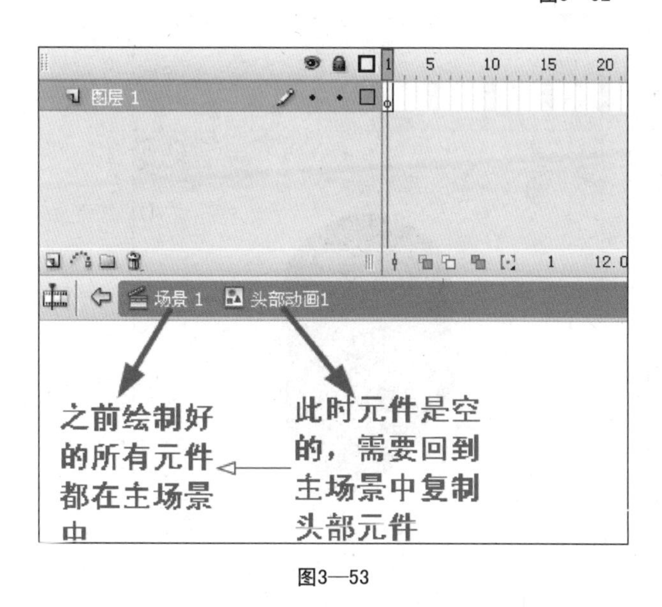

图3—53

图3—54

步骤5 将库面板打开（F11或Ctrl+L），找到“头部动画1”元件，双击打开，将之前已经复制的头部元件粘贴进来（Ctrl+V），全选所有元件，点击鼠标右键选择“分散到图层”命令，将眼睛、鼻子、嘴、眉毛、眼镜、头部、面部分散到单独的图层（见图3—55）。

步骤6 因为第一部分的动作为0.3秒，所以头部动画的时间也是0.3秒，将所有图层延续至第8帧（见图3—56、图3—57），这时时间轴下方所显示的时间为0.3秒（见图3—58）。

图3—55

图3—56

图3—57

图3—58

步骤7 接下来在眼睛图层调节眨眼的动作，把其他不用的图层锁定。因为眼睛在眼镜的后面，所以要把眼镜层隐藏（见图3—59）。眼睛图层中的第1帧是之前已经做好的眼睛元件，第一步需要把元件打散，选择眼睛元件并点击鼠标右键，选择

“分离”选项（Ctrl+B）（见图3—60），这时眼睛已呈现被打散的形状（见图3—61）。

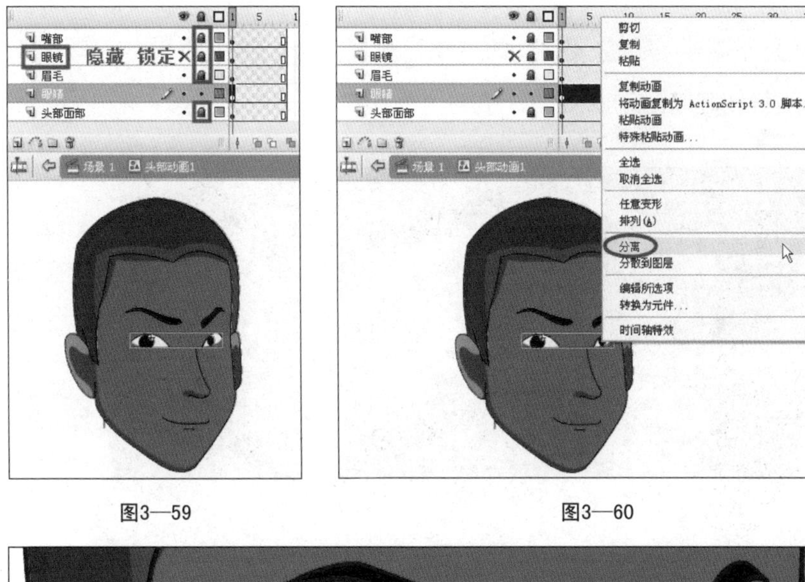

图3—59　　　　图3—60

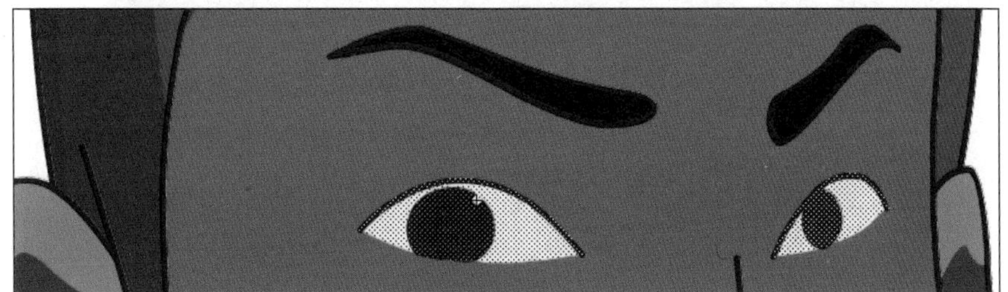

图3—61

步骤8　在眼睛图层的第3帧与第6帧处，插入关键帧（见图3—62）。

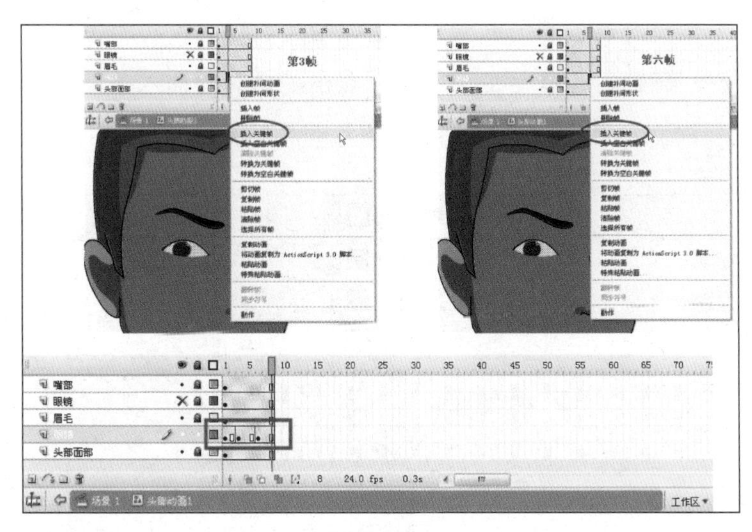

图3—62

在第3帧处将眼睛调到半睁半闭的状态，在第6帧处将眼睛闭上（见图3—63）。在调节闭眼动作的时候需要注意，一定要符合正常的规律，也就是说人在闭眼睛的时候，下眼皮不会有大幅度的变化，只要调节上眼皮的状态就可以了（见图3—64），这样闭眼睛的动画就调好了。

图3—63

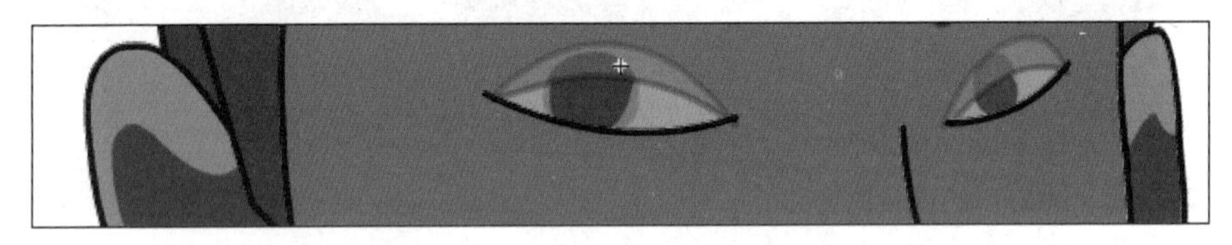

图3—64

步骤9 根据人物的面部结构分析，当眼睛闭合的时候，眉毛会有向下跟随的状态，接下来就需要调节眉毛的动作。将眼睛图层锁定，将眉毛图层解锁（见图3—65），选择第8帧，也就是最后一帧，点击鼠标右键插入关键帧（F6）（见图3—66），在第8帧中，将眉毛位置稍稍向下移动（见图3—67）。

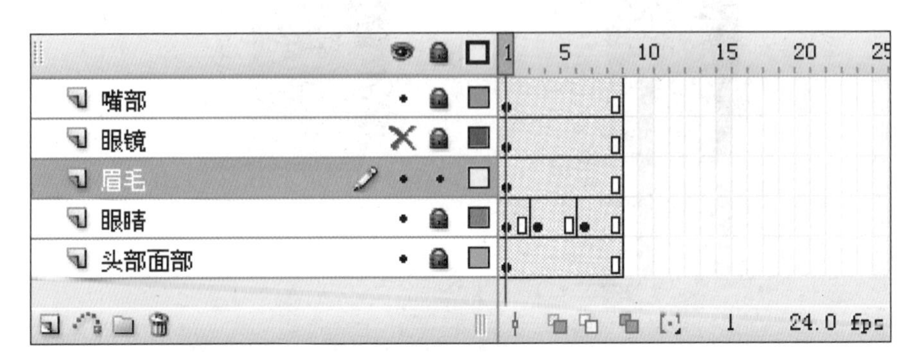

图3—65

图3—66

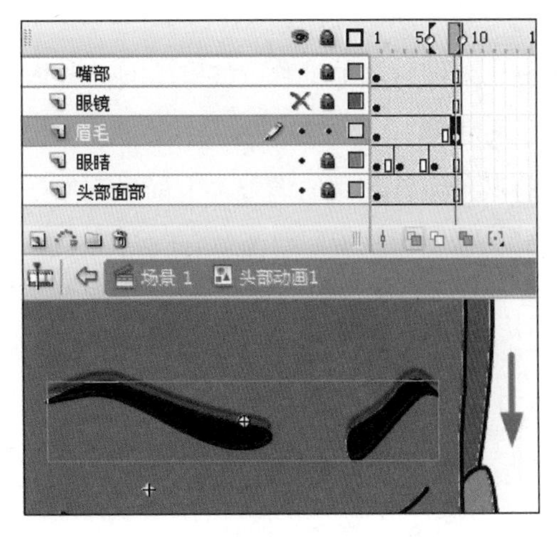

图3—67

选择第1帧到第8帧的区间内的任意位置，点击鼠标右键选择“创建补间动画”选项（见图3—68），在两帧之间创建由电脑运算生成的补间动画。也可以选择区间内的任意位置，然后在最下方的属性面板“补间”选项中选择“动画”（见图3—69）。

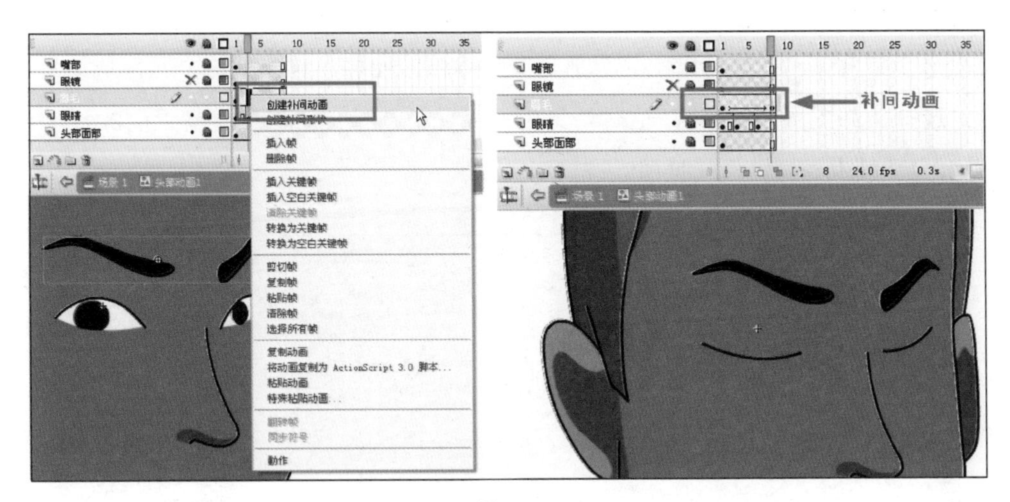

图3—68

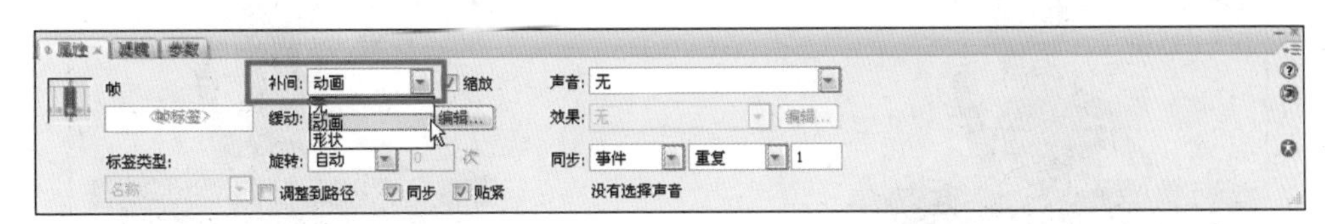

图3—69

提示：Flash中的补间动画有两种，一种是动画补间，一种是形状补间。动画补间是动画调节中经常会用到的，形状补间相对来讲用到的机会太多。

步骤10 动态图形元件“头部动画1”已经做好了，接下来回到主场景中，进行其他元件动画的调节，上面讲到第一个动作时间为0.3秒，也就是时间轴上的第8帧，那么在所有图层的第8帧插入关键帧（见图3—70）。

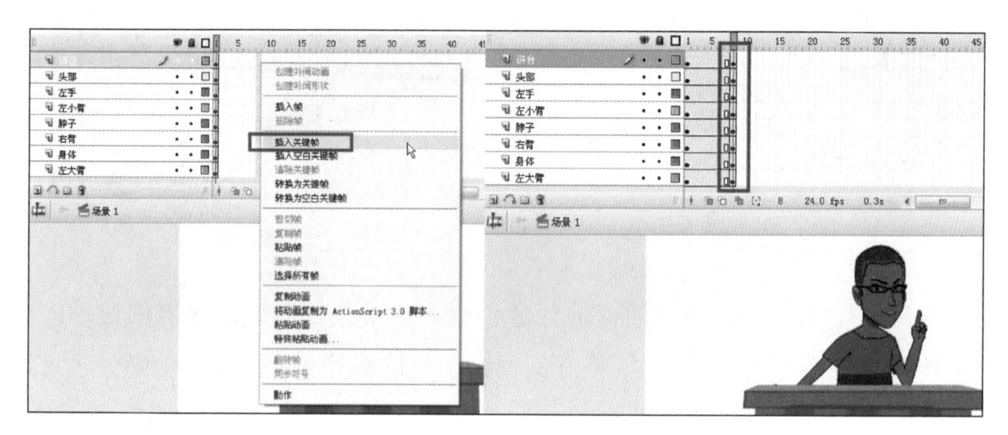

图3—70

第一层讲台层，作为场景中的道具，在最前层摆放，不需要做动画，将其锁定；第二层头部，目前场景中的头部是一个静帧的元件，首先把这个元件从场景删掉，选择头部图层的第1帧，这时场景中的元件被选择，直接按键盘上的Delete键删除，第8帧也同样操作（见图3—71）。

图3—71

这时头部图层的时间轴关键帧成为空白关键帧，下面就要用到元件的套用技术了。选择第1帧空白帧，打开库面板（F11），在Flash库中找到我们之前做好的“头部动画1”元件（见图3—72），按住鼠标左键不放，拖入场景（见图3—73），拖入后，头部图层时间轴1到7帧显示为灰色，代表不再是空白帧（见图3—74），被拖入场景中的“头部动画1”元件与整个身体比例不协调，需要利用任意变形工具，略微地同比例拉大一些（拉伸的同时，按住Shift键保证为同比例缩放），置于脖子上方（见图3—75）。

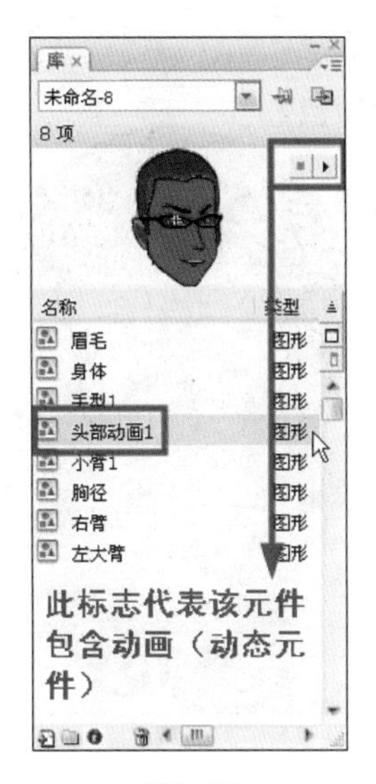

图3—72

图3—73

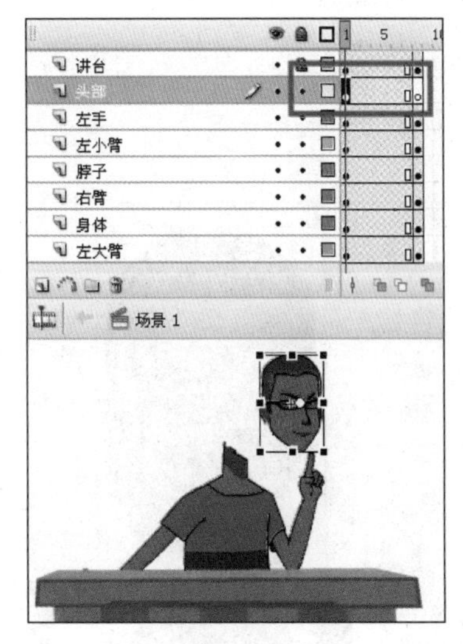

图3—74

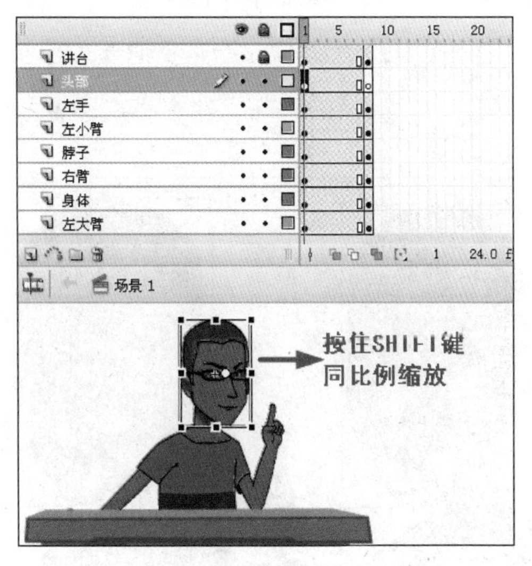

图3—75

选择头部图层的第1帧，选择场景中的“头部动画1”元件进行复制，鼠标右键选择复制选项，然后选择头部图层最后一帧，也就是第8帧，将复制的元件进行原位粘贴（Shift+Ctrl+V）（见图3—76），粘贴后的元件位置与第1到第7帧位置相同（见图3—77）。

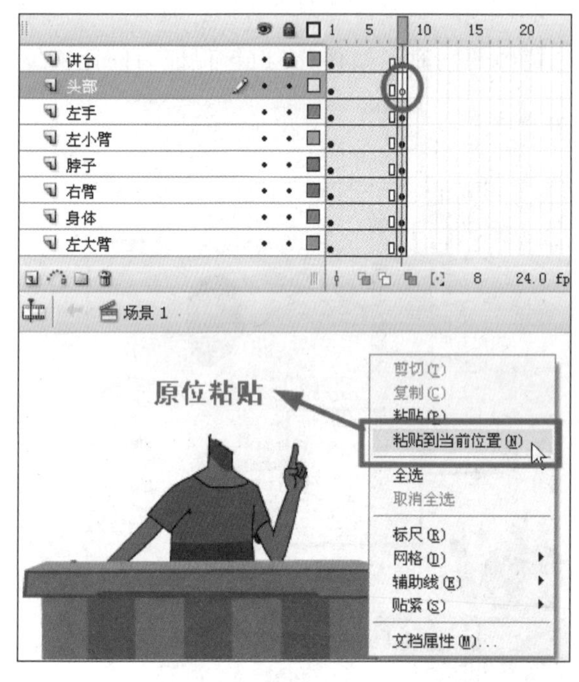

图3—76

图3—77

预备动作中头部需要稍稍向下挤压，所以还要把最后一帧头部的位置和形态利用任意变形工具进行调节。首先我们要理解头部的活动，是以颈部为支点的，所以先要将第1帧与第8帧的头部元件中心点调至颈部位置（见图3—78）。

图3—78

提示：在制作元件补间动画的时候，元件中心点位置要首尾相同，千万不可发生偏移（制作中要求偏移的情况除外），否则元件会无秩序、无规律地移动。

调节第8帧状态，先将头部整体向右下方稍作移动（见图3—79），再将其向右略作旋转（见图3—80），接下来选择第1帧至第8帧任意区间，创建动画补间，完成头部图层动画的调节，测试一下动画（可以测试影片，也可以直接按Enter键，在场景中查看）可以看到头部有一个侧歪的动作，同时面部也有表情（见图3—81）。

图3—79

图3—80

图3—81

提示：在这一步骤中，用到了元件的套用技术，此过程在动画调节中比较重要，在实训过程中需好好理解。

步骤11 接下来，根据已设定好的动作原画来调节其他图层最后一帧的状态（见图3—82），然后创建动画补间（见图3—83）。

图3—82

图3—83

至此，人物讲话动作的第一部分动作就已完成（见图3—84）。

图3—84

2.2.2 调节动作

接下来进行第二部分——动作调节。整个动作时间为3.7秒（90帧）。在调节第二部分动作的时候，元件的套用依然是重点。

步骤1 选择Flash上方“插入”菜单下的“新建元件”选项，新建一个动态图

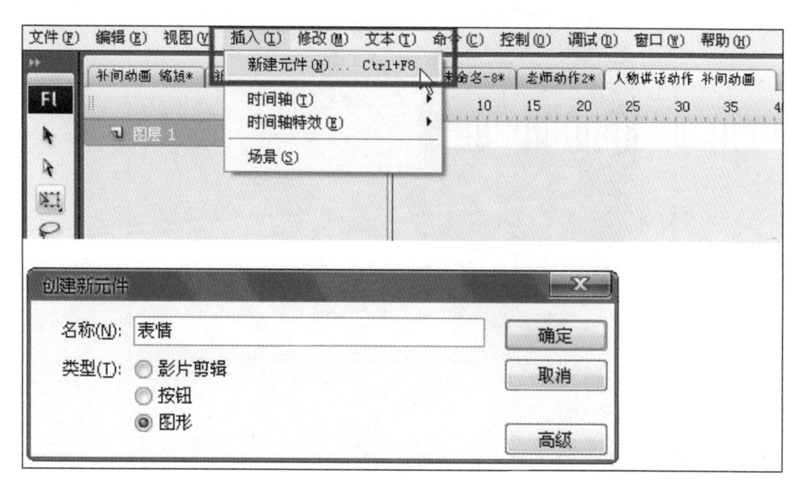

图3—85

形元件，命名为“表情”（见图3—85）。

步骤2 将之前做好的头部、眼睛、嘴等元件从库中拖入场景，然后按照如下顺序“分散到图层”（见图3—86）。

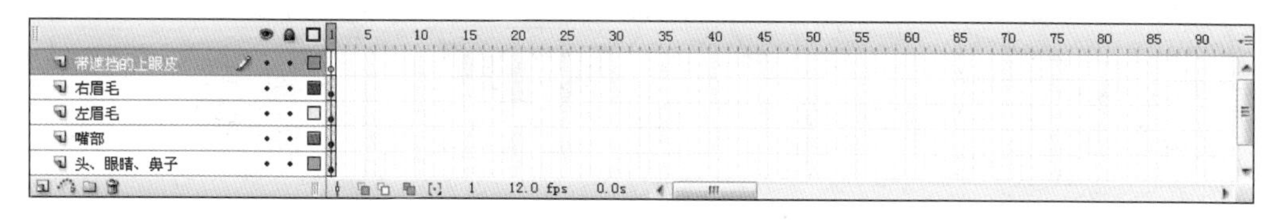

图3—86

图层分析：

“带遮挡的上眼皮”图层。这一图层需要做眼睛的动画，暂时为空帧。

“右眉毛”图层。这一层需要做右侧眉毛跟随眼睛闭合睁开的补间动画。

“左眉毛”图层。这一层需要做左侧眉毛跟随眼睛闭合睁开的补间动画。

“嘴部”图层。这一层需要套用“嘴部动画”的动态元件。

“头、眼睛、鼻子”图层。这一层始终为静帧，无动画。

目前场景中所包含的元件如图3—87所示。

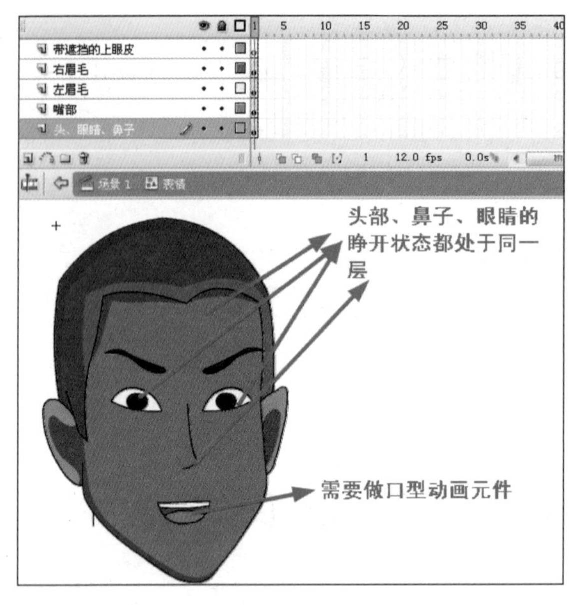

图3—87

步骤3 制作“嘴型说话”动态元件。新建图形元件，命名为“嘴型说话”，首先在“嘴型说话”元件编辑场景中绘制出六种基本口型，绘制完成后把每个口型都转换成图形元件，命名为口型1、口型2、口型3、口型4、口型5、口型6（见图3—88）。

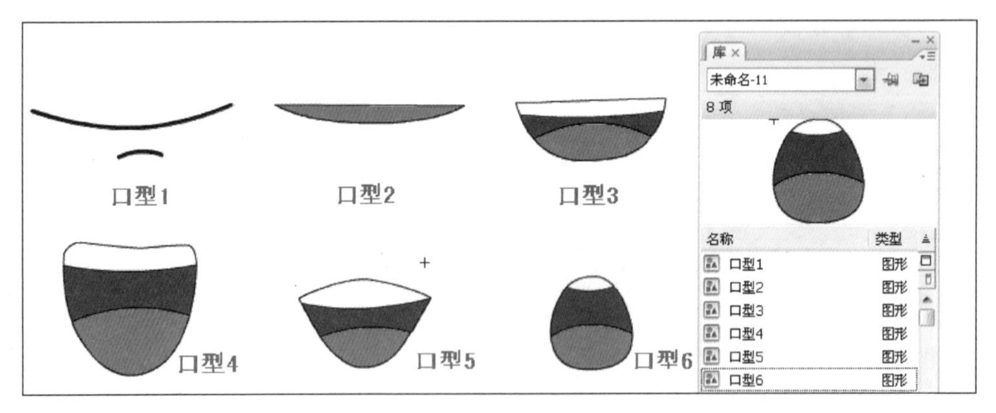

图3—88

接下来，在“嘴型说话”的元件图层中做口型的逐帧动画。考虑到人物在说话时的节奏感，在做逐帧动画的时候，有的口型“一拍三”（停3帧），有的口型“一拍二”（停2帧）（见图3—89）。至此，“嘴型说话”元件就做好了（见图3—90）。

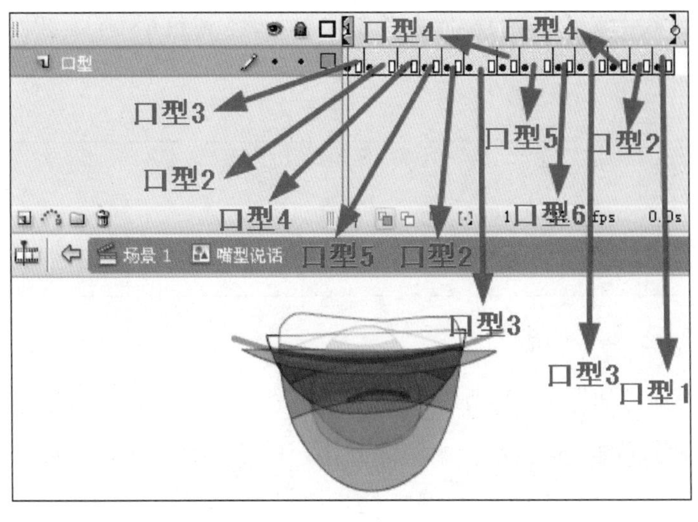

图3—89

图3—90

步骤4　在库中找到“表情”元件，双击打开，把刚刚做好的“嘴型说话”元件拖入“嘴部”图层，置放在面部合适的位置，将关键帧延伸至第53帧（见图3—91）。

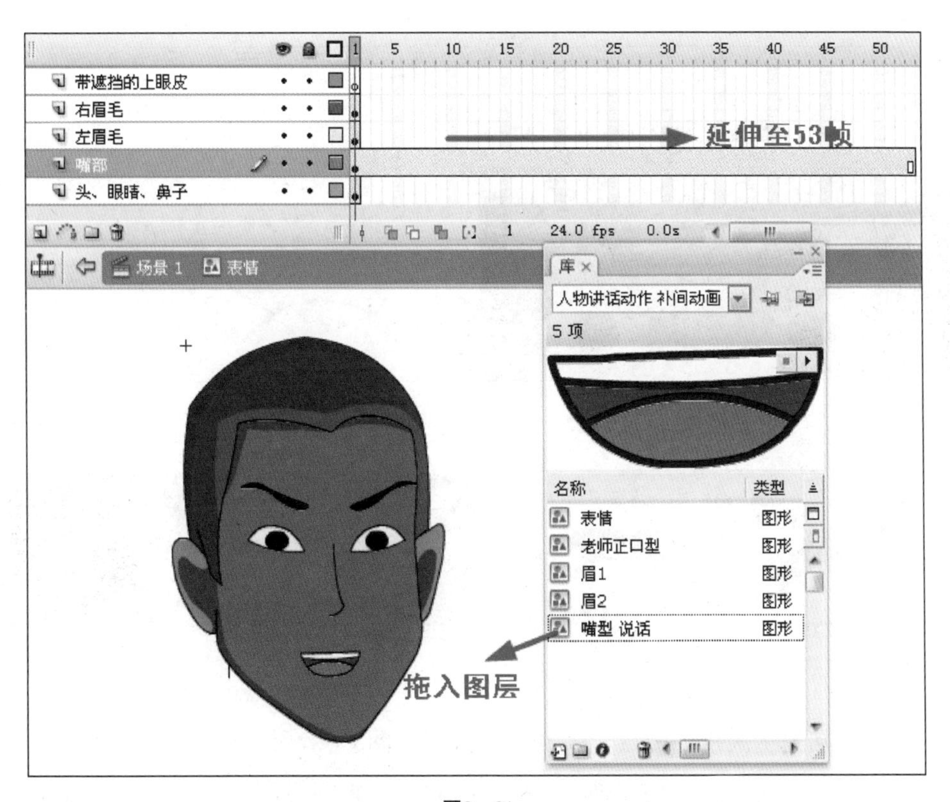

图3—91

步骤5 将“头、眼睛、鼻子”图层中的关键帧也延续到第53帧（见图3—92）。

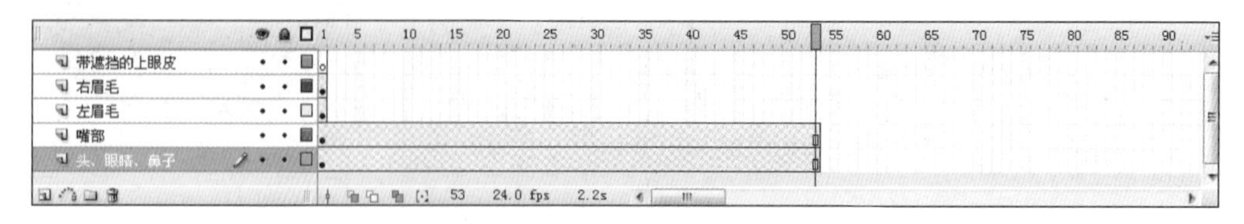

图3—92

步骤6 睁眼、闭眼动画。如图3—93所示，眼睛属于“头、眼睛、鼻子”图层，从第1帧到第53帧都为睁开的状态。结合眼睛睁开闭合的规律来分析，在闭眼与睁眼的过程中，下眼皮不动，只有上眼皮会上下运动，所以只需要在“带遮挡的上眼皮”图层做逐帧动画就可以了，这样比较方便，不用每一帧都去调节整只眼睛的形态。从“带遮挡的上眼皮”图层的第3帧开始绘制上眼皮（见图3—94）。上眼皮底线的位置确定之后，需要做上眼皮的遮挡（见图3—95），如果上眼皮不做遮挡，就会出现漏洞（见图3—96）。

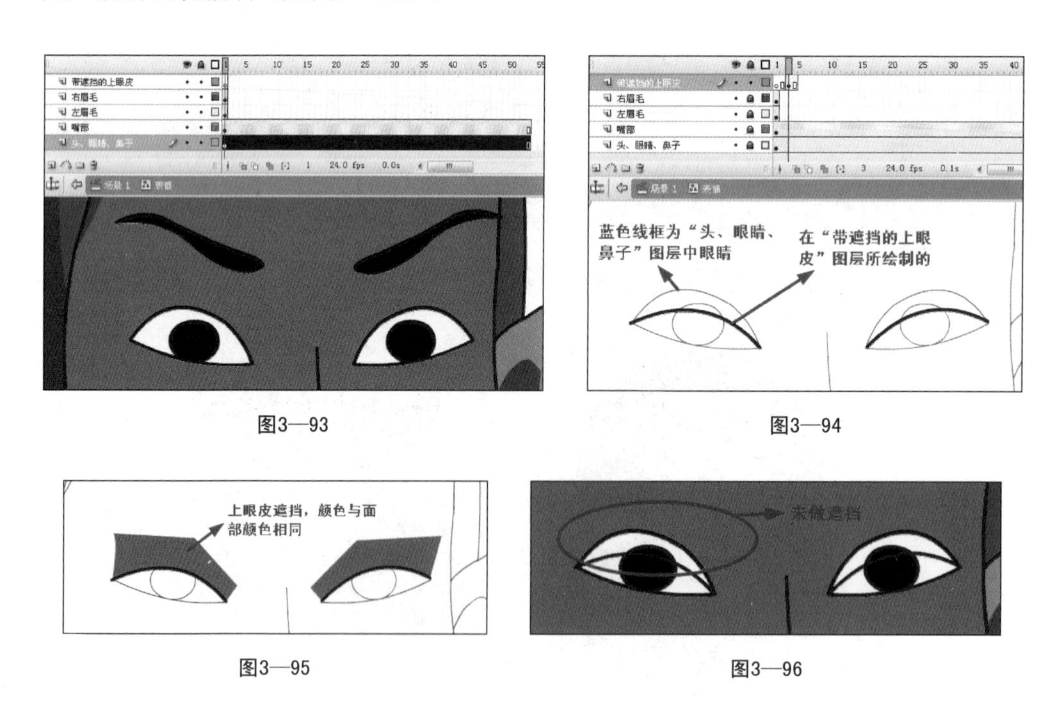

图3—93

图3—94

图3—95

图3—96

“带遮挡的上眼皮”图层，关键帧的排列如图3—97所示。第3帧到第13帧，是从闭眼到睁眼的状态；第14帧到第37帧，眼睛为一直睁开的状态；第38帧到第53帧是从闭眼到睁眼的状态。每一关键帧具体对应形态如图3—98所示。

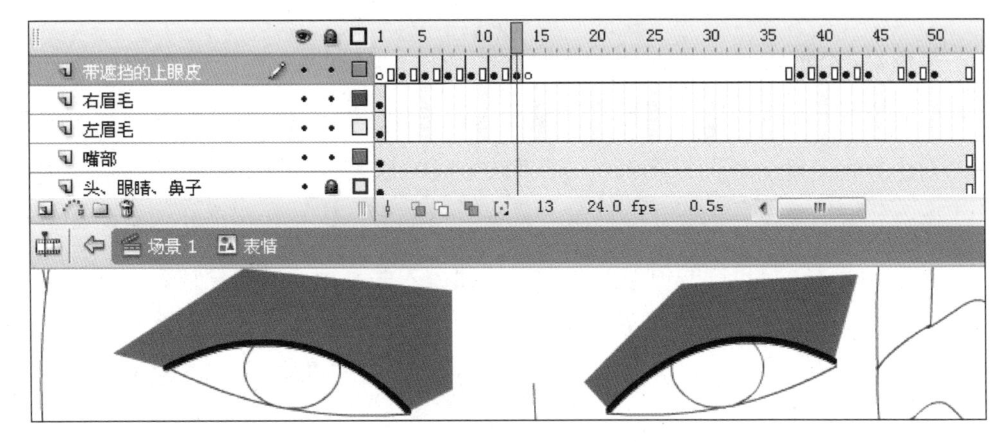

图3—97

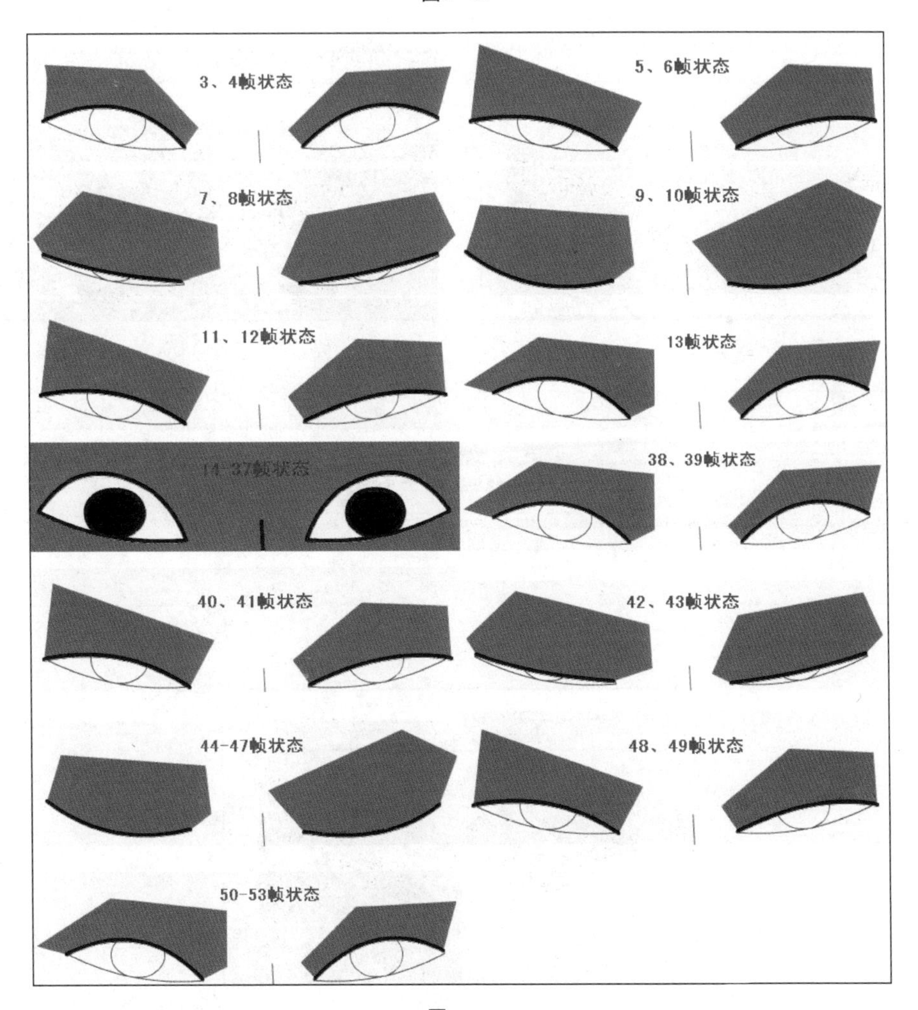

图3—98

提示：通过帧的排列可以发现人的眼睛闭眼的时候速度较慢，睁眼的时候速度较快。

步骤7 根据眼睛的闭合，调节眉毛的动作。在“左眉毛”、“右眉毛”两个图层的第2帧同时插入关键帧，第9帧插入关键帧，第9帧的眉毛跟着眼皮向下移动，创建补间动画（见图3—99）；在第10帧同时插入关键帧，在第13帧插入关键帧，将眉毛向上移动，创建补间动画（见图3—100）；将第13帧的状态延续至第36帧，创建补间动画（见图3—101）；在第37帧插入关键帧，第44帧插入关键帧，将眉毛向下移动，创建补间动画（见图3—102）；将第44帧状态延续至第47帧，创建补间动画（见图3—103）；在第54帧插入关键帧，将眉毛向上移动，创建补间动画（见图3—104）。

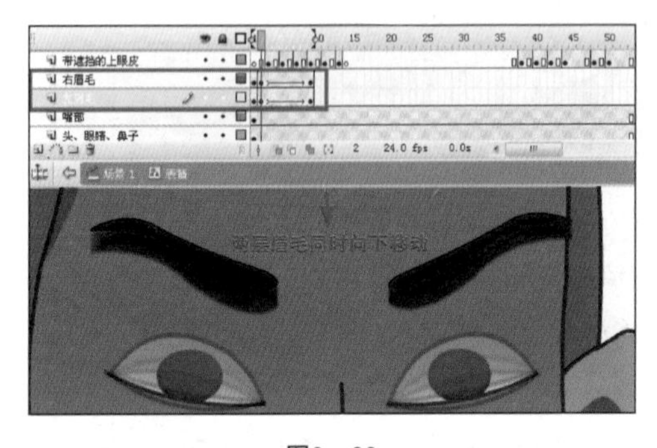

图3—99

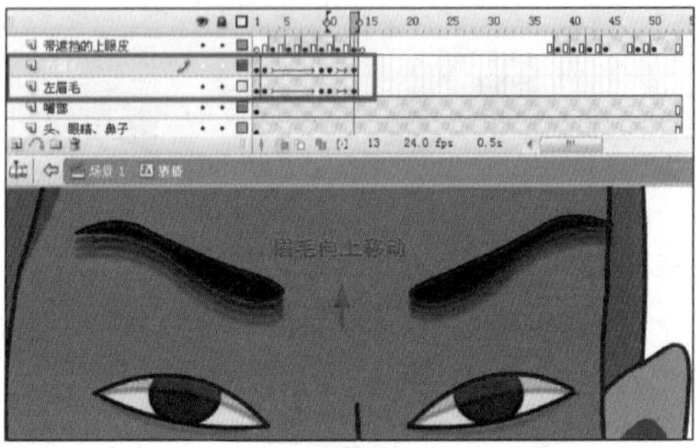

图3—100

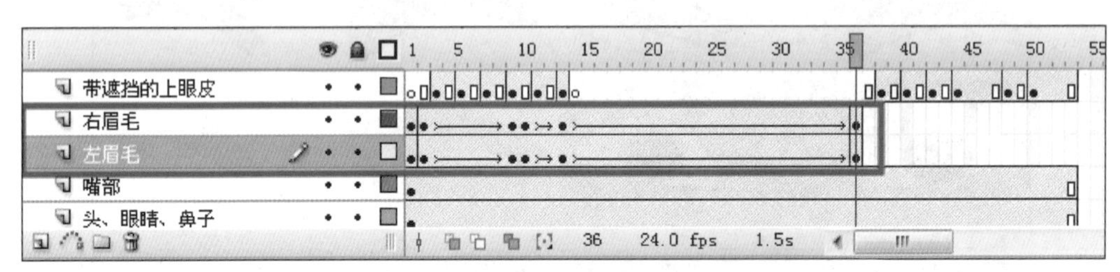

图3—101

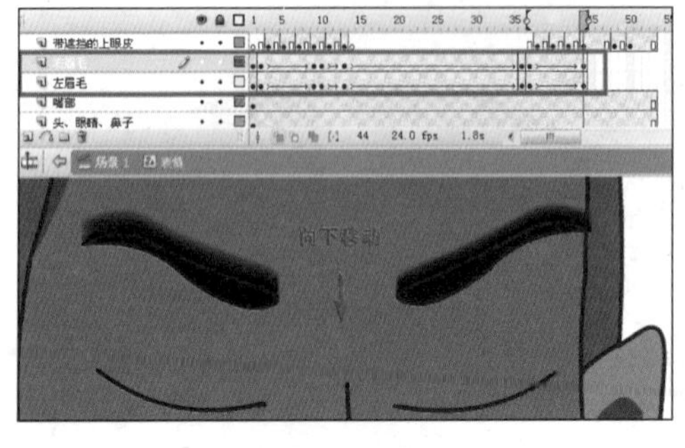

图3—102

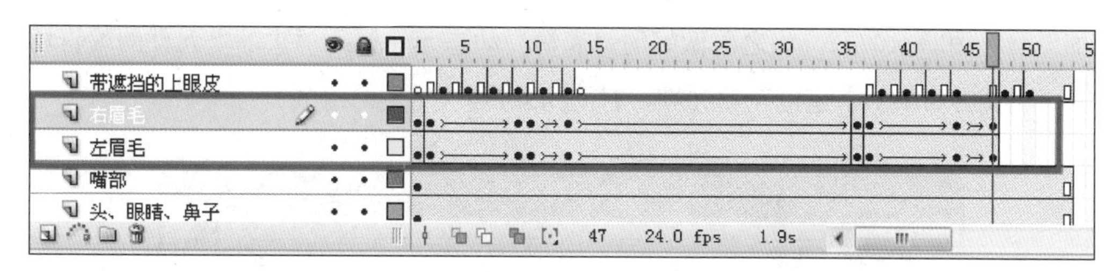

图3—103

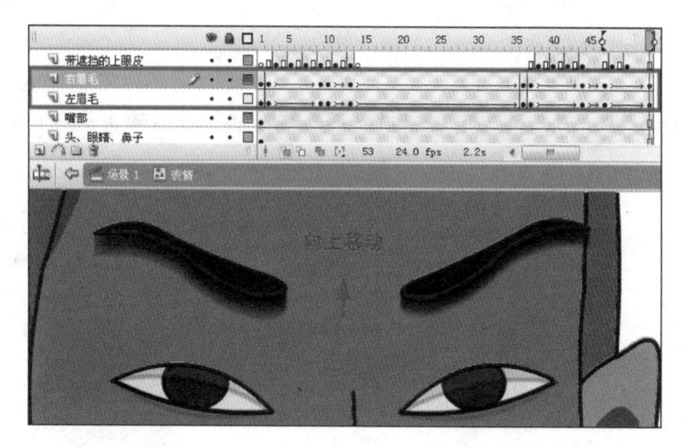

图3—104

步骤8 经过之前的七个步骤，角色讲话、闭眼的表情动画已经做好，下一步是在时间轴最上层新建一层“眼镜”图层，将眼镜给角色戴上（见图3—105）。至此，“表情”动态图形就做好了（见图3—106）。

图3—105

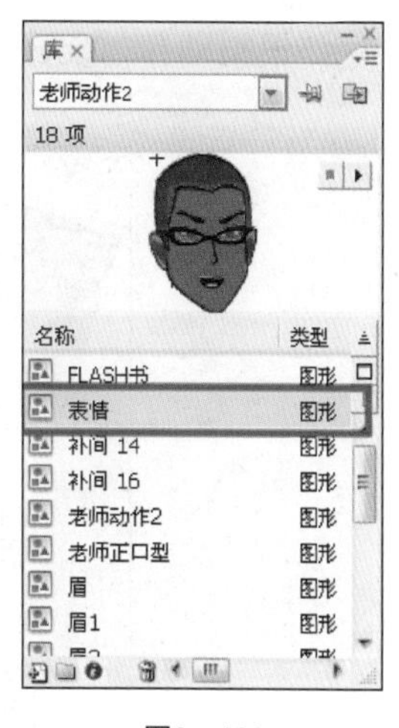

图3—106

步骤9 第二部分的整体动作时间为3.7秒，按照每秒24帧计算，也就是需要90帧，接下来我们需要将头部的动画延续到90帧。新建一个图形元件，命名为“头部”（见图3—107），将之前做好的“表情”动态元件拖入“头部”元件的编辑场景（见图3—108），延续至第90帧，时间为3.7秒（见图3—109）。

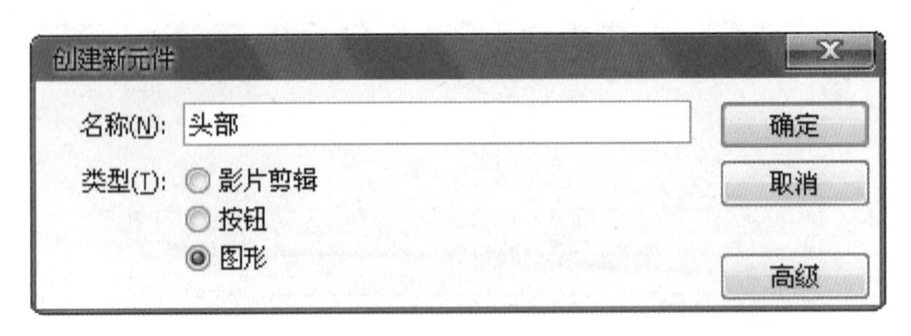

图3—107

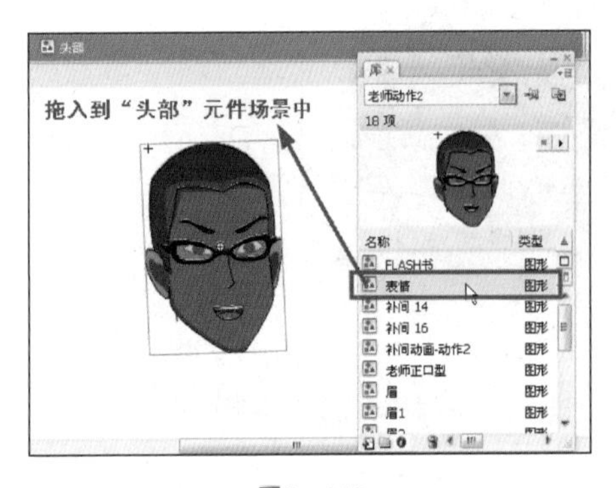

图3—108

图3—109

步骤10　经过上面几个步骤的制作，第二部分中所需要的动态图形元件都已做好，根据动作需要，身体的其他部位元件如图3—110所示。

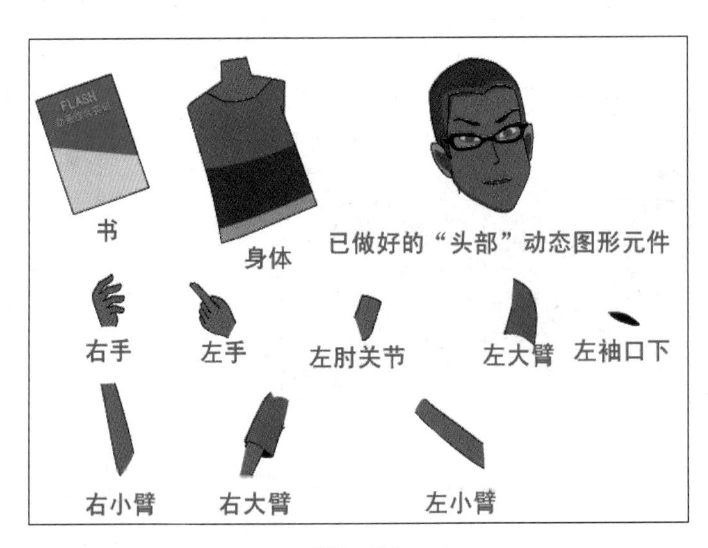

图3—110

将绘制好的元件按照设定好的开始动作拖入舞台（见图3—111），再按照上下的遮挡关系合理分散到图层（见图3—112）。

开始状态
FLASH

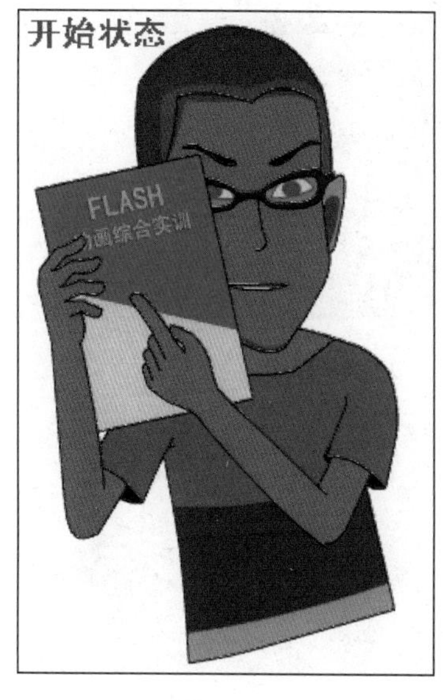

图3—111

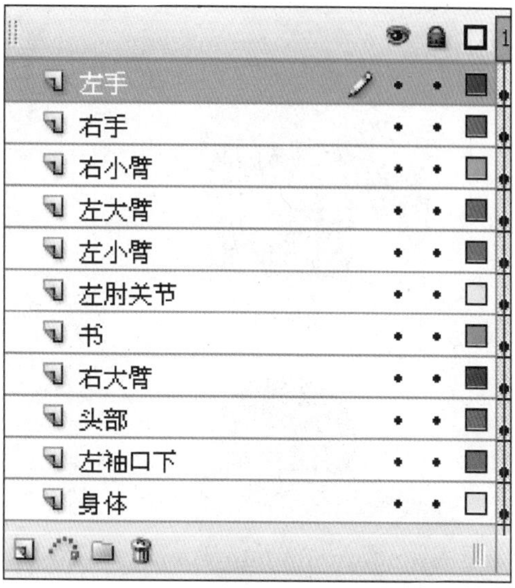
左手
右手
右小臂
左大臂
左小臂
左肘关节
书
右大臂
头部
左袖口下
身体

图3—112

步骤11 分别在所有图层的第3帧、第15帧、第20帧、第38帧、第42帧、第70帧和第90帧插入关键帧（见图3—113）。

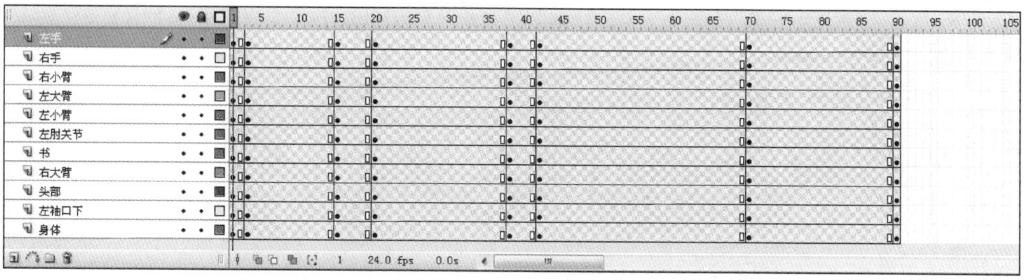
左手
右手
右小臂
左大臂
左小臂
左肘关节
书
右大臂
头部
左袖口下
身体
5 10 15 20 25 30 35 40 45 50 55 60 65 70 75 80 85 90 95 100 105
24.0 fps
0.0s

图3—113

接下来调节第3帧人物动作，头部与身体稍向下挤压（见图3—114）；调节第3帧，将其延续至第15帧；再来调节第20帧动作，相对于第15帧动作，第20帧整体以底部为中心向左偏移（见图3—115）；将第20帧动作延续至第38帧；继续调节第42帧动作，相对于第38帧动作，第42帧头部与身体不动，左胳膊向左移动，右手向上抬起（见图3—116）；将第42帧延续至第70帧；最后调节第90帧动作，相对于第70帧，第90帧整体向右上方运动（见图3—117）。

图3—114

图3—115

图3—116

图3—117

所有关键帧动作调节结束，在每两帧中间创建补间动画（见图3—118）。

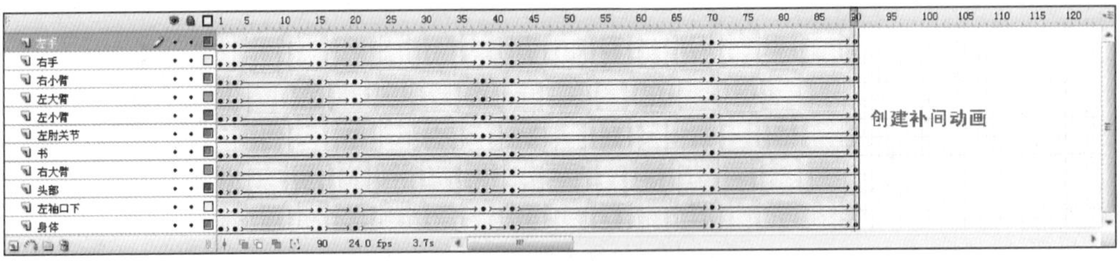

图3—118

至此，人物讲话动作的第二部动作已调节好，测试影片，查看动画效果。

最后，需要将第一部分动作与第二部分动作合二为一。第一步，将第一部分调好的动画打开，选择图层中的所有关键帧，点击鼠标右键选择“剪切帧”（见图3—119）。接下来新建图形元件，命名为“动作一”，将刚刚剪切的帧粘贴到元件“动作一”时间轴中（见图3—120）。

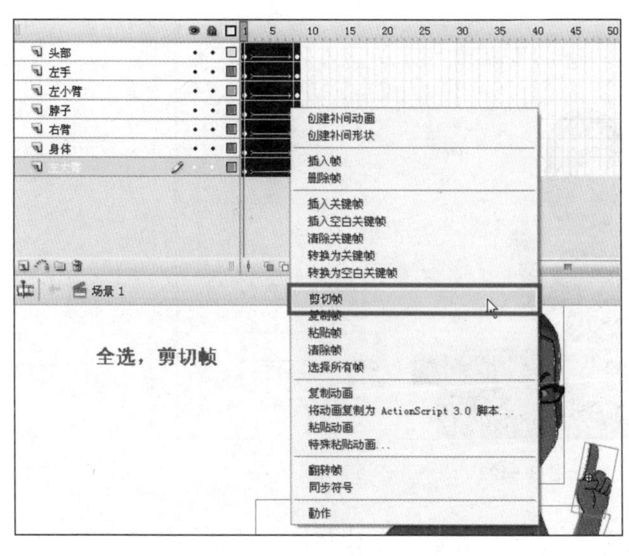

图3—119

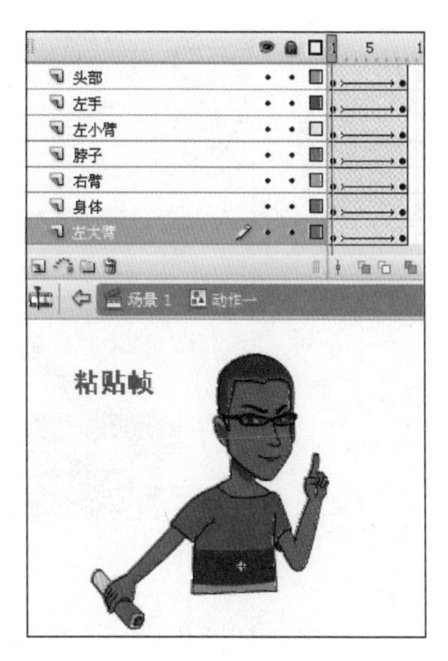

图3—120

第二步，将第二部分动作中挑好的动画，同样剪切帧，新建图形元件（见图3—121），命名为“动作二”，将剪切的帧粘贴到元件“动作二”时间轴中。

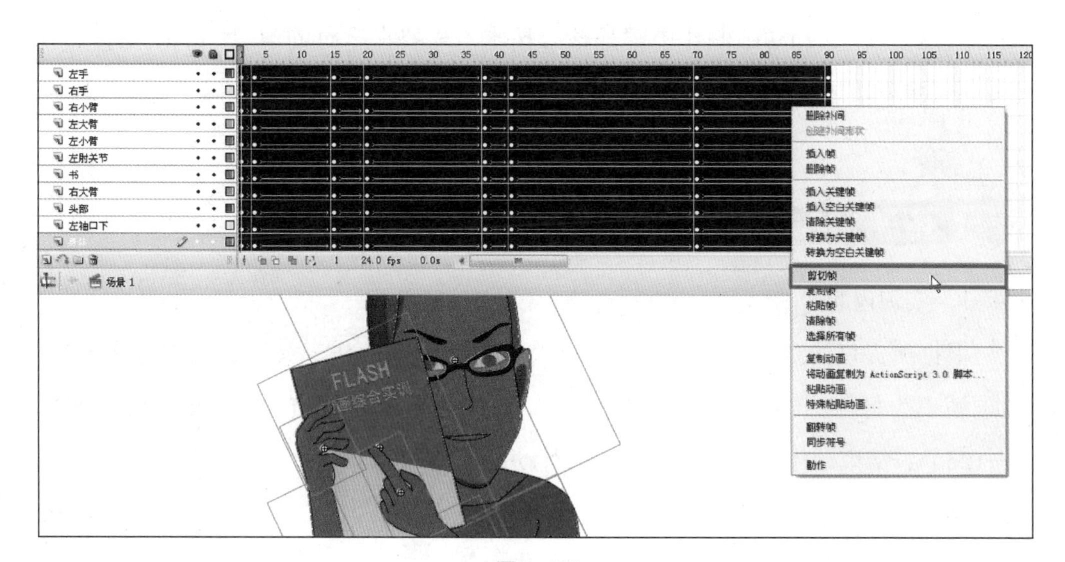

图3—121

第三步，将元件“动作一”与元件“动作二”按前后顺序从库面板中拖入场景，将图层名称命名为“人物动作”，在该层的上方新建一层并命名为“讲台”，从库面板中将“讲台”元件拖入，置放在合理的位置（见图3—122）。

图3—122

提示：库面板中所有的元件不能重名，否则将会被替换，使动画出现严重的错误。这一点十分重要，在制作过程中一定要注意。

到这里，本任务中的人物讲话动画便全部完成，测试影片，查看动画的节奏以及动作调节的质量。

本任务以具体的动画调节项目讲解了补间动画、元件、动态元件、元件的套用等，这些在Flash动画制作中都是核心技术，需要在平时的学习中不断操作、积累。学会技术的拓展，能够让自己制作出更漂亮的动画。

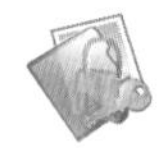

拓展练习

1. 实训内容

根据所提供的角色造型（见图3—123）进行动画制作。具体的动作时间为3.2秒，帧率为每秒24帧，根据所设定的开始动作（见图3—124）、中间动作（见图3—125）、结束动作（见图3—126）进行动画调节。

具体的实训项目要求如下：

（1） 完成角色造型的绘制；分解制作元件。

（2） 按照元件套用的先后顺序制作动态图形元件。

提示：该实训项目中，需要制作人物腿部循环走路动态元件、角色眼睛动画动态元件、角色口型动画动态元件。

（3） 合理运用元件的套用技术，如头部动画需要套用眼睛动态元件与口型动

图3—123

图3—124

图3—125

态元件。

2. 完成标准

（1） 元件的分解要正确，参考标准如图3—127所示。

（2） 图层安排合理，上下遮挡顺序符合逻辑（见图3—128）。

（3） 动态图形元件的制作符合人物的运动规律（见图3—129、图3—130、图3—131、图3—132）。

图3—126

注意：我们通过头部动画图层可以看到，在“眨眼动画”、“口型动画”两层的时间轴上有小红旗的标志（见图3—132）。这个标志就是帧标签，在动画制作中也会经常用到。它起到一种标示的作用，特别是当元件需要套用的时候。比如在“眨眼动画”图层中，其内

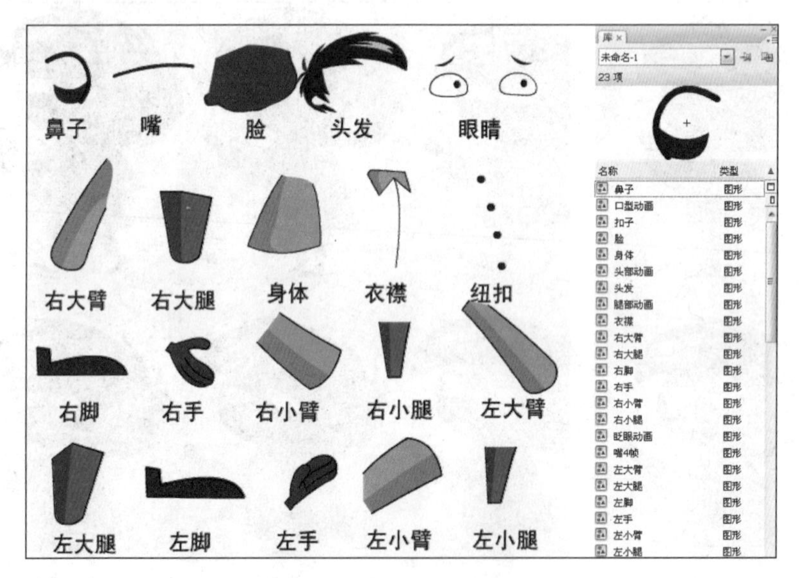

图3—127

1 5 10 15 20 25 30 35 40 45 50 55 60 65 70 75 80 85 90 95 100 105 110 115 120

头部
右小臂
右手
右大臂
前衣襟
扣子
身体
左小臂
左大臂
左手
腿部动画
投影

77 24.0 fps 3.2s

图3—128

容就是从库中将“眨眼动画”动态元件拖进场景中，然后在时间轴上进行节奏的调整。“眨眼动画”动态元件一共由3帧组成（见图3—131），但是在“眨眼动画”图层中，从第1帧到第77帧如果全部是眼睛睁开到闭上的状态，就会显得不正常而

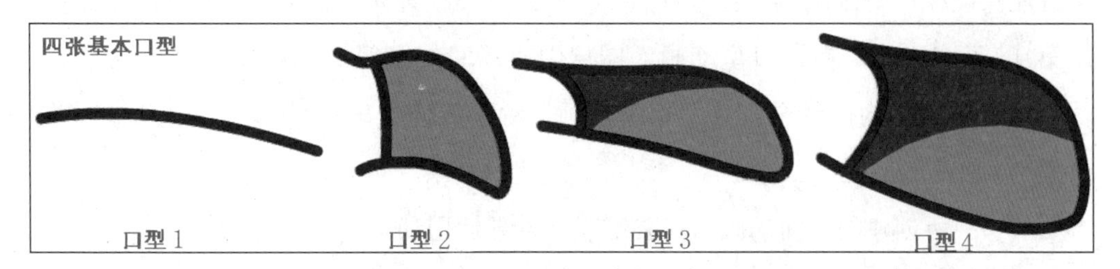

图3—129

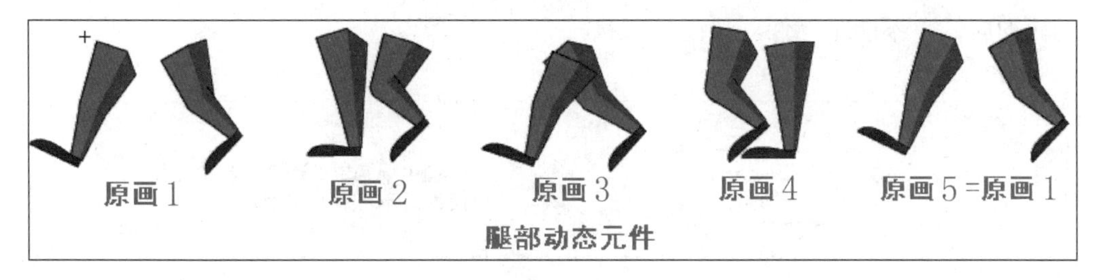

图3—130

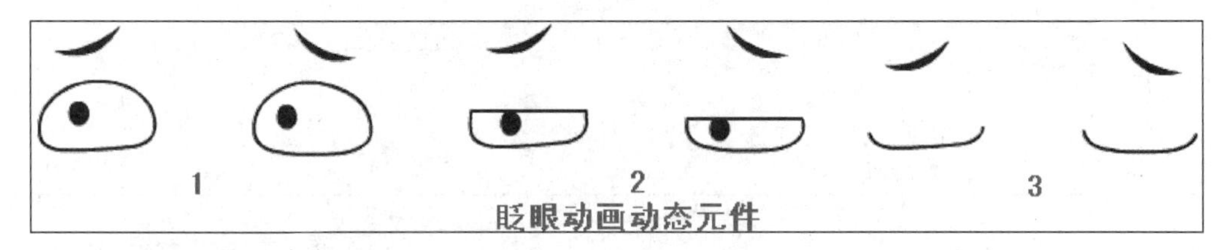

图3—131

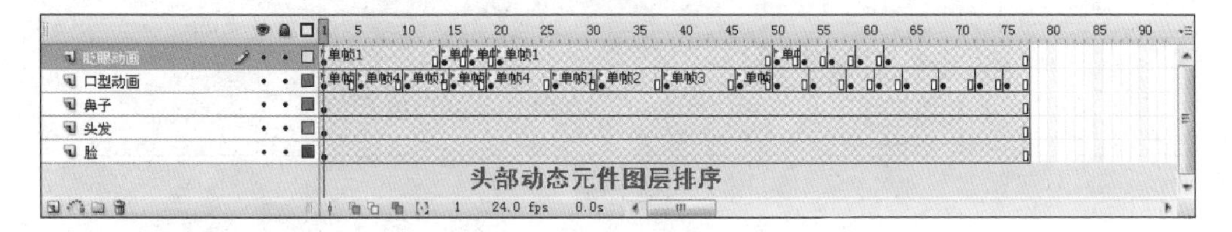

图3—132

且动画最重要的节奏感也完全没有了。要将眼睛动画调节得比较正常，就要用到元件属性面板中的“图形”选项（见图3—133）和帧属性面板中“帧标签”选项了（见图3—134）。例如，“眨眼动画”图层中第1帧到第13帧，帧标签名称为“单帧1”，意思就是说在这13帧中都是“眨眼动画”动态元件的第1帧状态

（图3—131中图1状态）。接下来要用到图形元件属性中的“图形”选项。选中场景中的元件，在Flash下方的属性面板中选择“图形”选项中的“单帧”命令，后面的数字“1”代表的是“眨眼动画”动态元件中的第1帧状态（见图3—135），这样就能保证在“眨眼动画”图层中从第1帧到第13帧都是“眨眼动画”动态元件中的第1帧了。再如，在“口型动画”图层中，第31帧到第37帧标签为“单帧2”，就说明这个区间内的动画都为“口型动画”动态元件中第2帧状态（图3—129中的口型二）。

（4） 所创建的补间动画节奏要准确，合理运用动画补间与形状补间。

提示：在这个实训项目中，人物的投影所用的就是形状补间动画，做形状补间动画的时候，不能是元件，只能是形状。

图3—133

图3—134

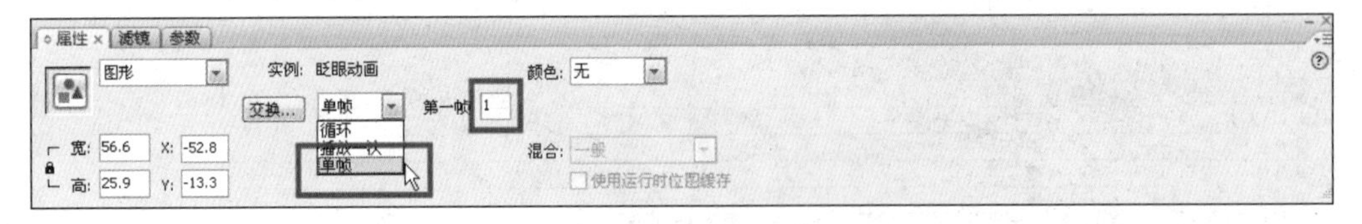

图3—135

项目4
FLASH动画中的
特效制作

Slaughterhouse

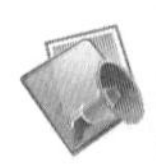

项目概述

在一部动画片中，特效是不可或缺的部分。传统的动画制作，都是通过手绘来完成特效动画的，但是电脑出现以后，经过不断地发展，很多后期软件应运而生，从而使大部分动画都可以通过后期做特效加工。无论是什么样的方法，有一个问题是核心的，在前面几个项目的讲解中也重点提到过，就是对于运动规律的理解。

Flash作为一个动画制作工具，为我们提供了很大的便捷，利用元件的套用以及几种类型动画，可以很好地完成镜头所需要的特殊效果。本项目主要解析Flash中一些常用特效的制作方法与技巧，内容包括自然类特效和背景类特效。

实训目的

通过本项目内容的操作，掌握Flash动画中特效的制作方法、调节技巧以及基本规律，能够举一反三，熟练运用制作方法制作出动画中需要的特效。

主要技术

Flash动画中特效制作的方法；元件、图层、动画类型的综合运用技法；Flash中的引导层动画（见图4—1）、遮罩动画（见图4—2）的合理应用；另外，对于特效生成、过程规律的分析与掌握也是较为关键的。

图4—1

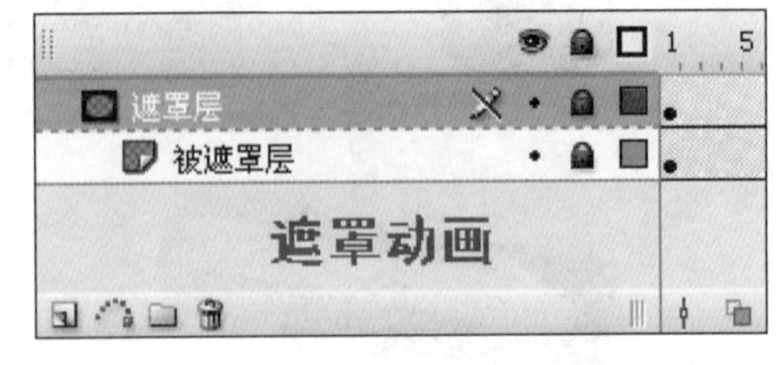

图4—2

重点难点

重点：Flash动画中特效制作方法的掌握；引导层动画与遮罩动画的运用（属性

面板）；元件（图形元件、影片剪辑）的套用；特殊效果所生成的运动规律。

难点：对于特效过程的分析与设计；对于图形元件（属性面板中元件动画播放的形式）的控制（见图4—3），这是把握运动节奏与时间的核心。

图4—3

实训过程

Flash动画中特效制作流程示意如图4—4所示。

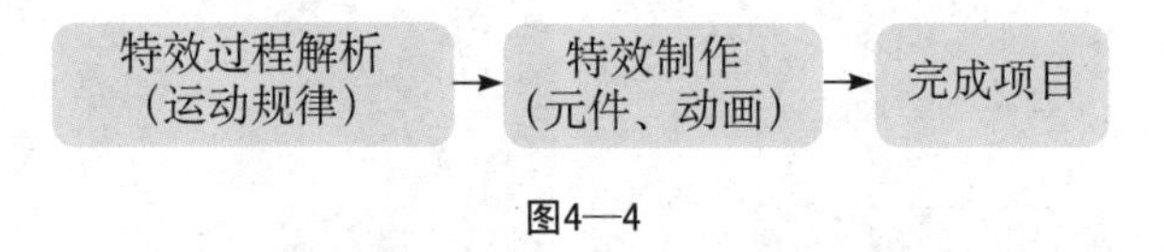

图4—4

本项目包含两个任务，第一个任务主要是针对自然类特效进行解析，如光晕、爆炸效果等；第二个任务主要是背景特效的制作，如表现速度的流线特效、表现气氛的背景特效等。

建议：在自然界中有很多需要我们掌握的规律，如刮风、下雨、打雷、闪电等。对于这些自然现象，需要我们去仔细地分析其产生过程和运动规律，仅仅学会Flash制作的技法并不足以制作出符合规律的特效。我们平时需要学会观察，学会搜集各方面的素材。动画其实是一种涉及范围很宽泛的艺术形式，不仅要求制作者有良好的绘画基础和活跃的思维能力，还需要对于物理、生物、地理、人文、历史甚至化学等方面都有所了解。因此，平时的学习不能局限在专业知识上，而是要多方面地研究学习，就如“福娃之父”画家韩美林先生所言：“搞艺术就要多方面地学习，多领域地涉及，现代社会不当杂家太落后。”这句话正切合了动画艺术所需要的治学态度。

任务1 自然类特效制作（光晕、烟雾、爆炸）

1.1 光晕特效解析与制作

首先分析光晕的构成元素。受到阳光的照射，光晕亮度最高的部分就是散光点，另一部分是由散光点所散发出来的光射线，射线的周围就是由大小不等的圆形所组成的光斑。

光晕的运动规律如图4—5所示。

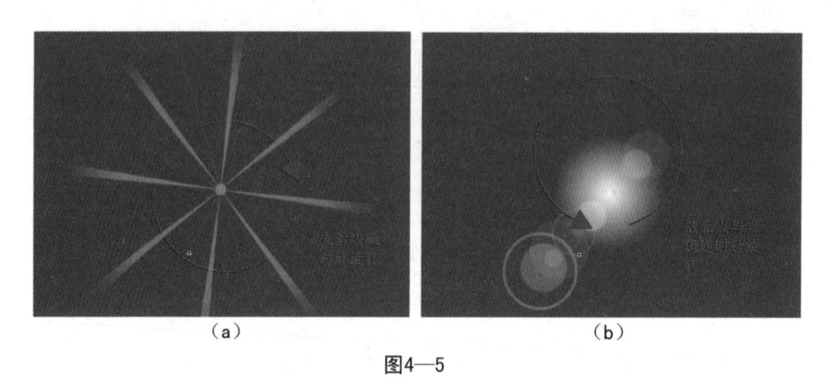

（a）　　（b）

图4—5

步骤1　首先绘制背景（BG），包含湛蓝色的天空、白色的云朵、近处的灯杆与信号灯、方向指示牌（见图4—6）。

图4—6

步骤2 背景完成后，将背景图层锁定并隐藏，在背景图层上方新建一层，命名为“光晕动画”（见图4—7）。

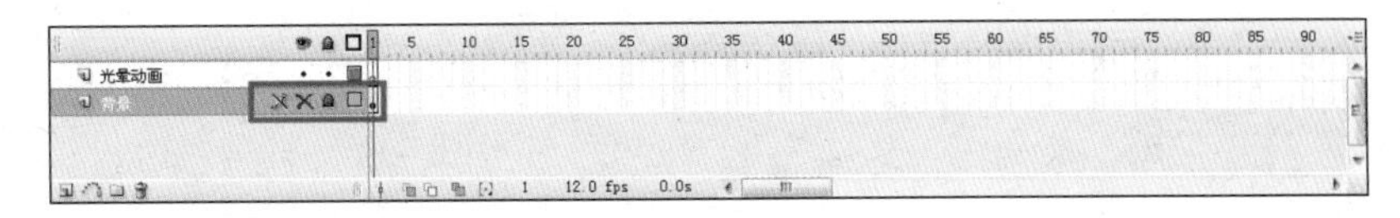

图4—7

步骤3 选择“插入”菜单“新建元件”选项（见图4—8），新建一个图形元件，命名为“光晕动画”（见图4—9）。

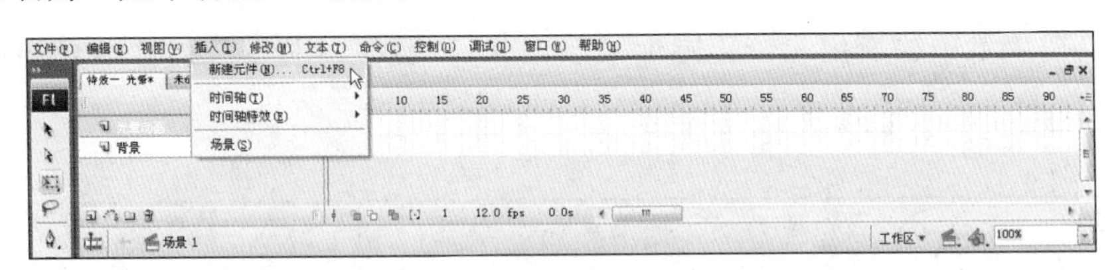

图4—8

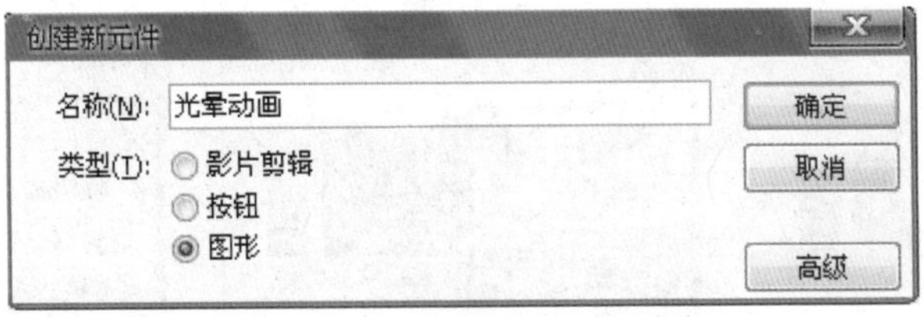

创建新元件

名称(N): 光晕动画

类型(T): 影片剪辑 按钮 图形

确定

取消

高级

图4—9

进入元件编辑面板后，将场景的背景色改为蓝色（见图4—10），这样做是为了方便光晕的制作，因为光晕的颜色为白色与透明色，如果不修改默认的背景白色，就会重合。

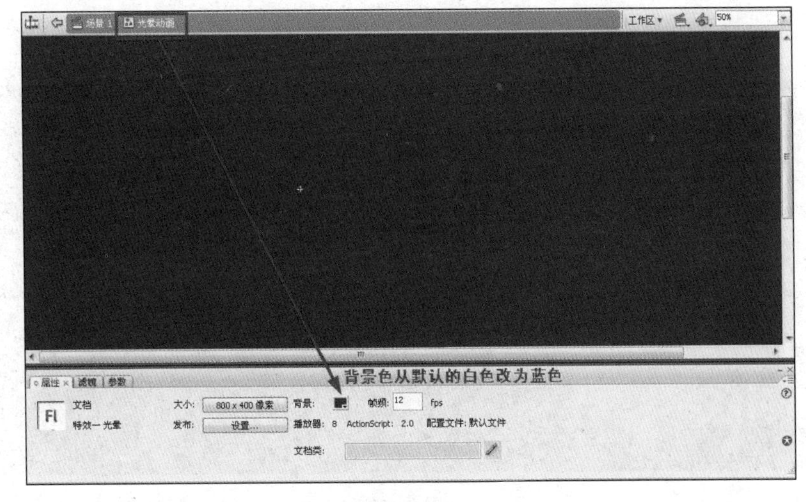

图4—10

接下来在“光晕动画”图形元件内建两个图层，分别命名为“光射线”和“散光点与光斑”（见图4—11）。

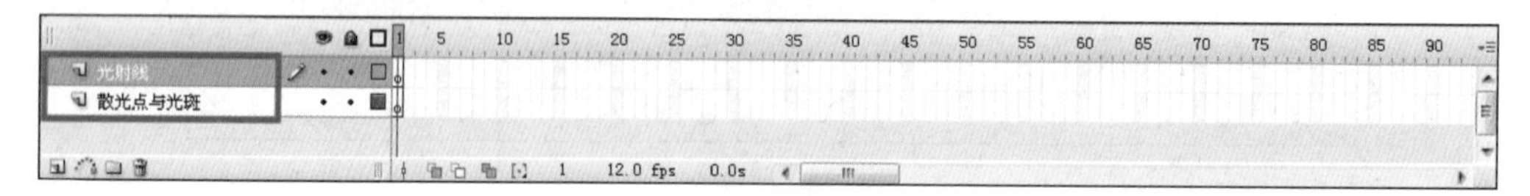

图4—11

步骤4 将“散光点与光斑”图层锁定，在“光射线”图层绘制光射线；利用椭圆工具在场景中绘制出一个正圆形（按住Shift键），利用放射性填充样式来填充颜色，色标具体数值如图4—12所示。

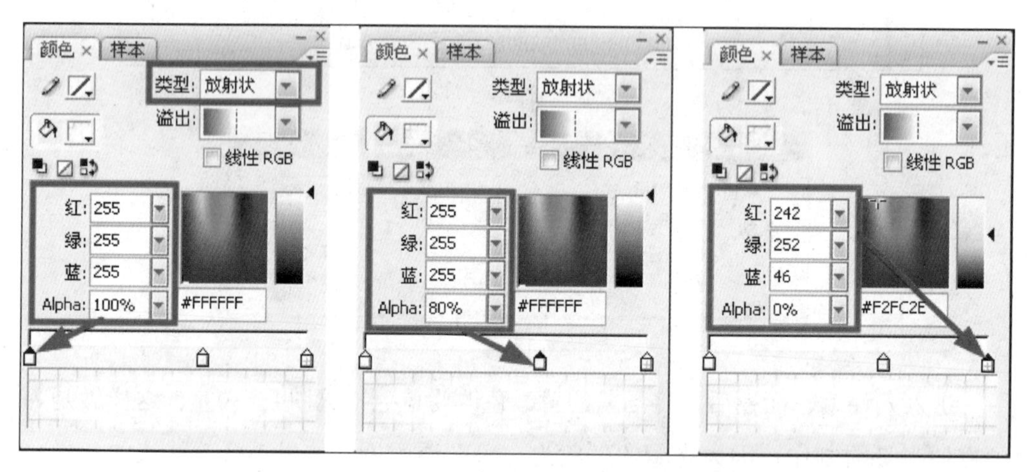

图4—12

步骤5 将绘制好的圆形，利用线条工具做出射线的效果（见图4—13）。

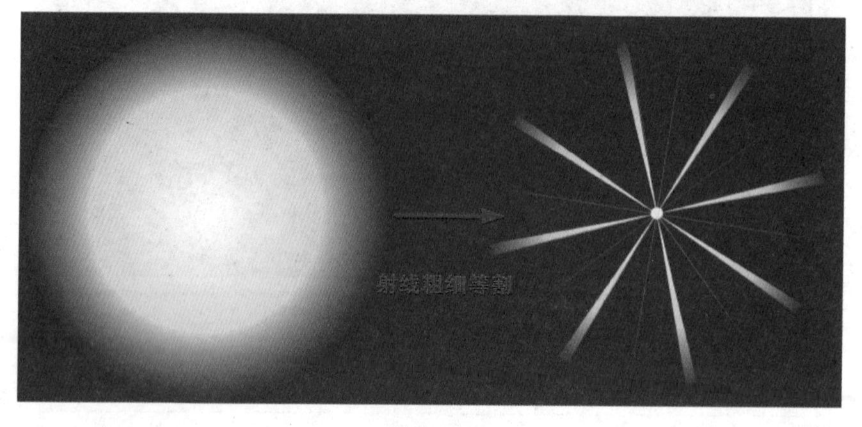

图4—13

将做好的射线框选，点击鼠标右键，将其转换为图形元件（F8），命名为“光射线”（见图4—14）。

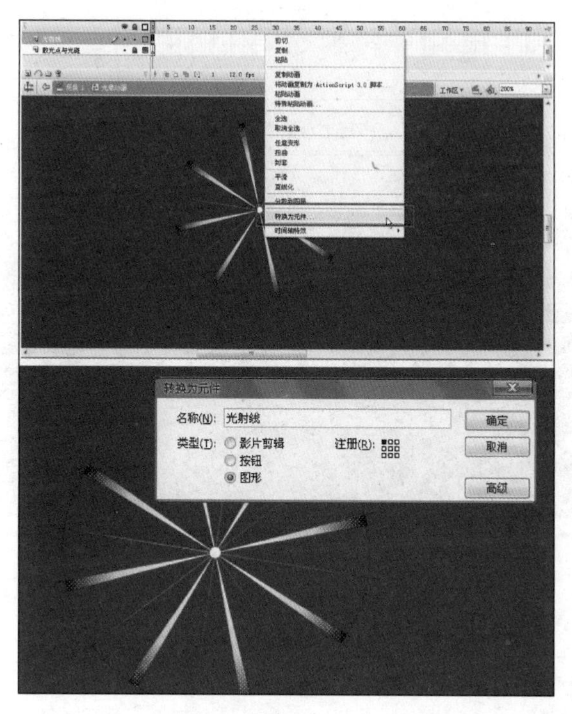

图4—14

步骤6 在第100帧处插入关键帧，同时在第1帧到第100帧的任意区间创建补间动画（见图4—15）。

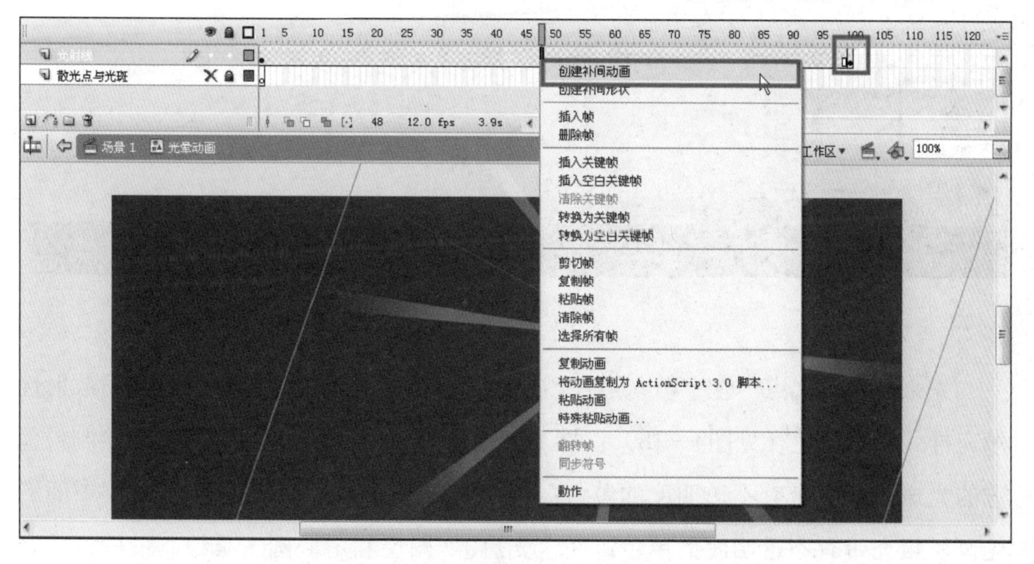

图4—15

接下来点击一下补间动画的任意区间，然后调节下方的补间动画属性面板，“旋转”选项选择顺时针旋转1次（见图4—16），按Enter键测试光射线的动画效果。

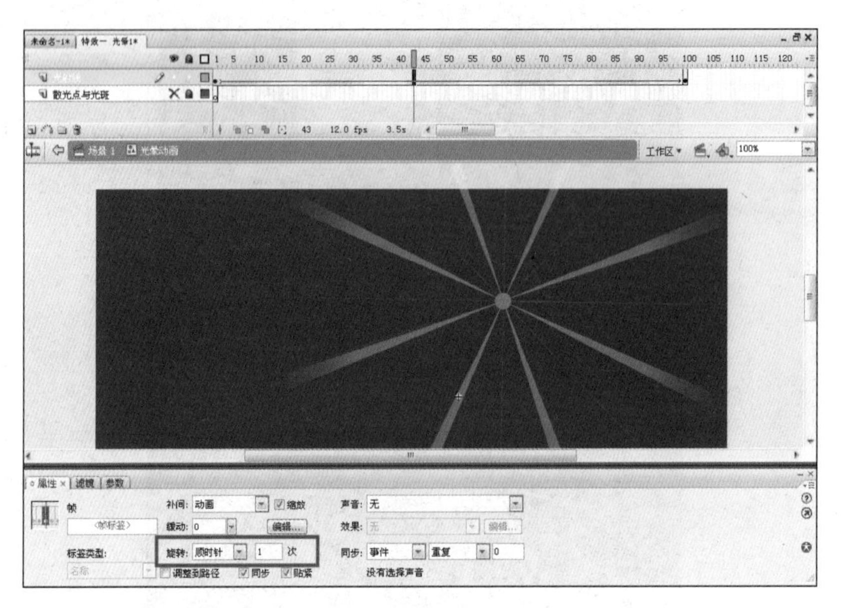

图4—16

步骤7　制作散光点与光斑。选择“插入”，新建一个图形元件，命名为“散光点与光斑”。在元件的编辑场景中新建四个图层，分别命名为光斑1、光斑2、光斑3、散光点（见图4—17）。

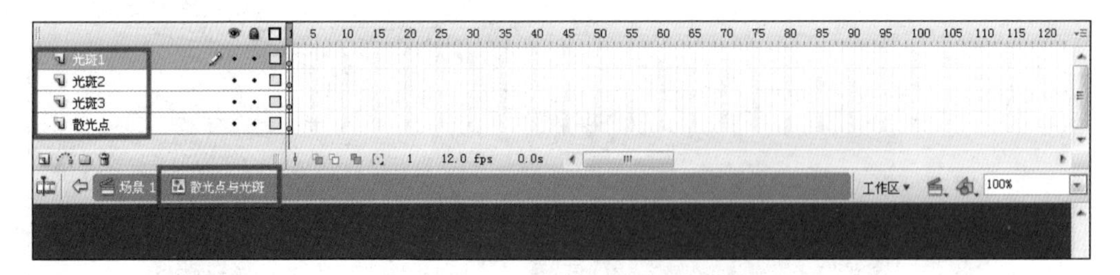

图4—17

先来制作散光点。在“散光点”图层利用椭圆工具绘制正圆形，再利用放射性填充样式填充颜色（见图4—18）；接下来在“光斑1”图层利用椭圆工具绘制最前方的光斑，填充带有不透明度的单色；在“光斑2”图层利用椭圆工具绘制中间的光斑，填充带有不透明度的单色；在“光斑3”图层利用椭圆工具绘制最后方的光斑，填充带有不透明度的单色（见图4—19）。

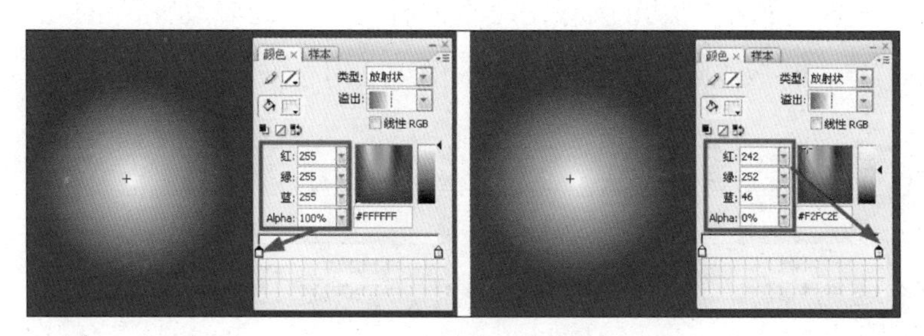

图4—18

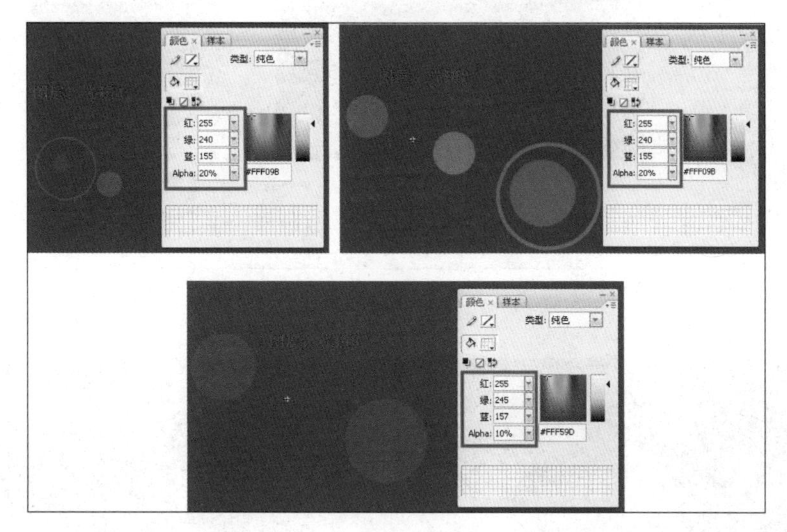

图4—19

“散光点与光斑”元件最终完成效果如图4—20所示。

图4—20

步骤8 将做好的"散光点与光斑"元件拖入"光晕动画"的元件编辑场景（见图4—21），将散光点的中心与光射线的中心对位（见图4—22）。

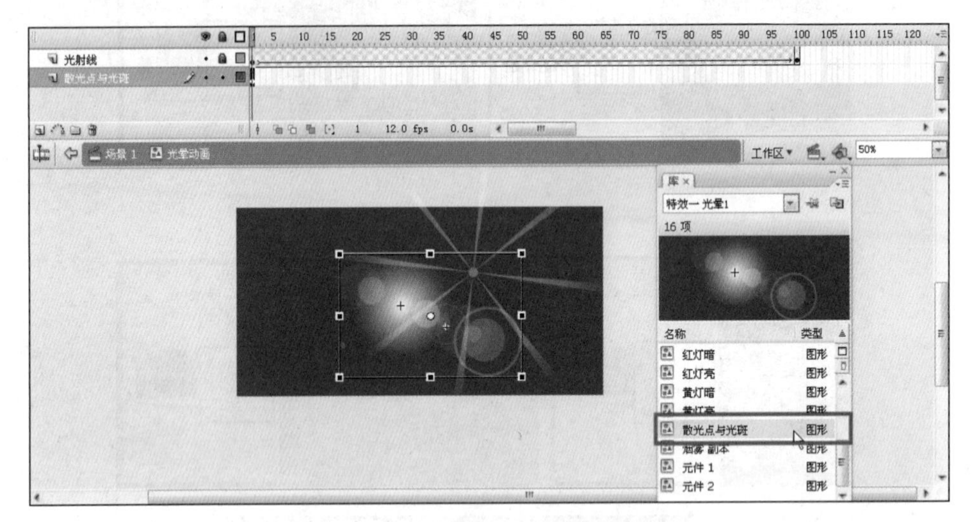

图4—21

图4—22

步骤9 散光点与光斑的转动是以散光点为中心的，所以利用任意变形工具在第1帧处将元件的中心点调至散光点的中心位置（见图4—23），在第100帧处将元件进行逆时针旋转，然后创建补间动画（见图4 24）。

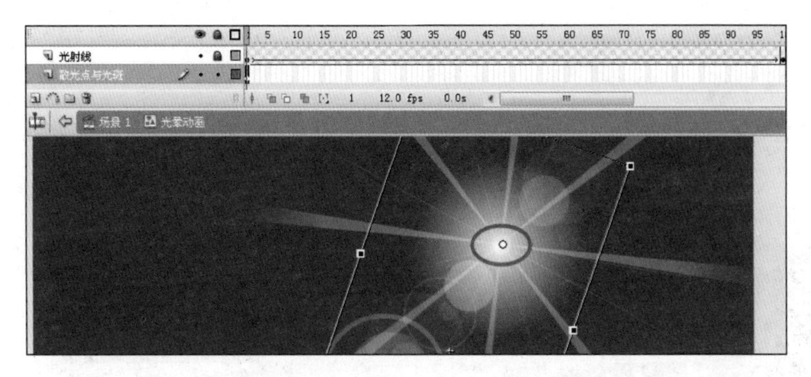

图4—23

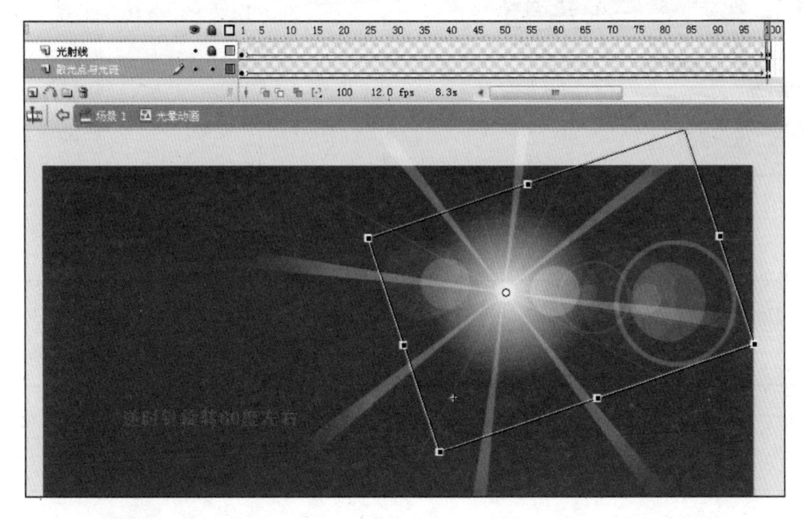

图4—24

步骤10 将做好的“光晕动画”元件拖入“光晕动画”图层的场景，放置在合适的位置（见图4—25），因为“光晕元件”的动画帧长为100帧，所以我们也将“背景”与“光晕动画”图层延长至100帧，到这里光晕的特效就已经完成（见图4—26）。

1.2 烟雾特效解析与制作

首先分析烟雾的构成。一簇很浓的烟雾是由很多单独的团状烟构成的，呈现锥子型，而每团烟又都有各自的消散过程，一簇烟雾受到密度以及风向的影响，会沿着一定的轨迹消散（见图4—27）。

步骤1 选择“插入”菜单，新建图形元件，命名为“单团烟”（见图4—28）。

在“单团烟”元件编辑场景中的第1帧处绘制烟开始的状态（见图4—29），

图4—25

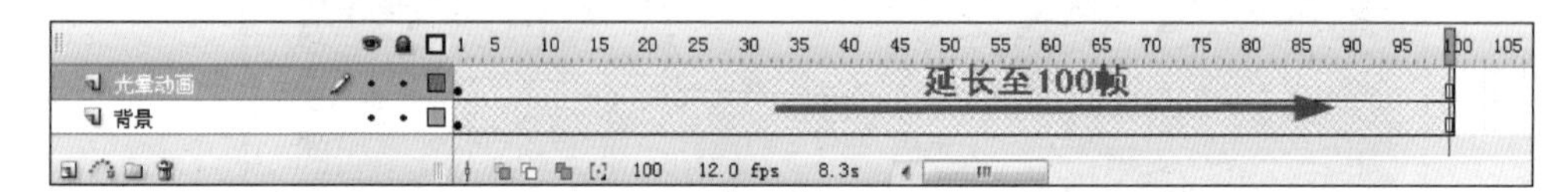

图4—26

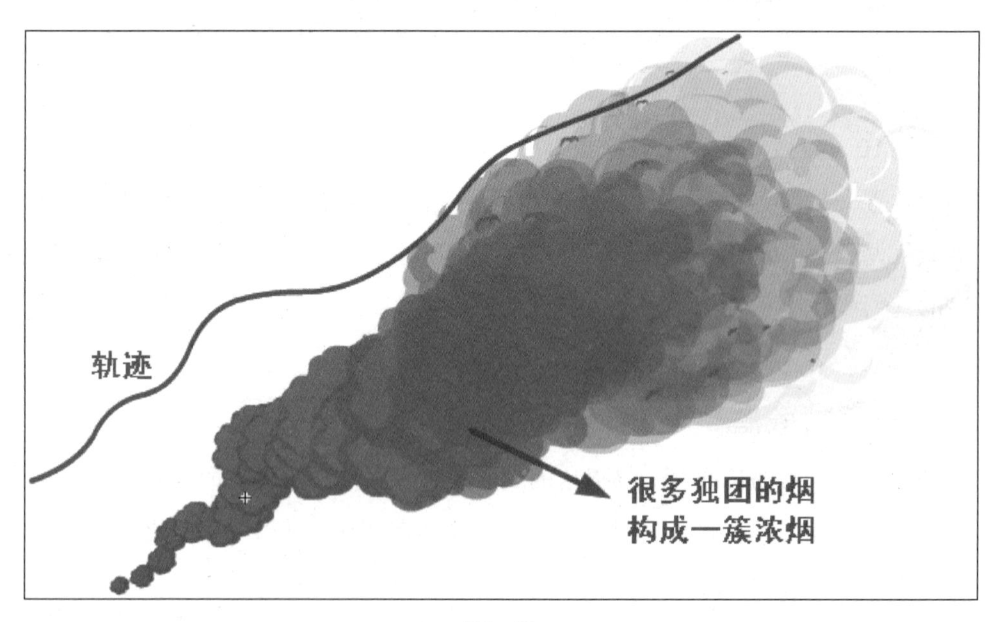

图4—27

图4—28

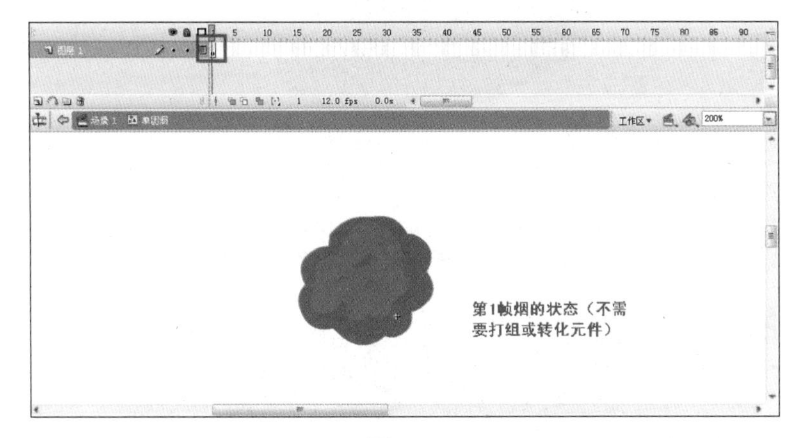

图4—29

在第20帧处绘制烟雾扩散的状态（见图4—30），在第50帧处继续扩散（见图4—31），到第110帧处烟雾扩散至最大，不透明度变为0（为了便于观察形状，烟雾的不透明度在讲解的过程中未作改变）。将此帧状态延续至第145帧（见图4—32），最终在场景中叠加的形态如图4—33所示。

图4—30

图4—31

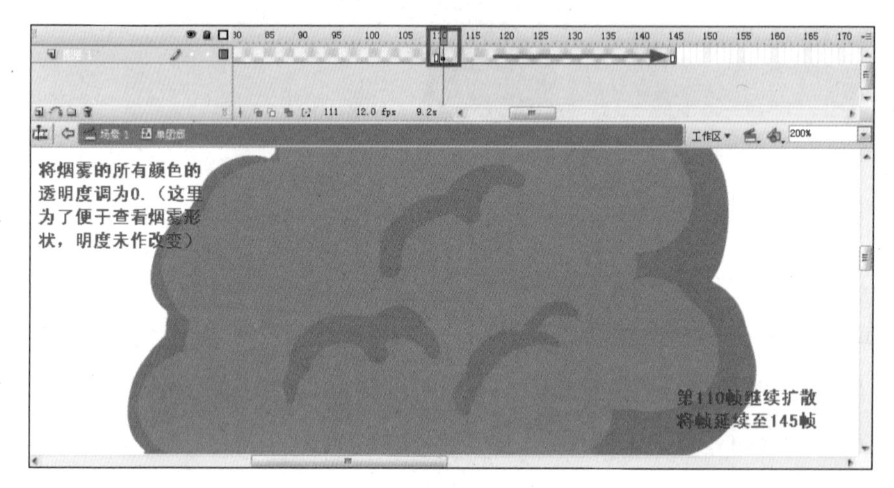

图4—32

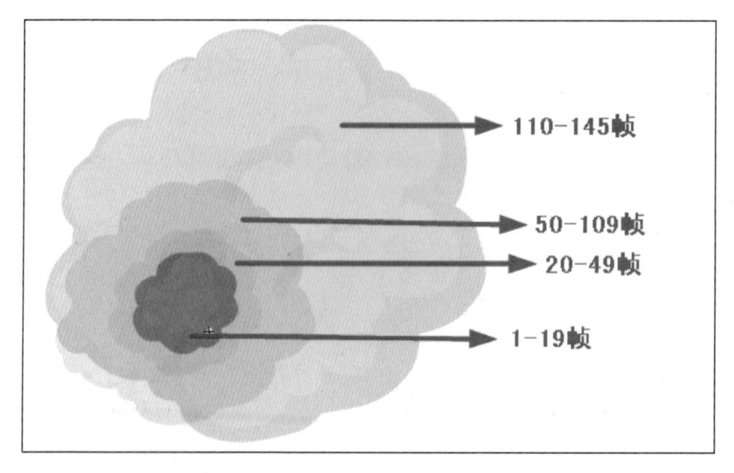

图4—33

步骤2 鼠标右键单击每两个关键帧中间的任意区间，选择“创建补间形状”（见图4—34）。

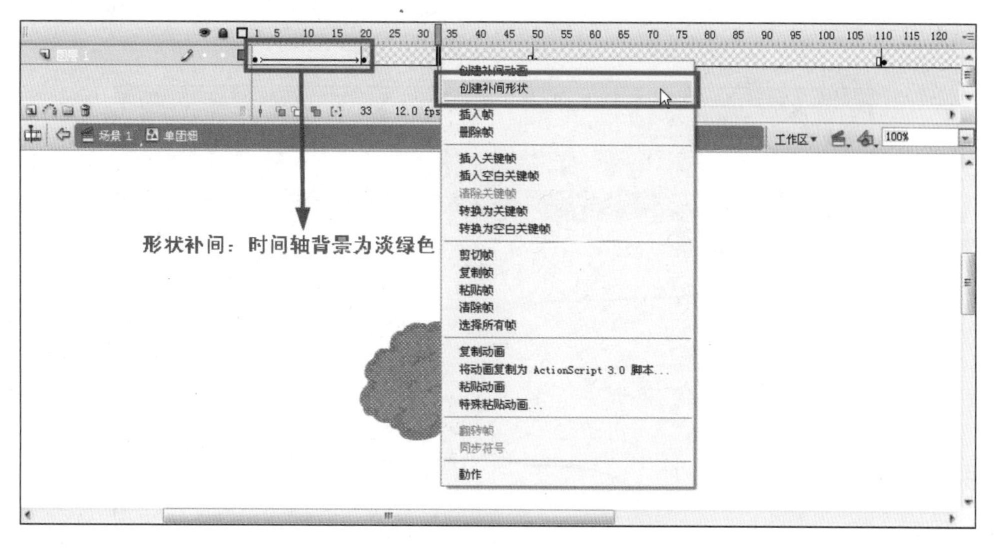

图4—34

形状补间动画做到第110帧结束，第110帧到第145帧不需要做形状补间动画。

步骤3 回到主场景中，再次选择“插入”菜单，新建图形元件，命名为“带有路径的烟”（见图4—35）。

创建新元件

名称(N): 带有路径的烟

类型(T): 影片剪辑 / 按钮 / 图形

确定　取消　高级

图4—35

这里就需要运用Flash中的路径动画了。在“带有路径的烟”的元件编辑场景中新建两个图层，分别命名为“引导层”、“烟”（见图4—36）。

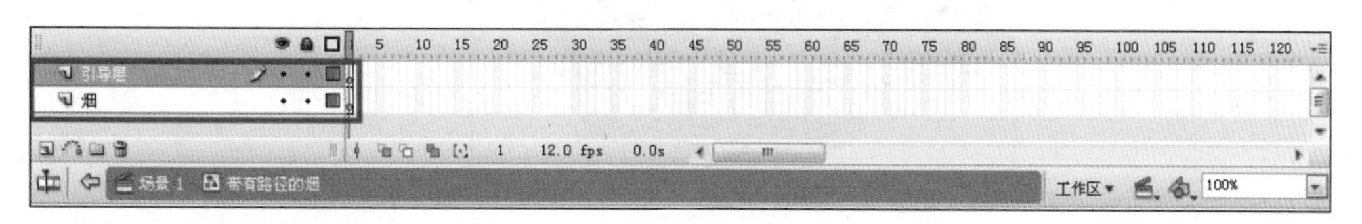

图4—36

在“引导层”绘制烟雾飘散的路径（见图4—37），在“烟”图层将之前做好的“单团烟”图形元件拖入，将元件放在路径的开端，元件的中心点处于引导线上（见图4—38）。

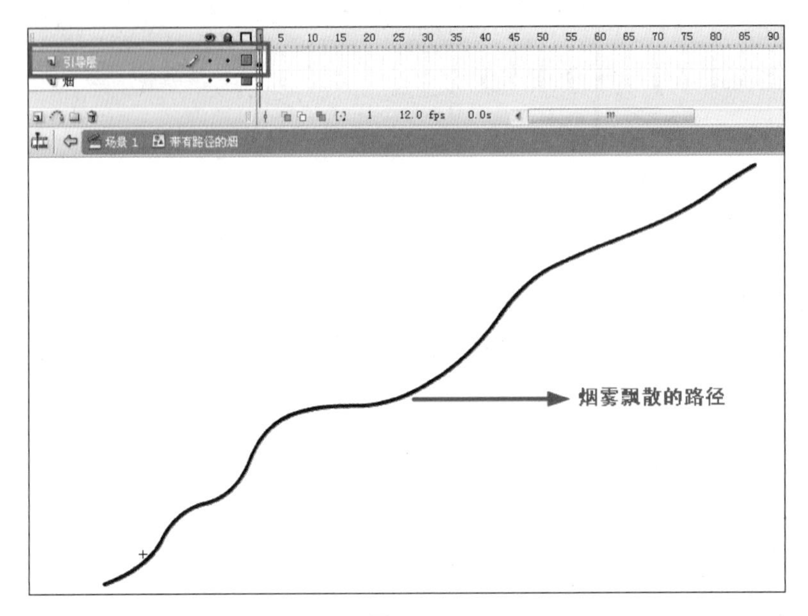

图4—37

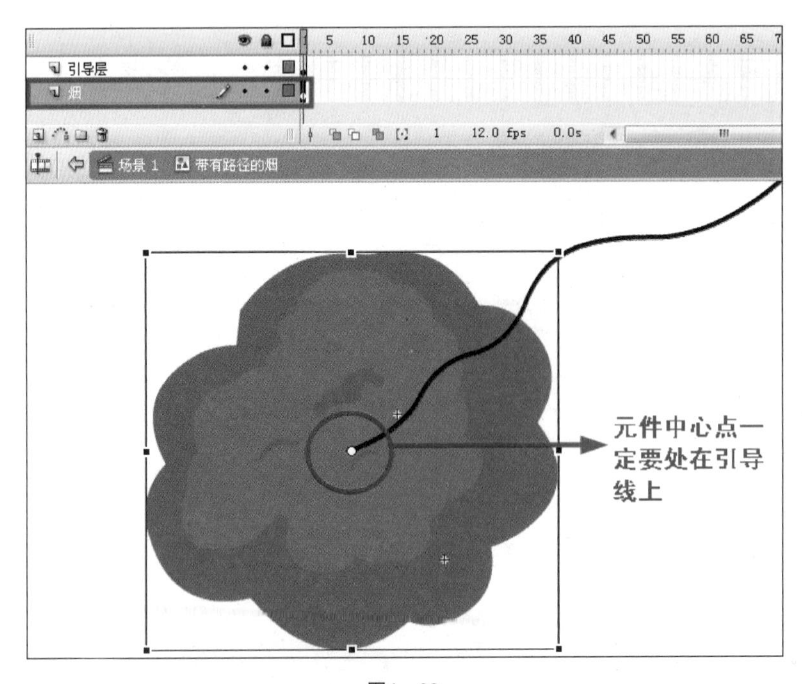

图4—38

鼠标右键单击“引导层”，选择“引导层”选项（见图4—39），将该图层变成引导图层；鼠标右键单击“烟”图层，选择“属性”（见图4—40），在弹出的属性面板中选择“被引导”（见图4—41），最终图层关系为引导与被引导（见图4—42）。

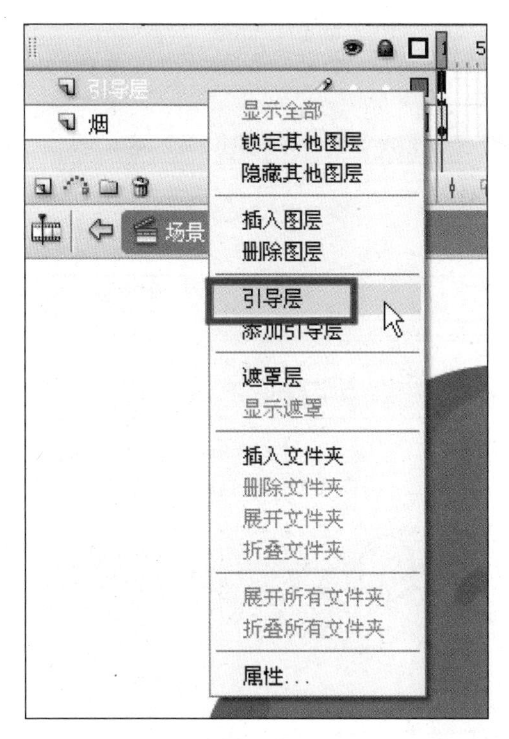

图4—39

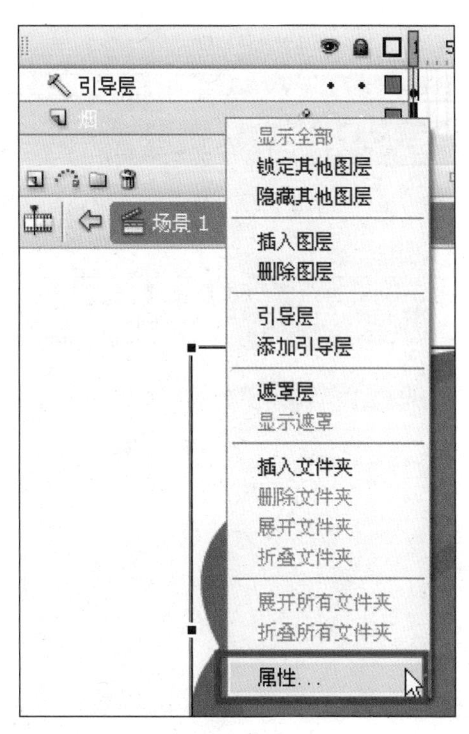

图4—40

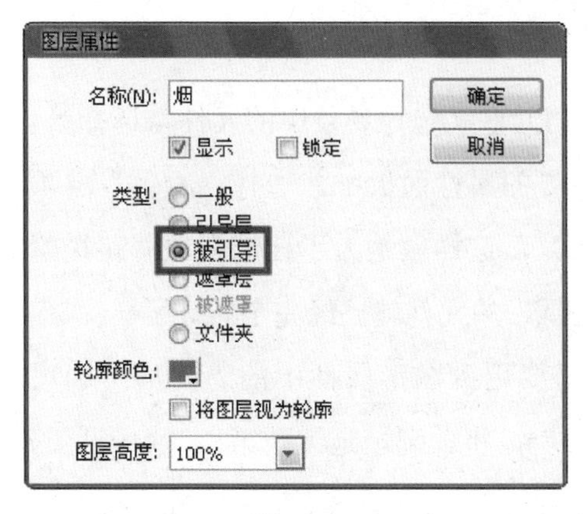

图4—41

图4—42

步骤4 在“引导层”第110帧处插入帧，在被引导的“烟”图层第110帧处插入关键帧（见图4—43）。将“单团烟”图形元件移至引导路径末端，同样要注意元件的中心点处于引导线上。接下来在“烟”图层时间轴的任意区间单击鼠标右键创建补间动画（见图4—44）。

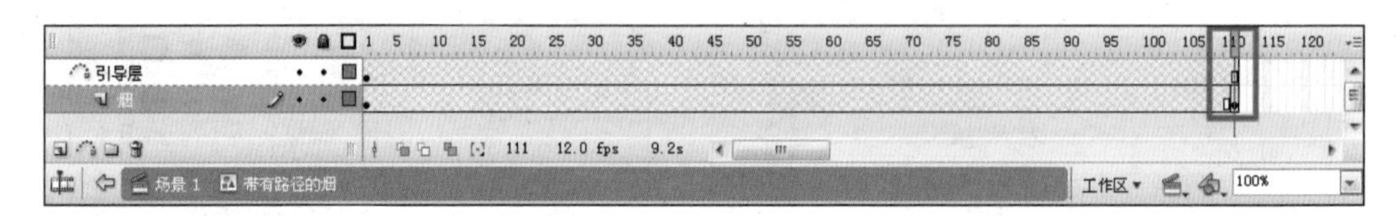

图4—43

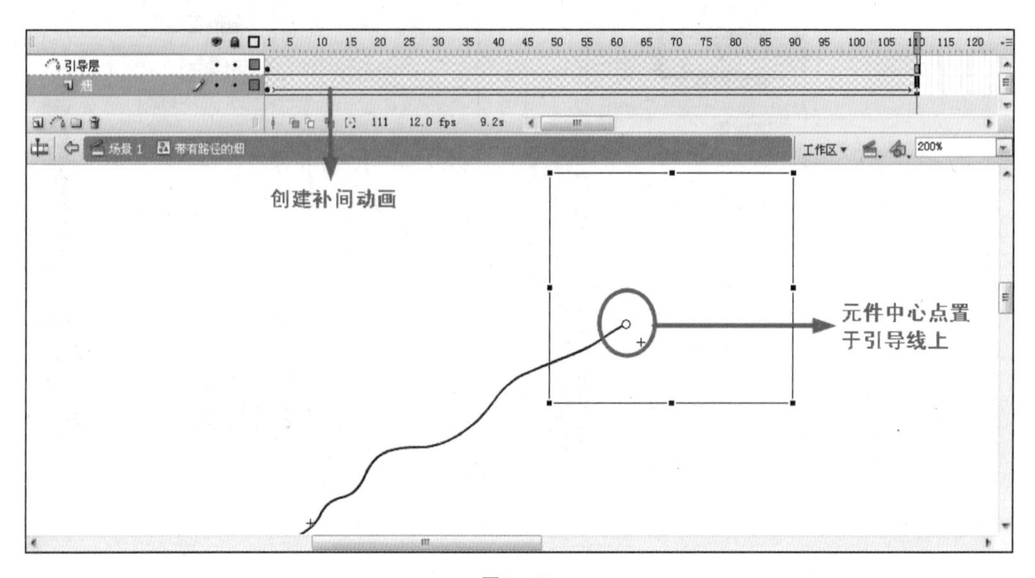

图4—44

接下来选择“烟”图层第110帧场景中的元件（选择场景中的元件与选择第110帧下面的属性面板是不同的）。在Flash下方的属性面板中，选择“颜色”选项下的“亮度”，将数值调为-15%（见图4—45），这样做是为了让烟雾顺着路径飘散到最后能够完全消失。到此，“带有路径的烟”的元件就已经完全做好了。

步骤5 这一步是最为关键的一步，需要用到图形属性中的“图形”选项控制。首先在主场景中，将图层命名为“烟雾”，将关键帧延续至第110帧（见图4—46），利用线条工具绘制一条烟雾消散的路径作为参考（见图4—47），接下来，将“带有路径的烟”图形元件从库中拖入场景（见图4—48）。

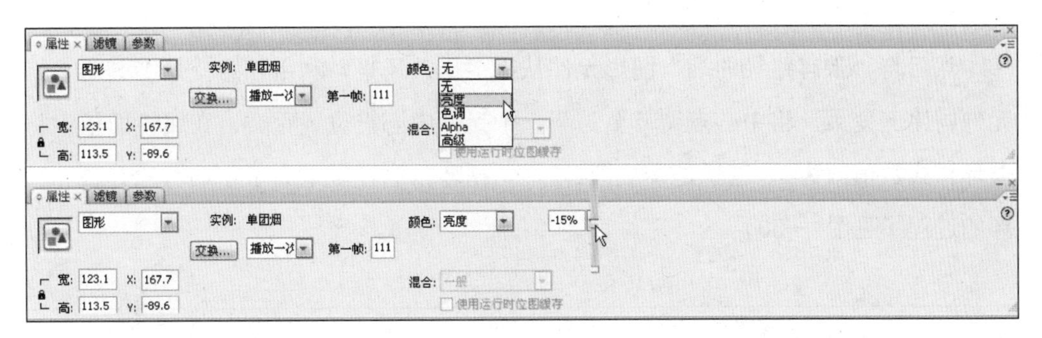

图4—45

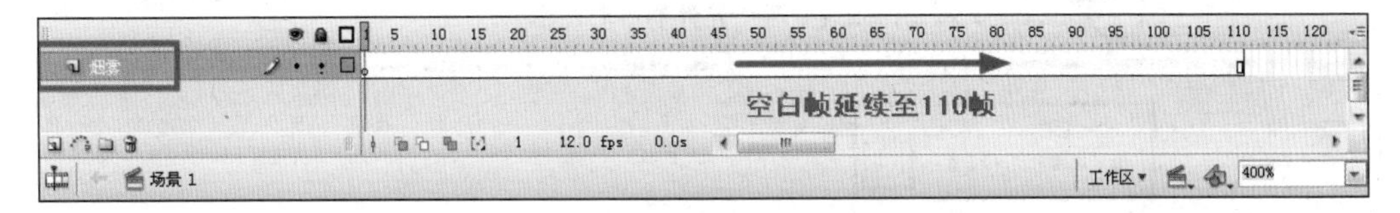

图4—46

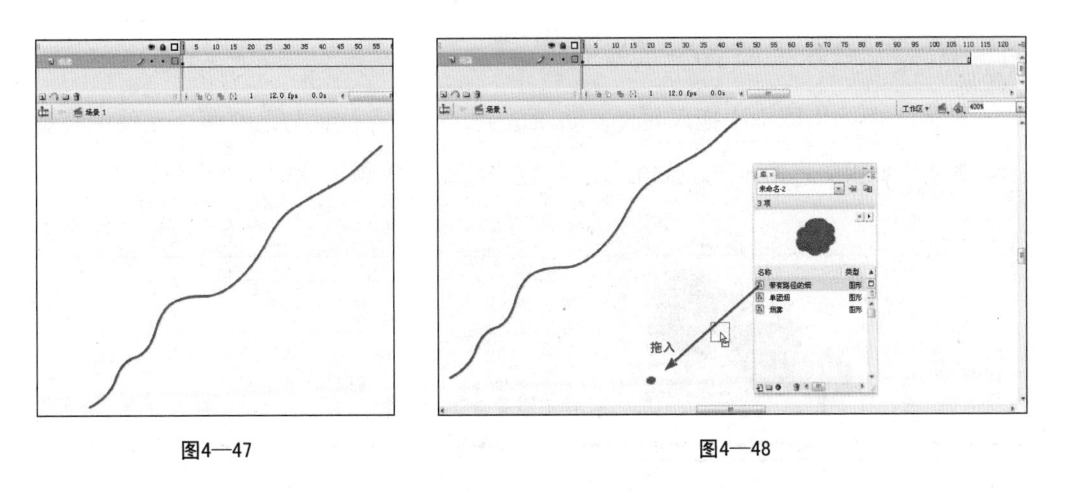

图4—47　　图4—48

这时，选择场景中的元件，将其中心点调至下方，接下来查看Flash下方的属性面板，在“图形”选项中默认的样式是“循环”，从第1帧开始（见图4—49）。

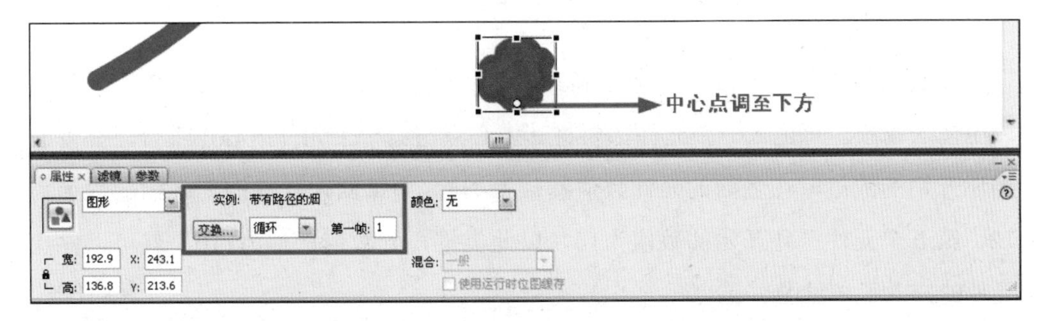

图4—49

然后将“带有路径的烟”图形元件从库中拖入场景，利用任意变形工具略微将元件同比例变大，将中心点调节至与第一个元件中心点位置重合，在属性面板中将循环样式数值改为4，也就是说从第4帧开始循环，这样做是为了使烟雾的升腾有循环的过程（见图4—50）。

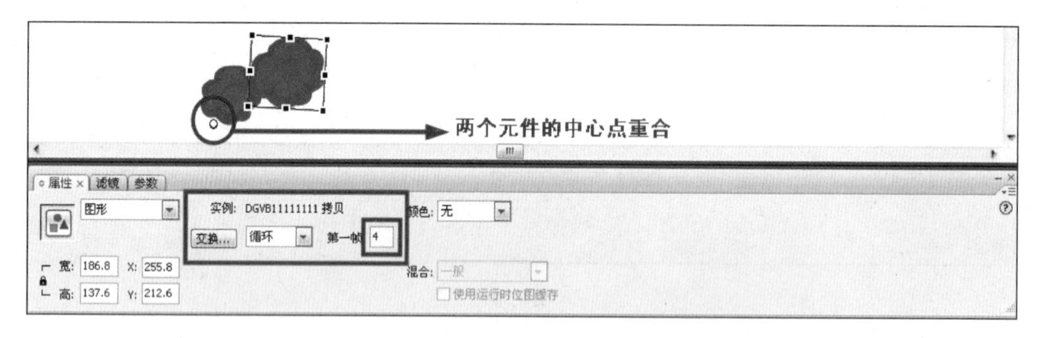

图4—50

按照上面的步骤再次拖入元件，略微放大，中心点位置与之前两个元件中心重合，在属性面板中将循环样式数值改为8，也就是说从第8帧开始循环（见图4—51）。

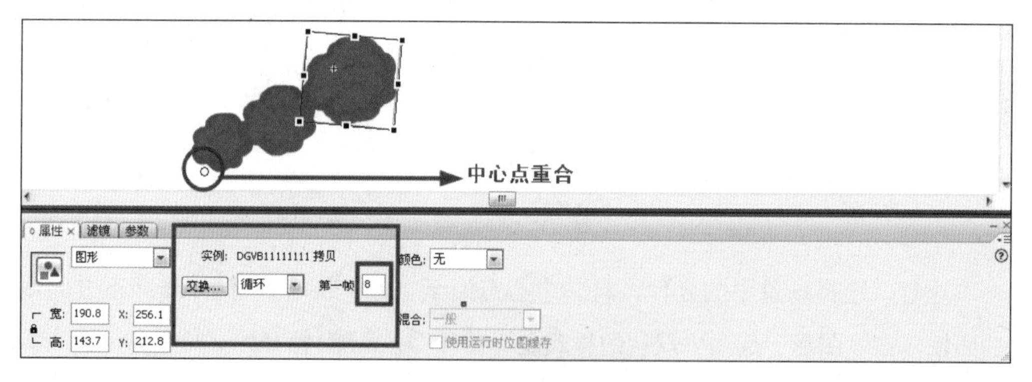

图4—51

按照之前绘制好的烟雾消散参考路径，继续将“带有路径的烟”图形元件从库中拖入场景。每拖入一个元件都要将其中心点与第一个元件中心点重合，并修改循环开始的数值，在之前的元件数值基础上加4。如第四个元件循环开始的数值为12、第五个元件循环开始的数值为16，以此类推，到数值增加为110，就可以停止元件的拖入了（见图4—52）。

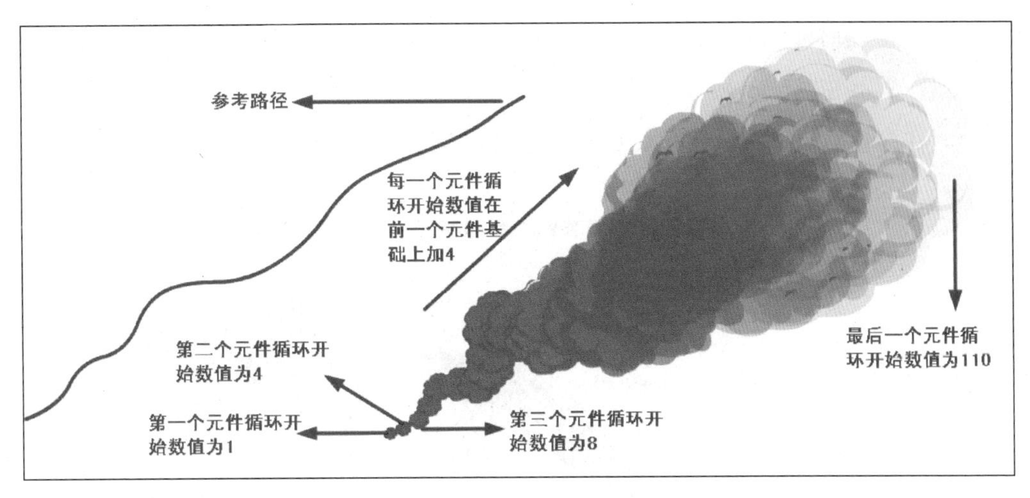

图4—52

做到这里，我们可以测试一下动画，发现动画并未完成循环，只做了一次烟雾升腾并消散的过程。下面来做让烟雾反复循环的动画。

首先，将时间轴播放至第4帧处，从库面板中将“带有路径的烟”图形元件拖入场景，置放在第一次烟雾升腾动画的开始位置，中心点与之前拖入的元件中心点重合，在属性面板中将循环样式数值改为110（见图4—53）。

图4—53

其次，将时间轴播放至第8帧处，从库面板中将“带有路径的烟”图形元件拖入场景，置放在第一次烟雾升腾动画的开始位置，中心点与之前拖入的元件中心点重合，在属性面板中将循环样式数值改为106（见图4—54）。

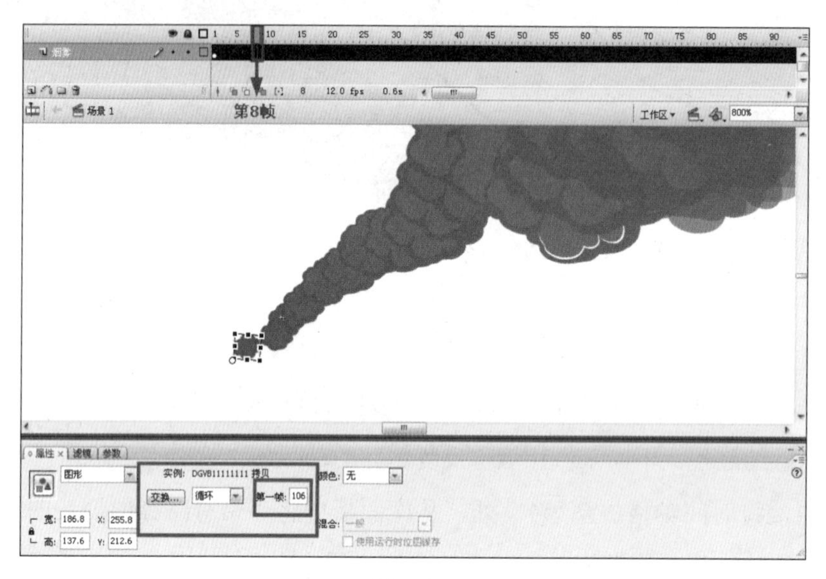

图4—54

按照上面的方法分别在第12帧、第16帧、第20帧依次类推，一直到第110帧。每一帧拖入场景中的元件，都将循环开始数值减4，如第12帧处的元件循环开始数值就为102，第16帧为98，第20帧为94，以此类推一直到第110帧，循环开始数值为4（见图4—55）。

图4—55

至此，循环烟雾的特效就已经完成，在这个特效项目中，图形属性中的“图形”选项的灵活运用是最为重要的。

1.3 爆炸特效解析与制作

在爆炸特效中我们以手雷爆炸过程作为解析项目。先来分析手雷从爆炸开始到结束的过程：一开始是小范围的爆炸反应，周边会伴随着光波；接下来就是火与烟相伴的大爆炸过程；最后火光消散，化作团团的烟雾。

这个任务会涉及元件套用、形状补间、动画补间的综合运用。

步骤1 新建三个图层，分别命名为：光波与爆炸后的烟雾、过程、手雷与爆炸反应。先将“光波与爆炸后的烟雾”、“过程”两个图层锁定（见图4—56），在“手雷与爆炸反应”图层绘制手雷，将其延续至第3帧（见图4—57）。

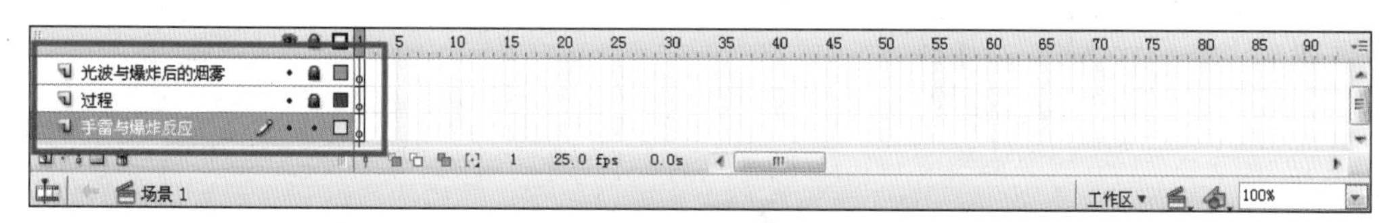

图4—56

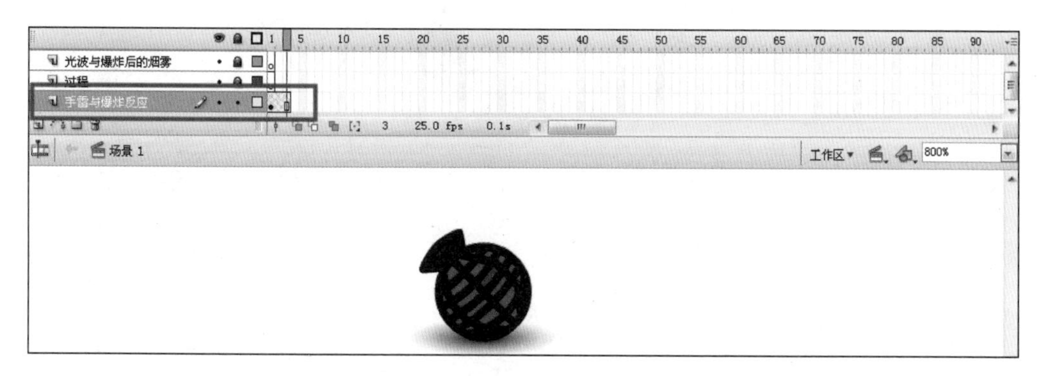

图4—57

步骤2 在“手雷与爆炸反应”图层第4帧插入空白关键帧（见图4—58），在这一帧利用笔刷绘制爆炸前反应的开始状态（见图4—59）；接下来在第11帧插入空白关键帧，绘制爆炸前反应的结束状态（见图4—60），在第4帧与第11帧之间创建补间形状动画（见图4—61）。

提示：在制作开始状态与结束状态形状动画的时候，不要忽略了之前一再强调

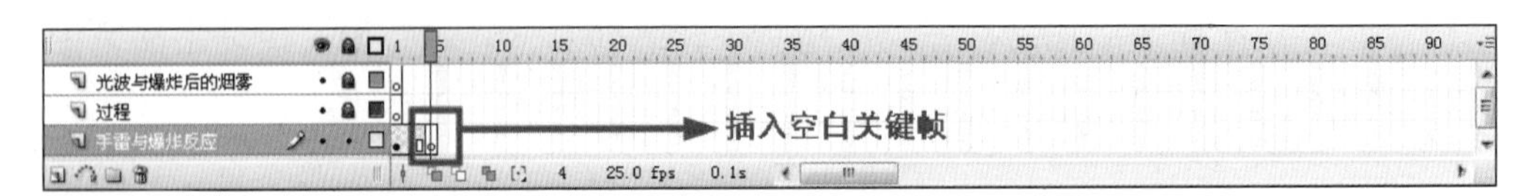

图4—58

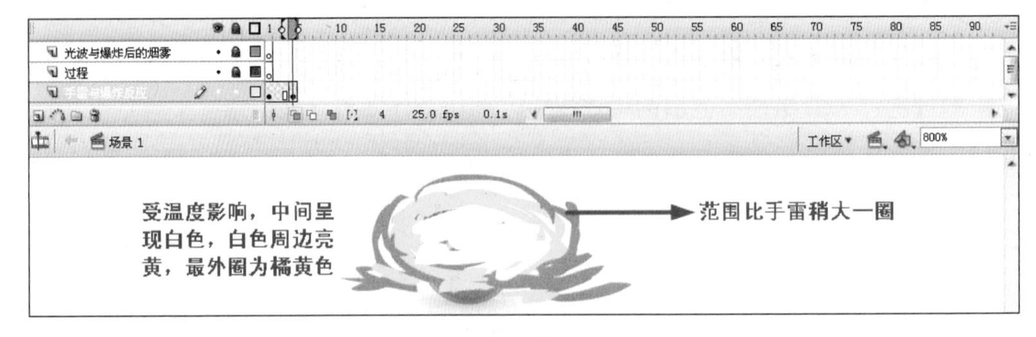

图4—59

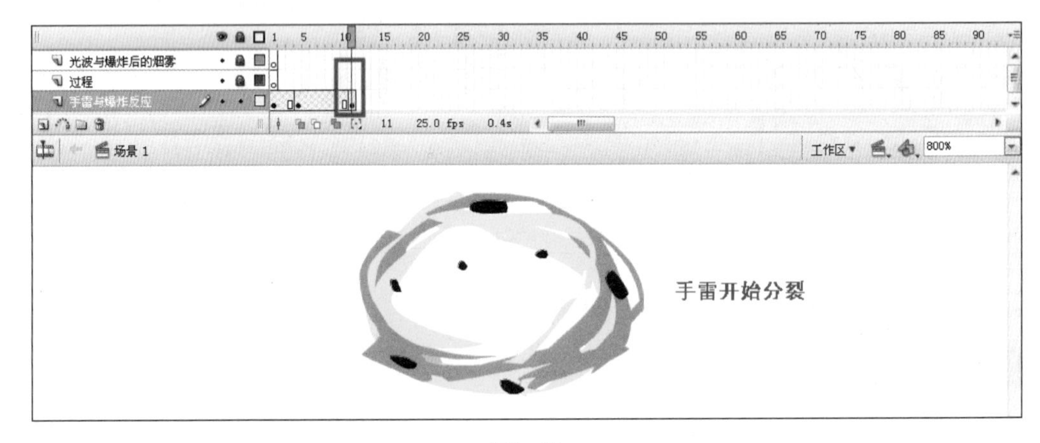

图4—60

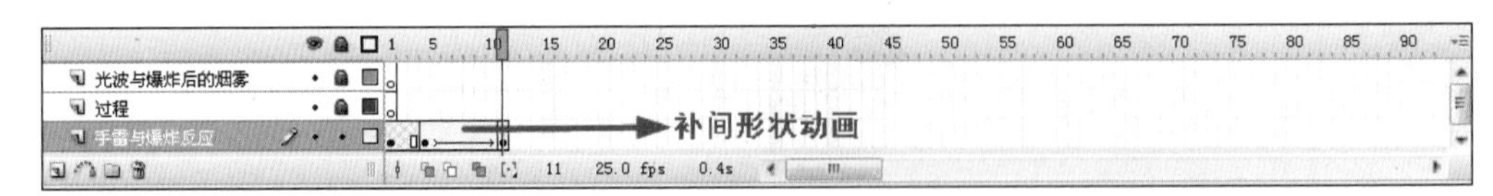

图4—61

的Flash中的“洋葱皮”功能。

步骤3　将“手雷与爆炸反应”图层锁定，将“光波与爆炸后的烟雾”图层解锁（见图4—62），在第4帧插入关键帧，利用椭圆工具、放射状填充模式绘制圆形光波（见图4—63），将其延续至第5帧（见图4—64）。

在第6帧插入关键帧，将场景中的光波同比例放大（按住键盘上的Shift键+Alt键），将其延续至第7帧（见图4—65）。

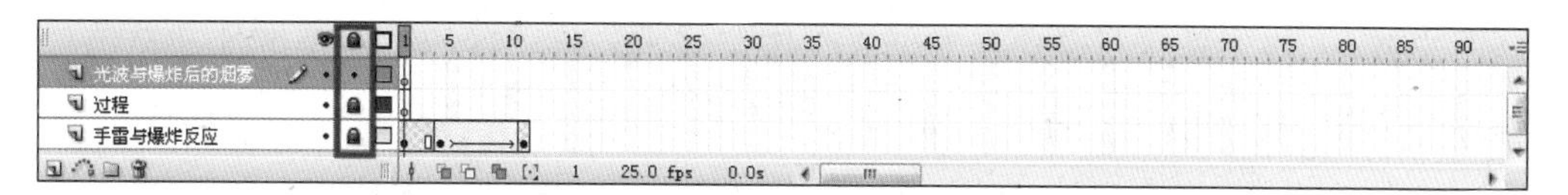

图4—62

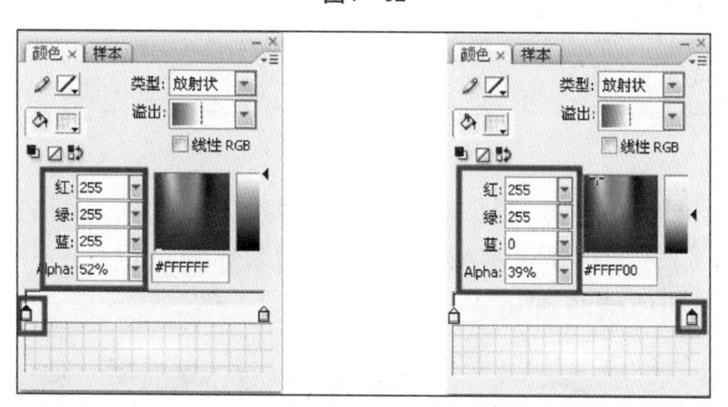

图4—63

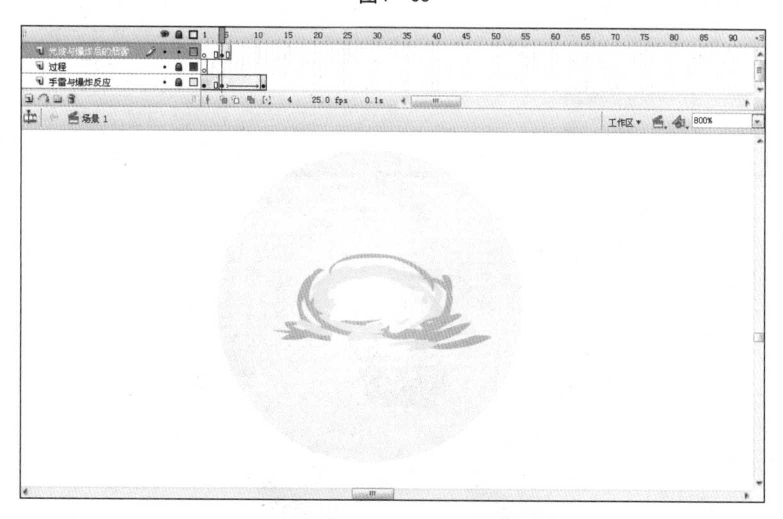

图4—64

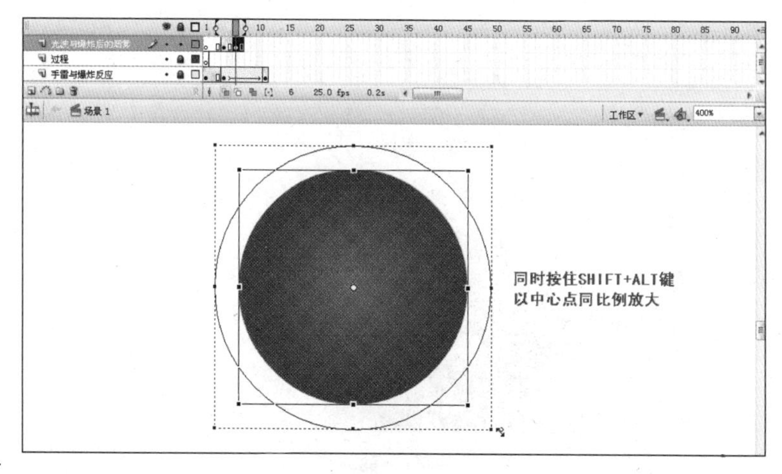

图4—65

步骤4 将“光波与爆炸后的烟雾”图层锁定，将“过程”图层解锁，在第11帧处插入空白关键帧（见图4—66）。

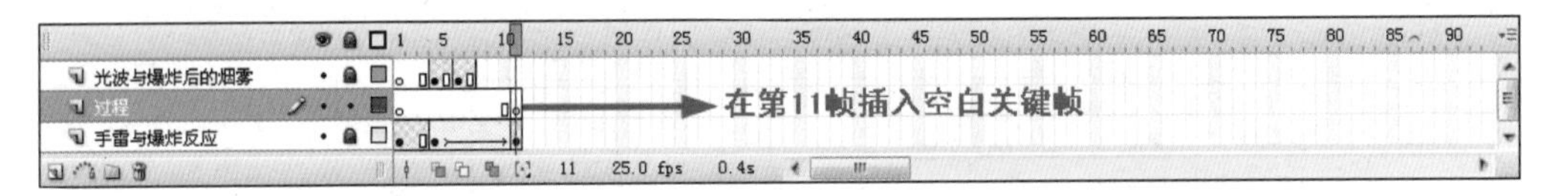

图4—66

接下来，选择Flash上方“插入”菜单，创建图形元件，命名为“爆炸过程”（见图4—67）。进入元件的编辑场景中，绘制爆炸的过程，一共五张动画，一拍二，也就是一张画面停帧两格（见图4—68）。

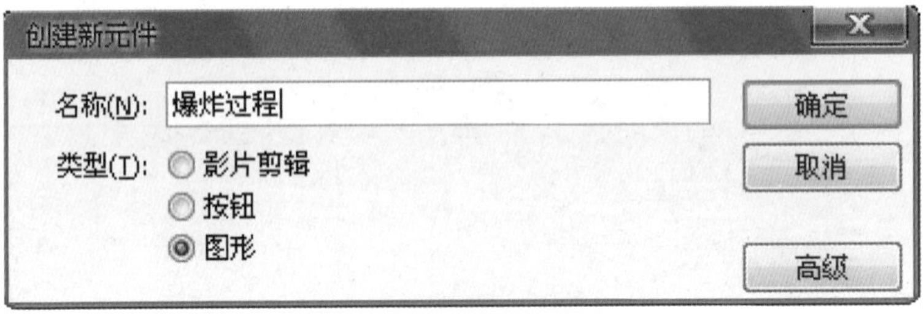

创建新元件
名称(N): 爆炸过程
类型(T): 影片剪辑 按钮 图形
确定 取消 高级

图4—67

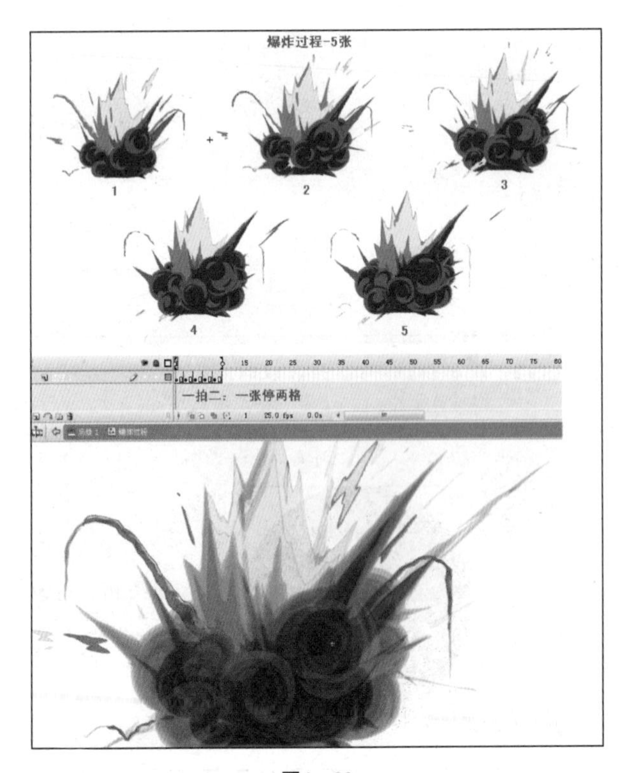

图4—68

回到“过程”图层中，将刚刚做好的“爆炸过程”动态元件拖入场景中，置放在合适的位置，将其延续至第20帧（见图4—69）。

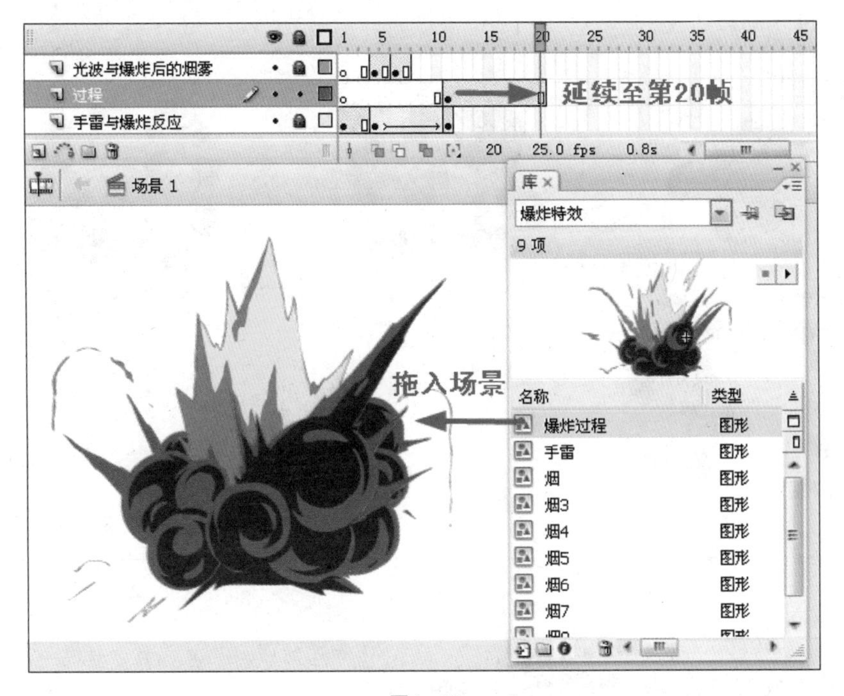

图4—69

步骤5 将“过程”图层锁定，将“光波与爆炸后的烟雾”图层解锁，在这一层调节爆炸后生成的烟雾（见图4—70）。

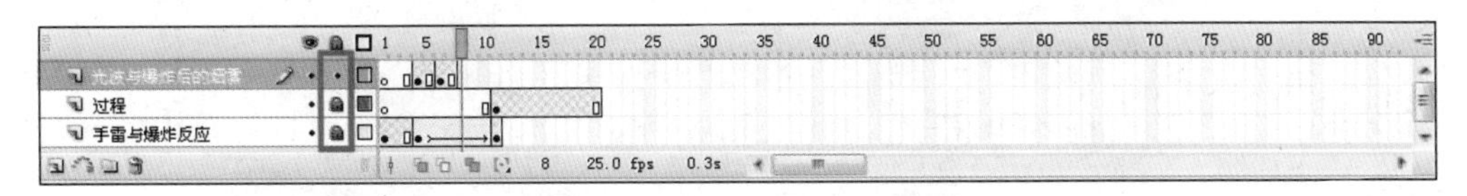

图4—70

选择Flash上方“插入”菜单，创建图形元件，命名为“爆炸后的烟雾”（见图4—71）。

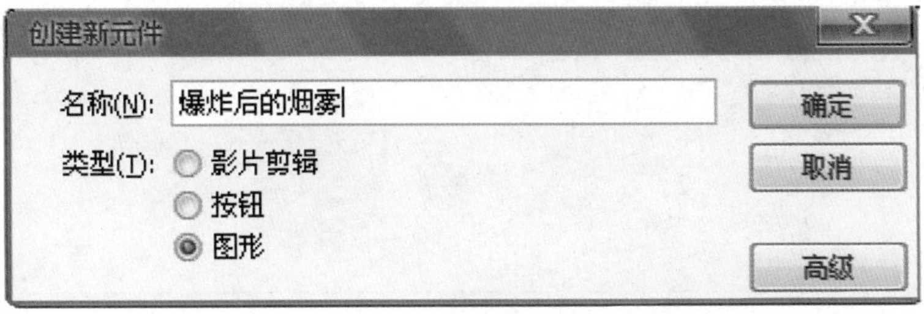

创建新元件

名称(N): 爆炸后的烟雾

类型(T): 影片剪辑 按钮 图形

确定 取消 高级

图4—71

在元件的编辑场景中，绘制爆炸后的烟，一共六张动画（见图4—72），第一张画面属于烟雾的预备张，所以需停留稍长时间，延长至第7帧，其余五张各停两格（见图4—73）。

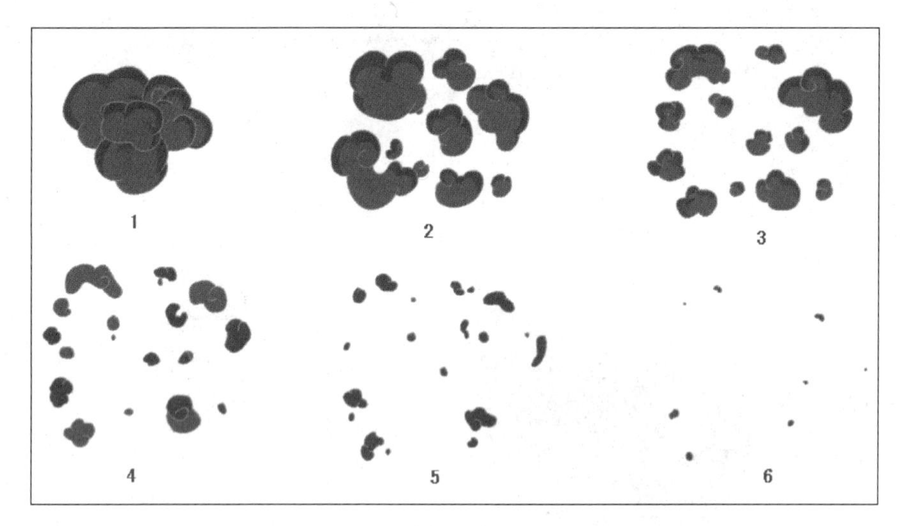

图4—72

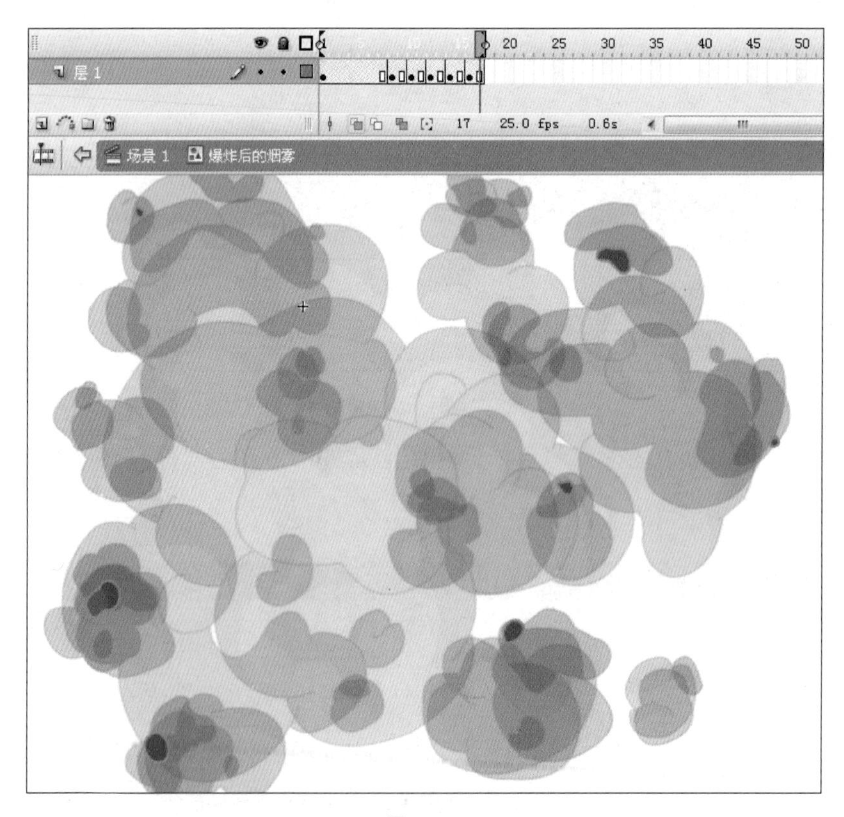

图4—73

接下来回到主场景中，在“光波与爆炸后的烟雾”图层的第19帧插入关键帧（选择第19帧是因为爆炸过程即将结束，烟雾即将生成），将库中的“爆炸后的烟雾”元件拖入场景，将关键帧延续至第32帧，完成一个烟雾消散的过程（见图4—74）。通过动画的测试发现，烟雾的消散在整体的动画中比较小，这时就需要作出调整，在“光波与爆炸后的烟雾”图层的第22帧插入关键帧，将元件同比例拉大，中间创建补间动画（见图4—75）。

为了让爆炸特效更加完整，还需要在第33帧插入空白关键帧，将其延续至第45帧（见图4—76）。

图4—74

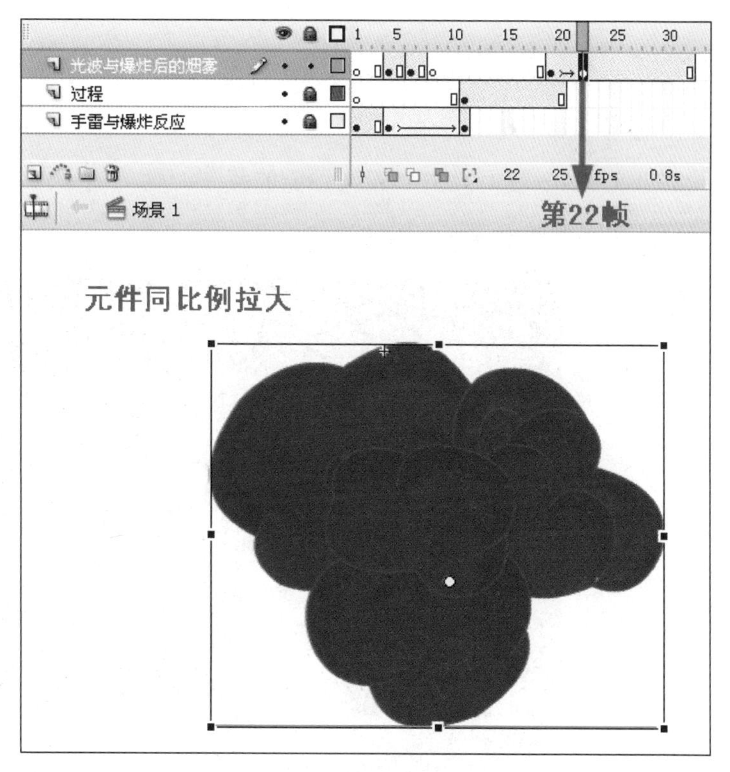

图4—75

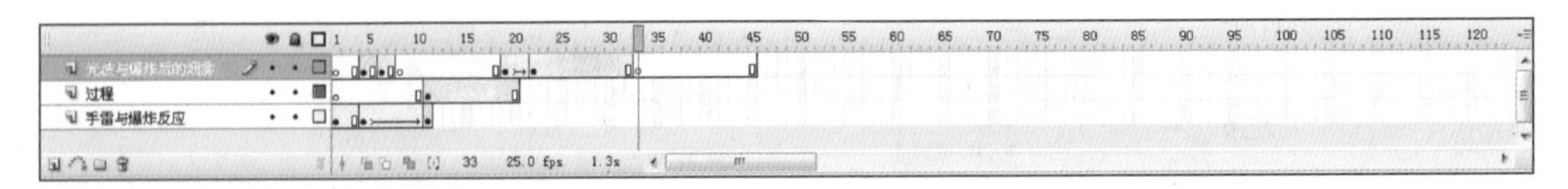

图4—76

爆炸特效制作完成，按下Ctrl+Enter键测试动画。

至此，本任务自然类特效制作项目解析就已完成。通过这三个小项目的制作，我们再次将Flash中的元件套用、元件的属性、动画形式的结合系统地实践了一次，另外，还接触了Flash中的路径动画；在制作过程中可以看出，对于自然规律的掌握是极为重要的，如果能先熟练掌握运动的规律，再运用Flash调节动画就会轻松得多。

背景类特效制作（流线背景、气氛渲染背景）

在大多数动画片中，背景类的特效是必不可少的。我们经常可以看到，如果动画中的角色很气愤，背景往往都是有很多火焰在燃烧，这样更加烘托出角色的心理状态（见图4—77）；如果表现恐怖的氛围，角色的心理状态则是十分惊恐的，背景便是灰暗的冷色调加上颤动的曲线（见图4—78）。

图4—77

图4—78

在本任务中，我们将通过两个背景项目的解析来掌握制作方法和一般规律，这两个特效背景都是我们经常在动画片中看到的，理解了制作原理就可以设计出更符合镜头需求的特效背景。

2.1 角色对战镜头中的流线背景制作

角色对战镜头中的流线背景效果如图4—79所示。这类流线背景经常在双人决斗的镜头中用到，背景流线不停旋转，速度较快，烘托出一种较为紧张的节奏感。在该背景项目中，我们就选择了角色对决镜头中的流线背景进行解析，两个角色一

图4—79

胖一瘦，背景色调一冷一暖，形成很强的对比。

步骤1 选择Flash上方“插入”菜单，新建图形元件，命名为“旋转的流线”（见图4—80），在这个元件中制作流线的旋转效果。

将元件编辑场景的背景色从默认的白色变为蓝色（见图4—81），因为马上要做的流线是白色的，并且带有不透明度，如果场景也是白色，绘制流线的时候就会

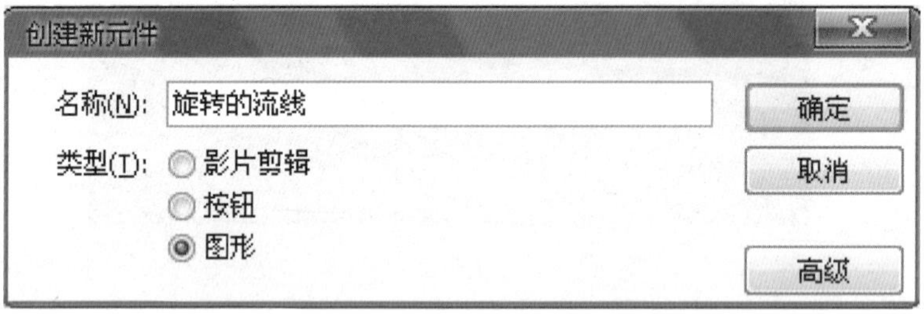

创建新元件
名称(N): 旋转的流线
类型(T): 影片剪辑
按钮
图形
确定
取消
高级

图4—80

很难辨认。

步骤2 在“旋转的流线”元件的编辑场景中，绘制一个正圆形，内部利用放射状填充模式来填充颜色，左侧色标为白色，不透明度为15%，右侧色标也为白

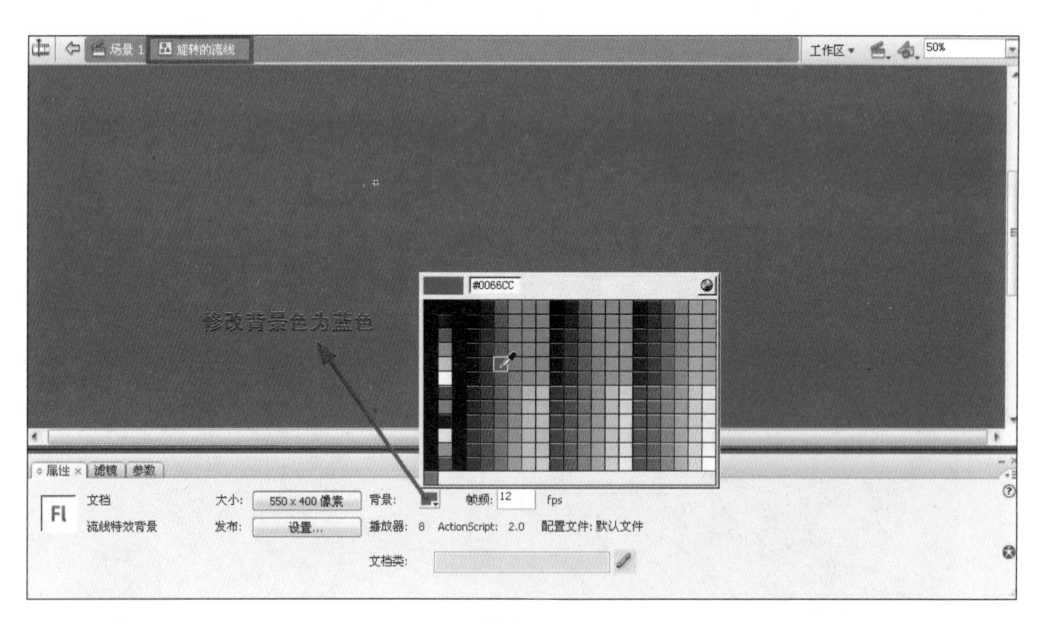

图4—81

色，无不透明度（见图4—82）。

步骤3 利用线条工具，截取圆形的一部分（见图4—83），这部分就是流线构

成的元素，然后将之前的圆形从场景中删掉。

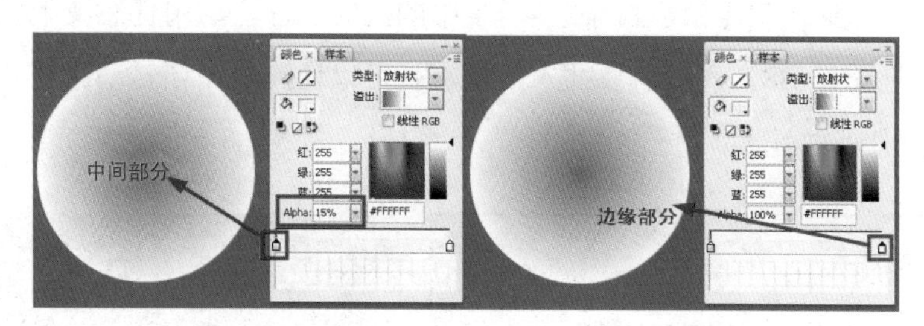

图4—82

步骤4 利用任意变形工具，将流线的中心点移至正下方（见图4—84），然后点击Flash上方“窗口”菜单中的“变形”，将变形面板调出（Ctrl+T）（见图4—85）。

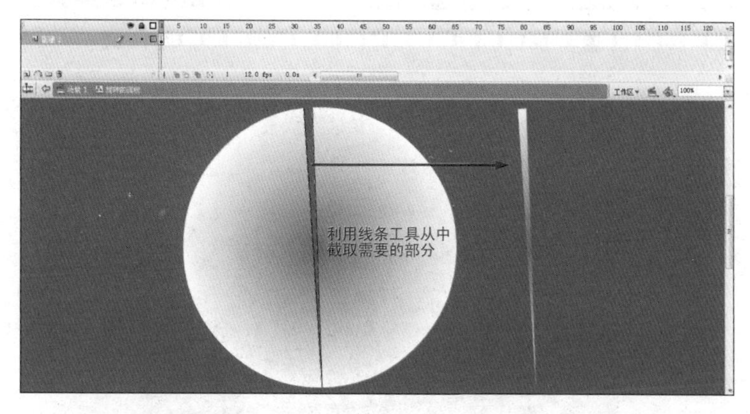

图4—83

在“旋转”数值中输入10度，然后重复点击右下角的“复制并应用变形”按钮

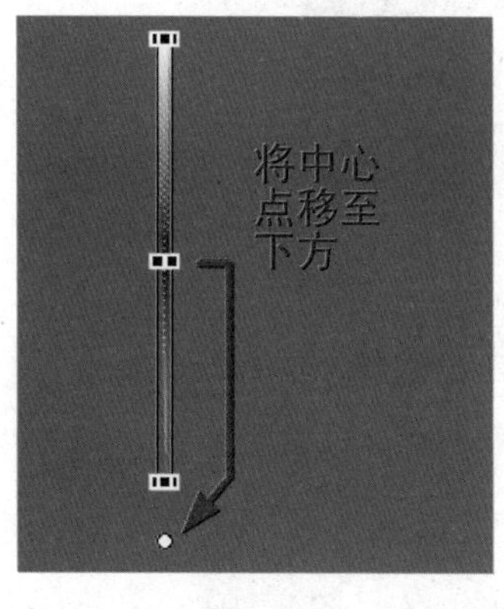

图4—84

图4—85

（见图4—86），将流线沿中心点复制一圈（见图4—87）。

在第2帧处插入关键帧，将第2帧场景中的流线全选，运用任意变形工具顺时针旋转5度（见图4—88），只需要插入两帧，就可以让流线循环转动。至此，“旋转的流线”元件就做好了。

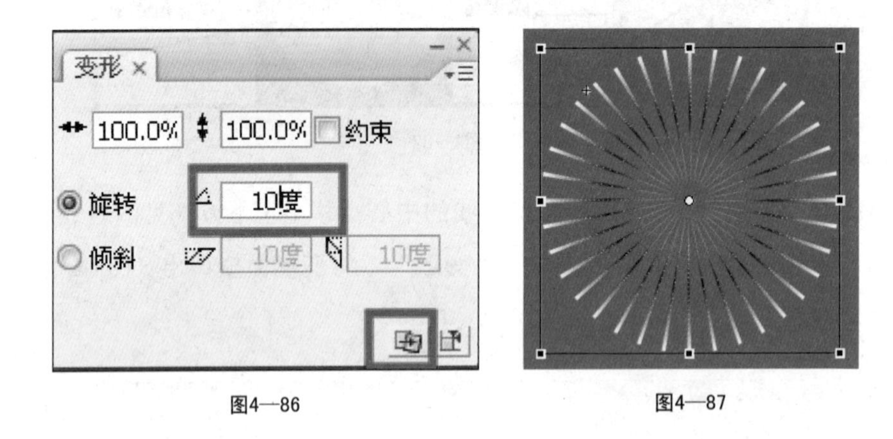

图4—86　　图4—87

步骤5　回到主场景，选择“插入”，创建新的图形元件，命名为“胖子流线”（见图4—89）。

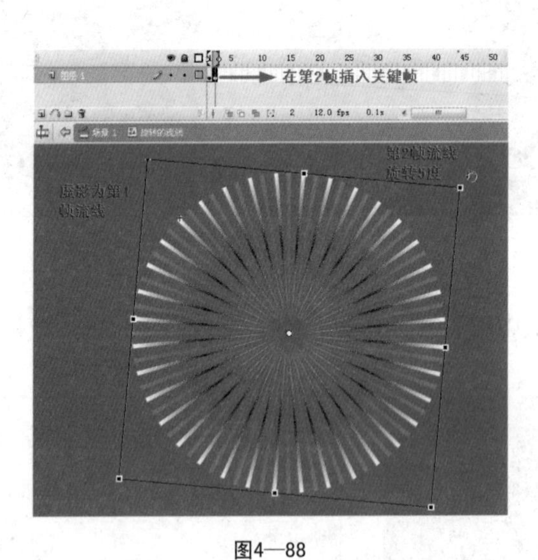

图4—88

进入“胖子流线”图形元件的编辑场景，这时要接触到Flash中另外一种动画形式——遮罩动画。建立两个图层，上面为“遮罩”图层，下面为“被遮罩”图层（见图4—90）。首先将“遮罩”图层锁定，在“被遮罩”图层进行动画元素的填充，利用矩形工具与放射状填充模式绘制出背景底色（见图4—91），将绘制好的

图4—89

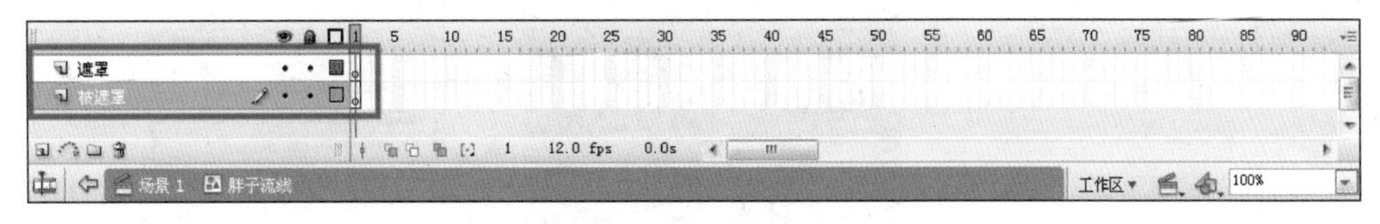

图4—90

背景底色打组（见图4—92）。

将之前做好的“旋转的流线”元件从库中拖入场景，置放在背景底色前方

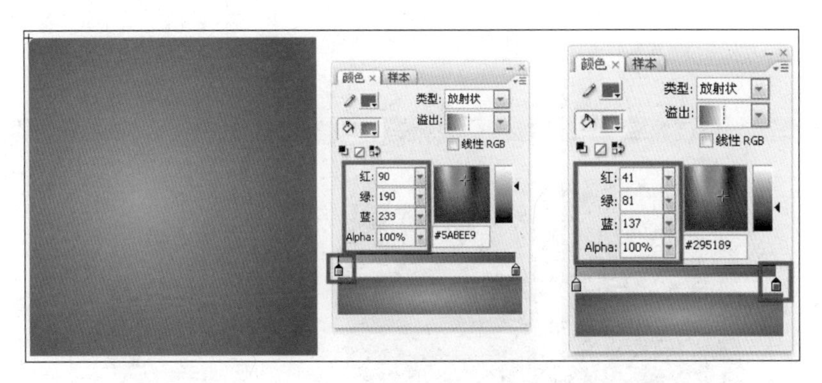

图4—91

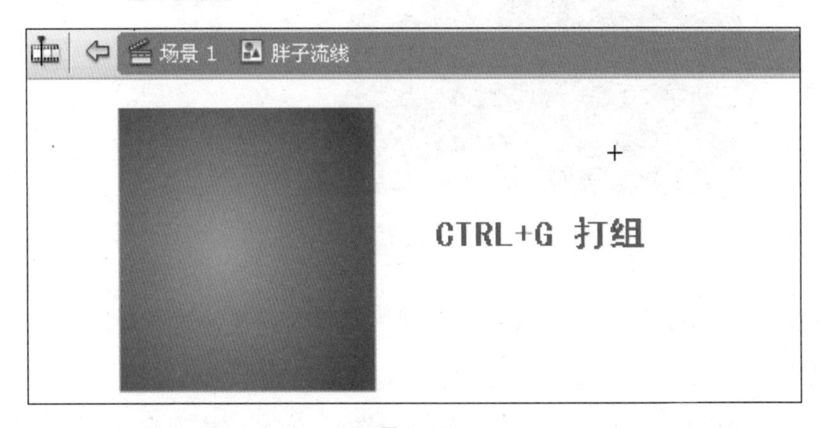

图4—92

（见图4—93），再将绘制好的胖子的角色形象拖入场景，置放在最前方（见图4—94）。

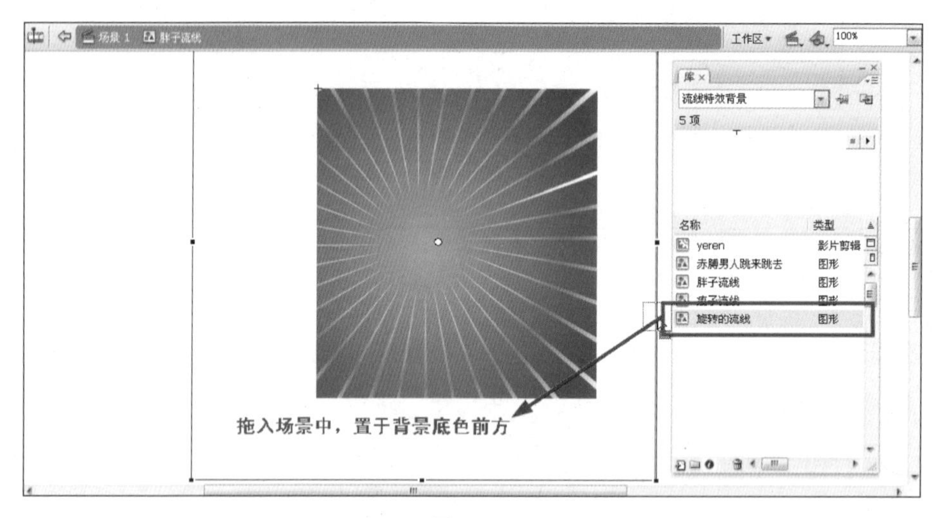

图4—93

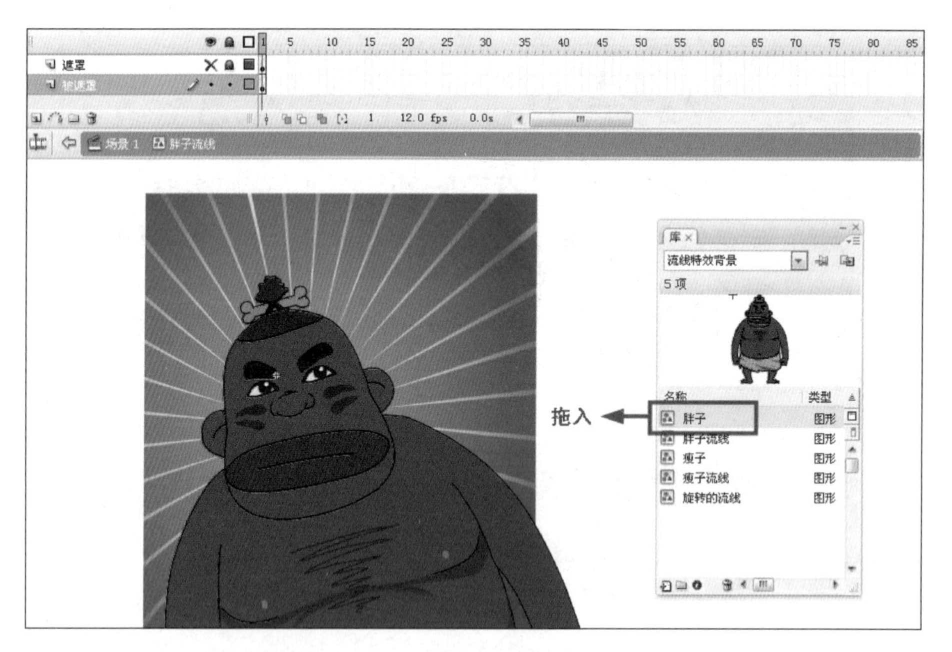

图4—94

步骤6 将“被遮罩”图层锁定，解锁“遮罩”图层，绘制遮罩的形状，运用矩形工具与选择工具调出一个不等边的梯形，填充任意颜色都可以（见图4—95），在两个图层的时间轴第2帧处同时插入帧（见图4—96）；接下来，在“遮罩”图层上右键点击鼠标选择“遮罩层”（见图4—97），至此，“胖子流线”元件就做好了，遮罩效果（只有在“遮罩”图层与“被遮罩”图层均被锁定的情况下，才能看到遮罩效果）如图4—98所示。

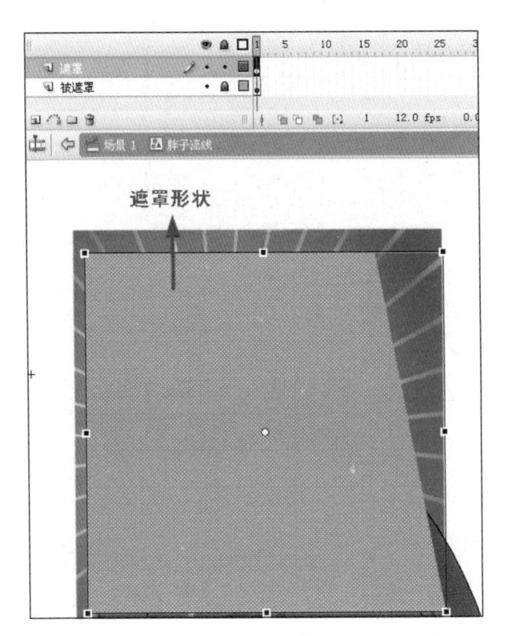

图4—95

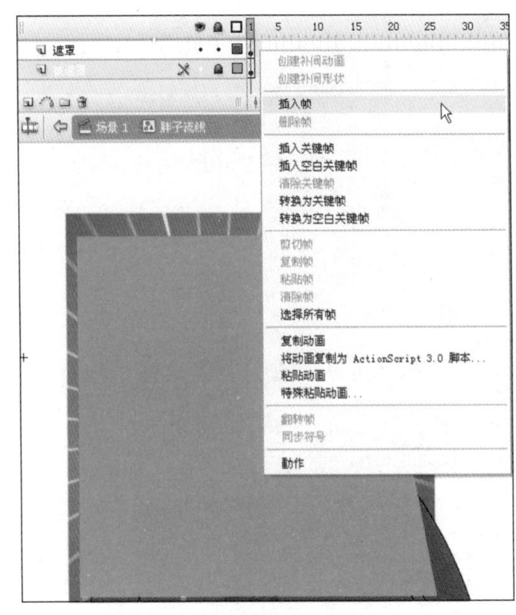

图4—96

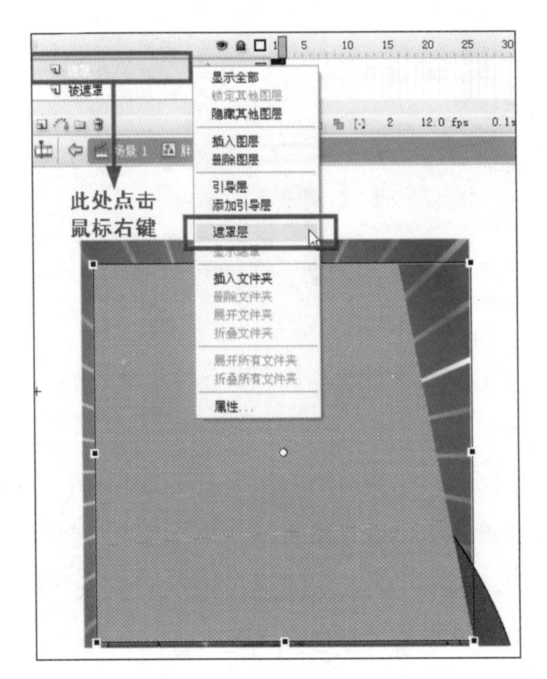

图4—97

图4—98

步骤7 回到主场景，选择“插入”，创建新的图形元件，命名为“瘦子流线”（见图4—99）。

图4—99

进入“瘦子流线”图形元件的编辑场景，建立两个图层，上面为“遮罩”图层，下面为“被遮罩”图层，首先将“遮罩”图层锁定，在“被遮罩”图层利用矩形工具与放射状填充模式绘制出背景底色（见图4—100），将绘制好的背景底色打组。

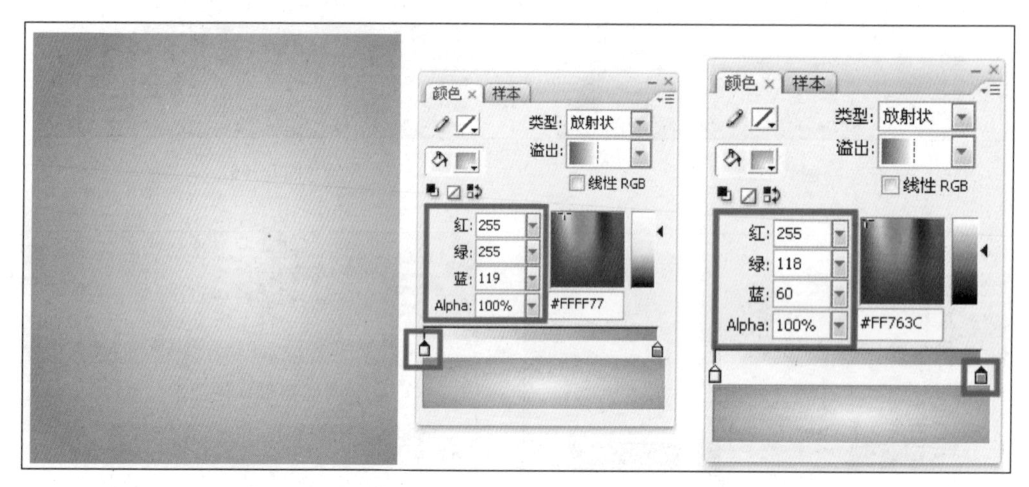

图4—100

将之前做好的“旋转的流线”元件从库中拖入场景，置放在背景底色前方，再将绘制好的瘦子的角色形象拖入场景，置放在最前方（见图4—101）。

将“被遮罩”图层锁定，解锁“遮罩”图层，绘制遮罩的形状，运用矩形工具与选择工具调出一个不等边的梯形，这个梯形遮罩可以直接复制“胖子流线”中的遮罩，旋转180度，填充任意颜色都可以（见图4—102）。在两个图层的时间轴第2帧处同时插入帧，接下来在“遮罩”图层上右键点击鼠标选择“遮罩层”。至此，“瘦子流线”元件就做好了，遮罩效果如图4—103所示。

图4—101

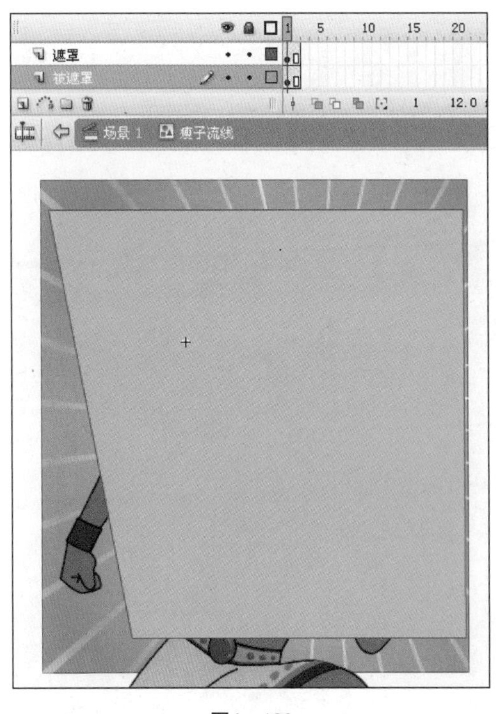

图4—102

图4—103

步骤8 回到主场景，将“瘦子流线”与“胖子流线”两个元件从库中拖入场景，仔细移动拼贴在一起，然后在时间轴第2帧处插入帧（见图4—104）。至此，流线背景特效就完全做好了。

图4—104

2.2 气氛渲染背景特效制作

在动画片中，此类背景特效也是常常用到的，该背景项目选取一个富有浪漫感

图4—105

觉的背景特效进行解析，镜头中的角色是一个嘴里衔着玫瑰花的王子，背景里有着闪亮的星星与漂亮的泡泡，烘托出人物的气质与情绪。

步骤1 首先利用矩形工具与放射状填充模式在场景中绘制一个长方形背景（见图4—106），将其打组。

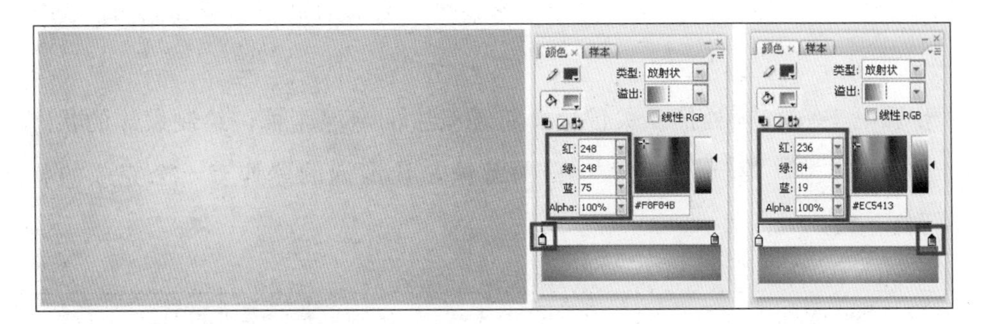

图4—106

步骤2 选择Flash上方“插入”菜单，创建一个图形元件，命名为“爆炸的泡泡”（见图4—107）。

图4—107

进入其编辑场景，绘制一个带有不透明度的泡泡（见图4—108），将其延续至第2帧（见图4—109）。

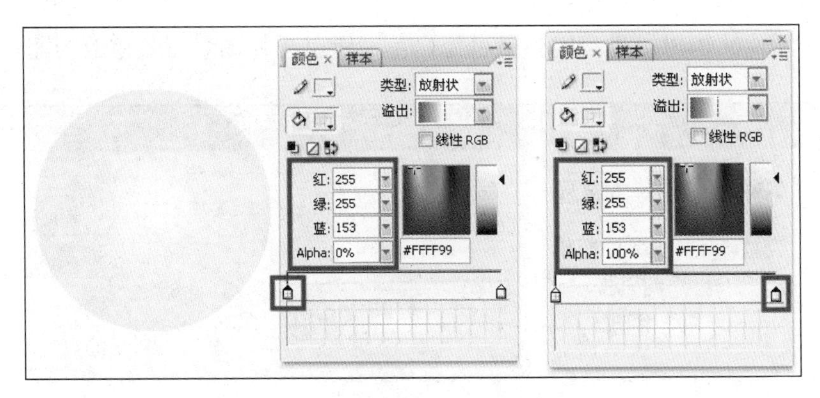

图4—108

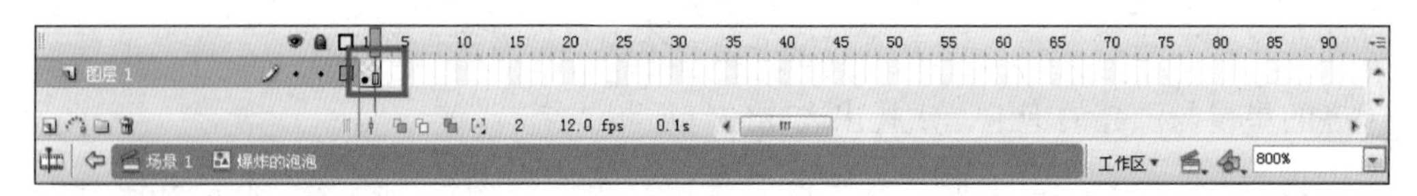

图4—109

步骤3 在第3帧处插入关键帧，将场景中的泡泡沿中心点同比例放大（见图4—110）。

步骤4 在第5帧处插入关键帧，将场景中的泡泡删掉，绘制爆炸的状态；接下来在第7帧、第8帧处插入空白关键帧，让泡泡的爆炸有一个完成的状态（见图4—111）。

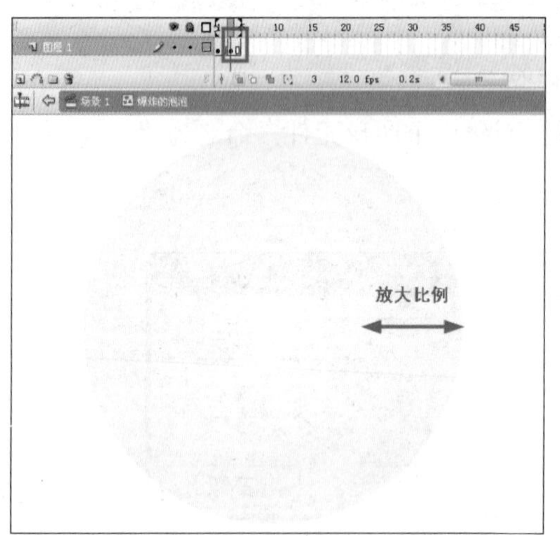

图4—110

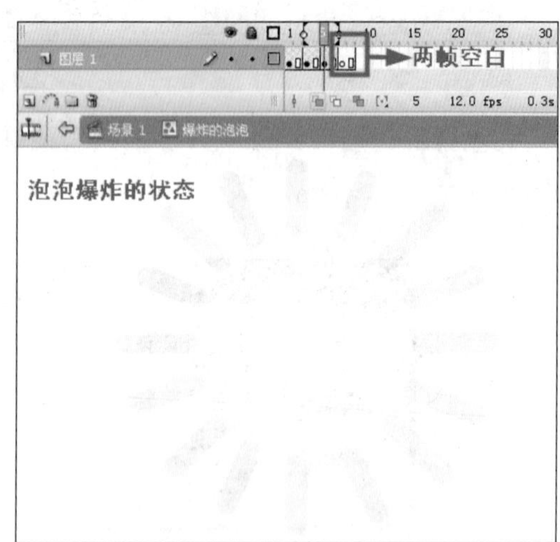

图4—111

步骤5 回到主场景，选择Flash上方“插入”菜单，创建一个图形元件，命名为“闪烁的星星”（见图4—112）。

进入元件的编辑场景，因为星星为白色，所以先将场景背景色改为蓝色，接下

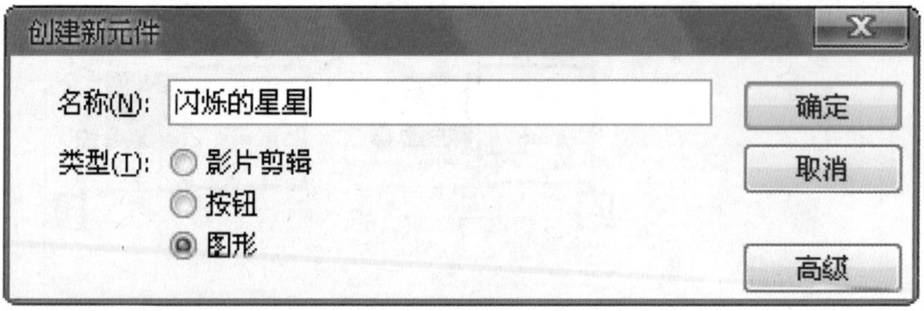

创建新元件

名称(N): 闪烁的星星

类型(T): 影片剪辑 / 按钮 / 图形

确定 取消 高级

图4—112

来绘制七帧逐帧动画，每一帧星星的状态都有所变化（星星的制作方法在项目2池塘场景制作中已经讲过）（见图4—113）。

图4—113

接下来，在第8帧到第20帧插入空白关键帧，让星星的闪烁时间延长一点（见图4—114）。

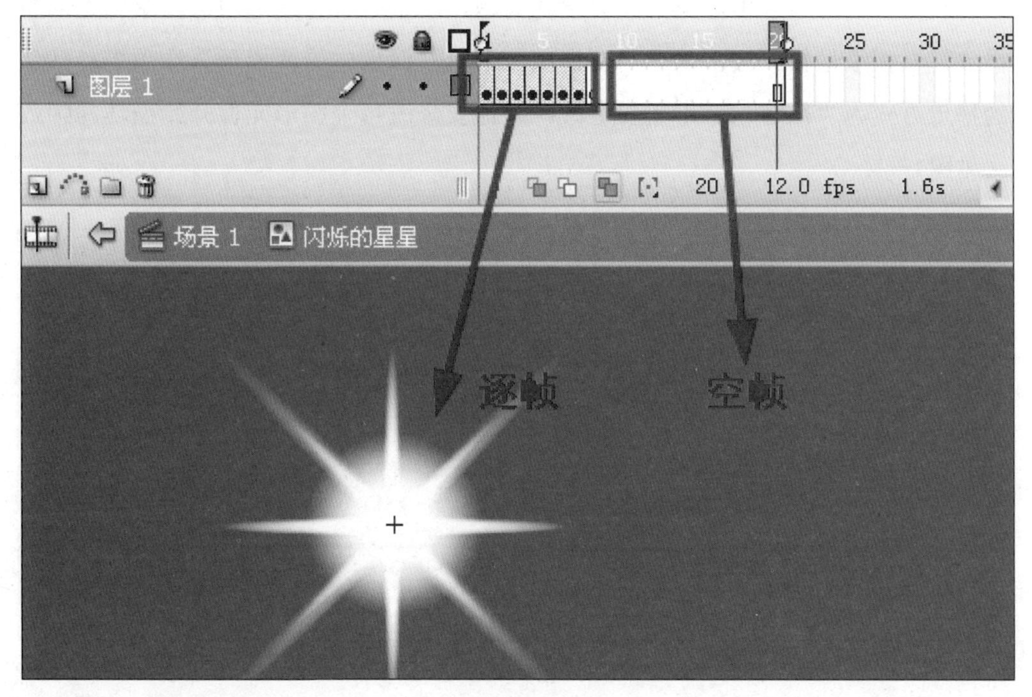

图4—114

步骤6 回到主场景中，将做好的“爆炸的泡泡”元件、“闪烁的星星”元件拖入之前绘制的背景上。目前的场景中只有一个泡泡与星星，显得太单调，所以再将两个元件进行复制、粘贴，在场景中不规则地排放开（见图4—115）。

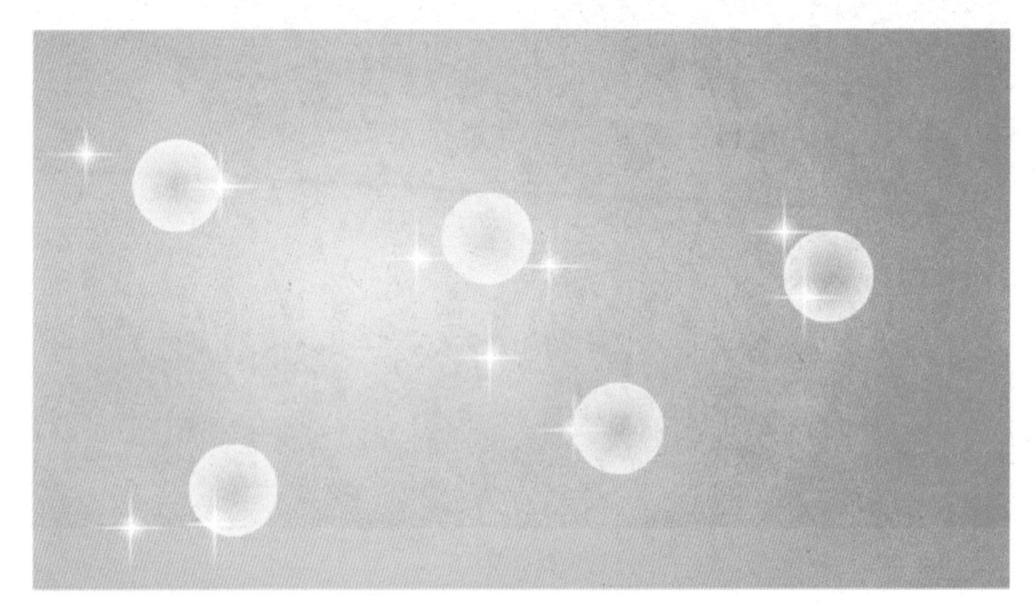

图4—115

测试一下动画效果，我们又会发现问题，场景中所有的泡泡与星星都是同步播放，显得很呆板。接下来就需要调整图形属性面板中的“图形”选项了，默认的播放方式为“循环”，不需要更改，只需要修改每个图形元件开始循环的帧数（见图4—116）。

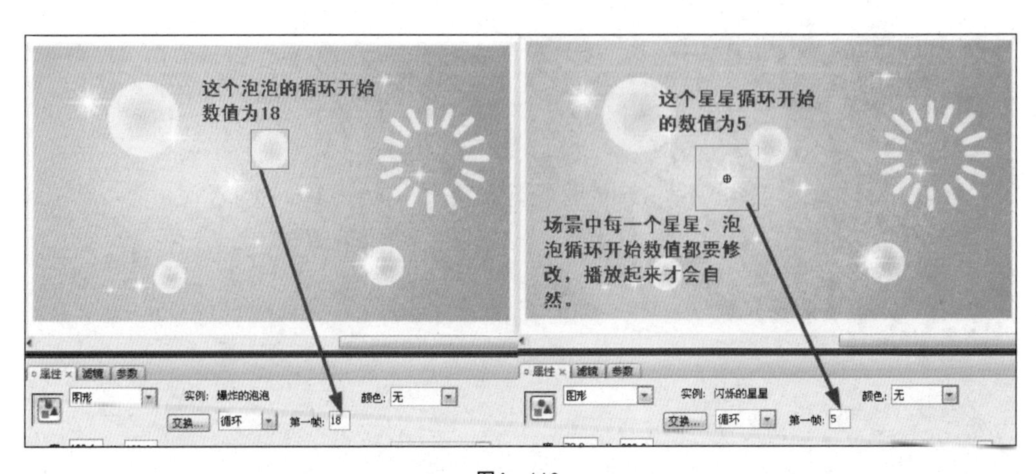

图4—116

步骤7 将之前绘制好的角色拖入场景，放置在需要的位置，将时间轴关键帧延续至第20帧。至此，气氛渲染背景特效全部完成（见图4—117）。

图4—117

到这里，通过几个具体的项目制作过程，Flash动画中的特效项目解析就已完成了。我们需要真正掌握的不仅仅是跟着书本去做，而是对方法的理解以及对核心技术的结合运用。

拓展练习

1. 实训内容

制作出放鞭炮的特效（见图4—118），其中包括一个特效背景以及一串被点燃的鞭炮，具体要求如下：

（1） 包括动画元素、背景元素，绘制完整细致。

（2） 合理运用动态元件组合，正确调用元件属性面板。

（3） 图层、时间轴关键帧合理的置放与排序。

（4） 形状补间、动画补间、逐帧动画等动画类型运用得当。

图4—118

2. 完成标准

（1） 元素的绘制准确。整个动画包含了背景特效与燃放的鞭炮两大部分。其中背景部分的元素有：天蓝色与混蓝色流线旋转的背景、实心的星星、空心的星星。燃放的鞭炮中包含的元素有：一串完整的鞭炮、单个下落的炮竹、爆炸的烟雾（见图4—119）。

（2） 整个动画效果中，需要的动态图形元件包含：减少的鞭炮（见图4—120）、鞭炮晃动（见图4—121）、鞭炮引信口引导（见图4—122）、鞭炮掉下（见图4—123）、爆炸光影（见图4—124），背景特效中不需要做动态元件。

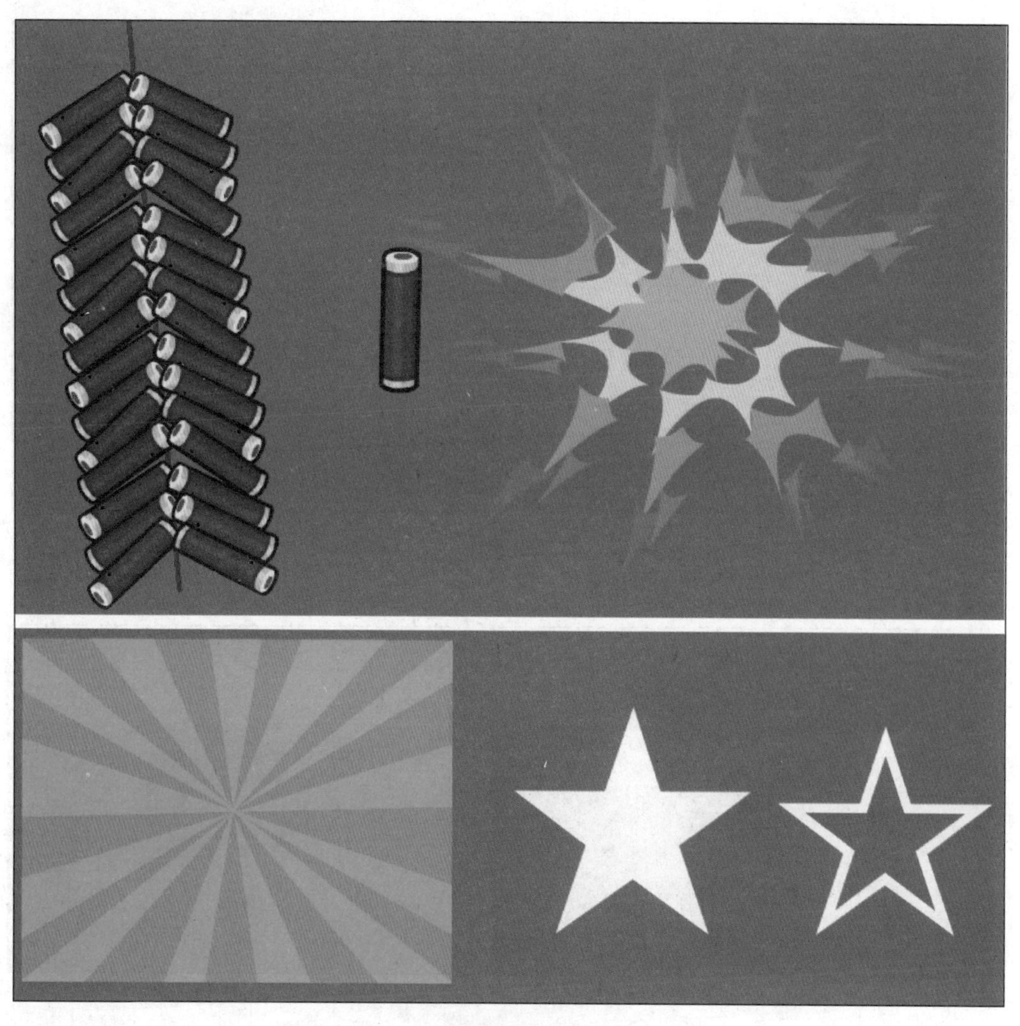

图4—119

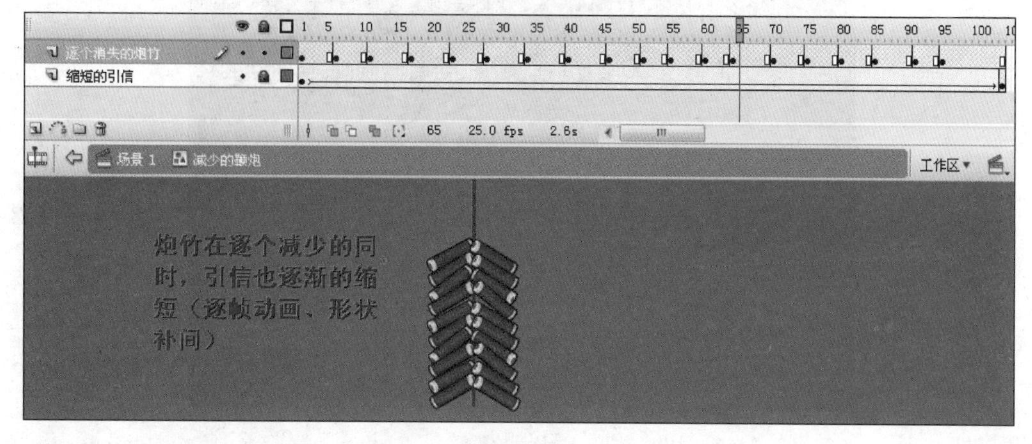
逐个消失的炮竹
缩短的引信
65
25.0 fps
2.6s
场景 1
减少的鞭炮
工作区
炮竹在逐个减少的同时，引信也逐渐的缩短（逐帧动画、形状补间）

图4—120

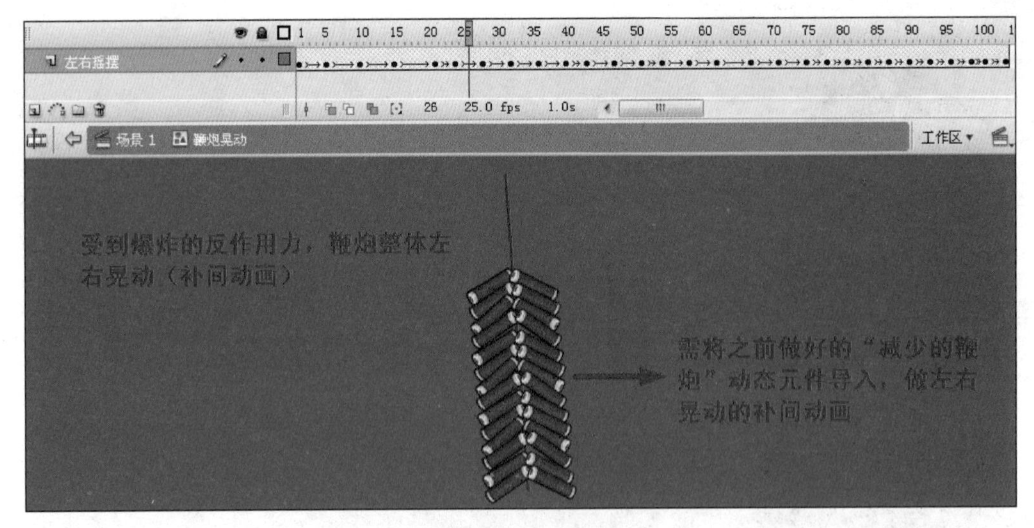

图4—121

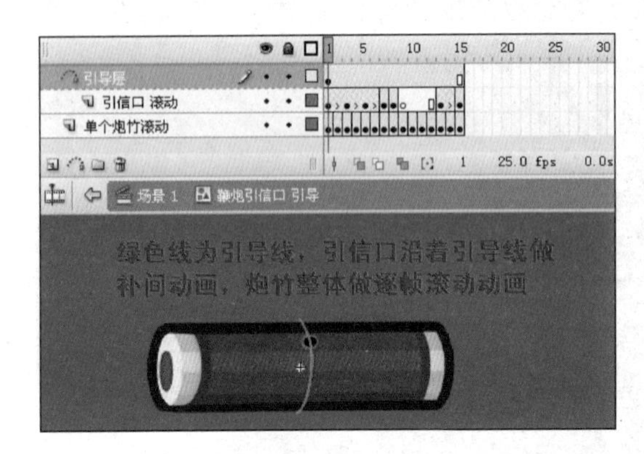

图4—122

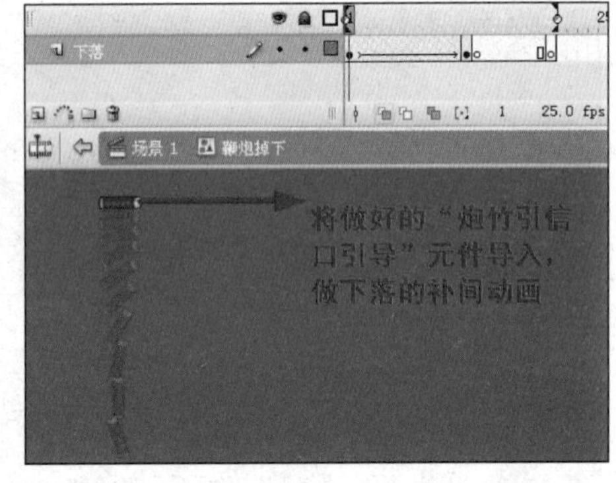

图4—123

图4—124

（3） 背景部分需要做的特效动画只有两帧，每一帧需要停顿4格，如图4—125的动画分解所示。

图4—125

项目5
FLASH动画短片
《惊魂夜》制作流程

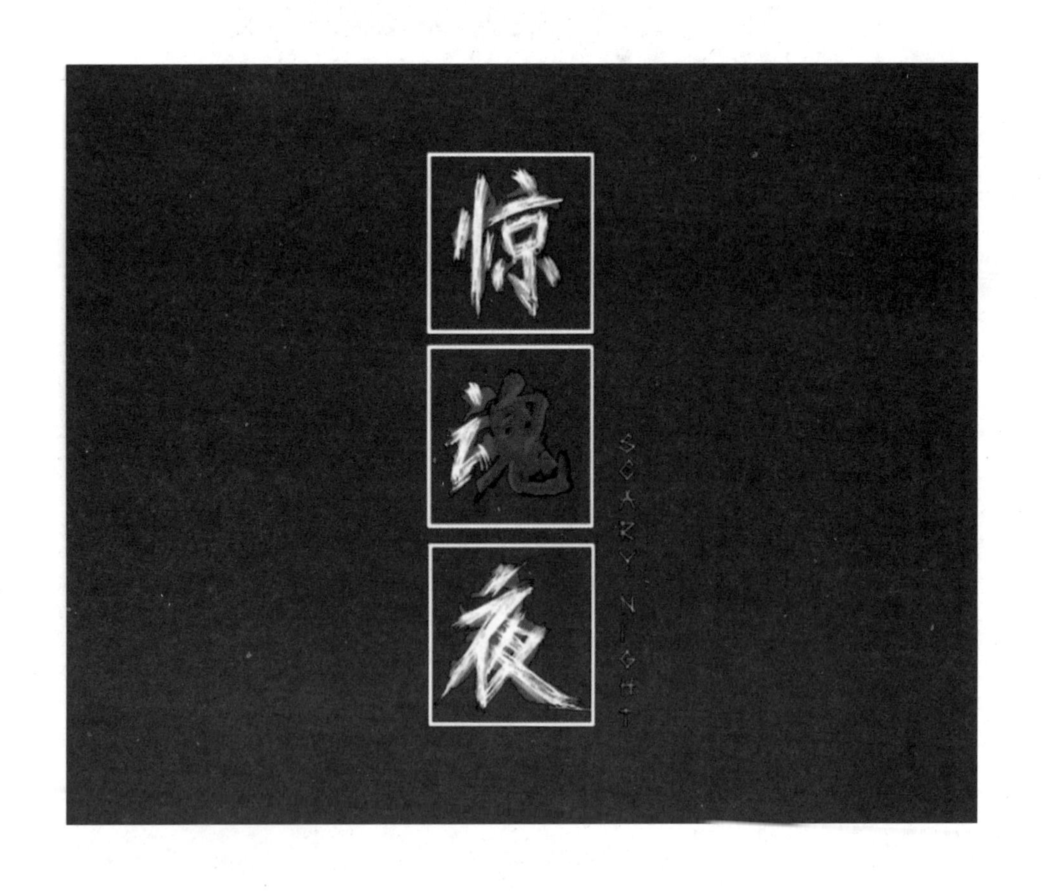
惊魂夜
SCARY NIGHT

项目概述

该项目对Flash动画短片《惊魂夜》的每个制作环节进行详细的解析，从前期的剧本设定、角色造型、场景设计、分镜稿制作，到中期的动画调节，再到后期的剪辑合成。原创Flash动画短片《惊魂夜》，制作周期为15天，该短片曾多次在专业类的评比中获奖。

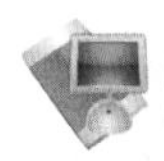

实训目的

通过对动画短片《惊魂夜》各个制作环节的分析，掌握一部完整的Flash动画片的制作流程，并且对动画前期、中期、后期工作中所涉及的各种问题能够清晰地分析，完善地解决；具备制作Flash动画短片的基本能力。

主要技术

Flash动画各个环节的综合应用技术。

重点难点

重点：Flash动画制作的流程。

难点：Flash中镜头的运用；制作中各个环节的合理组接。

提示：手绘与动作设计能力对于Flash动画相当重要。在本项目中，角色造型、场景设计、动画风格设定、动作设计无一例外都要求运用手绘。Flash仅仅是我们实现动画的一种工具，把Flash动画做好的核心是拥有对于艺术审美的认知能力、对于绘画基础的掌握能力和对于思维创意的开发能力。在本综合项目中，还涉及了动画分镜头设计制作环节，这就要求对于动画镜头的概念、定义，以及镜头设定的方法要有所认知。在本项目中，对镜头的讲解比较详细，但是要真正理解动画镜头还需要系统地学习，多思考、勤动手。

实训过程

Flash动画短片《惊魂夜》制作流程如图5—1所示。

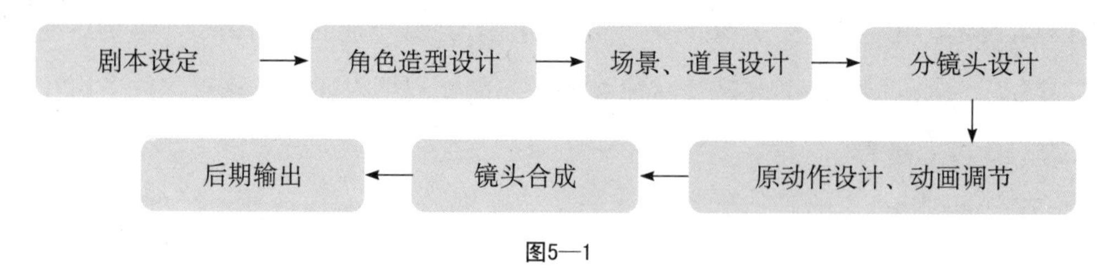

图5—1

动画短片《惊魂夜》项目以Flash动画制作流程为依据分解为七个任务，从前期到中期再到后期。

任务1 剧本设定

1.1 剧本选择及背景

动画短片《惊魂夜》的剧本来源于制作者偶然在一本杂志上看到的故事，这则故事从一开始的惊悚到结束时的诙谐与无奈，很利于做一部着重表现气氛渲染的动画短片，所以制作者决定将其作为剧本的来源。

故事内容：一个漆黑的夜里，一个上完晚班的年轻人独自走在空无一人的小巷。微弱的灯光忽隐忽现，地上的落叶不时被风卷起，让人不寒而栗。就在这时，他看到前方灰暗的街边出现一个卖书的老人。老人用低沉的声音喊住他，用怪异的目光盯着他，向他推销自己的书。年轻人出于惊慌买下了一本关于鬼怪的书，卖书的老人警告他不要将书翻到最后一页，否则他会后悔的。年轻人十分恐惧，拿着书匆匆跑回家，把书扔在床头柜上，然后钻进了被窝。谁知一阵怪风将书吹到了最后一页，年轻人看到最后一页的右下角写着：原价250元，现价10元。年轻人顿时明白了其中的缘由，而老人则继续着她独特的卖书方式。

1.2 动画文字脚本

根据故事剧情，我们将其创作成动画剧本，再根据剧本来划分镜头，一共划分为46个镜头，不包含片头和片尾，时长为3分钟，将这些镜头内容细化为文字脚本（见表5—1）。

表5—1 《惊魂夜》文字脚本

镜号	内容	景别	镜头移动方式	时间
SC—1	夜景，昏暗的街道（走路的声音）	大全景	从上到下垂直移动	6″
SC—2	一个人走在小巷	特写	静态镜头	5″
SC—3	晃动的街灯(忽闪)	特写	静态镜头	7″
SC—4	年轻人侧面走路	中近景	跟拍镜头	5″
SC—5	年轻人正面走，表情惶恐，眼睛左右环视着	中近景	跟拍镜头	9″
SC—6	紧张的眼神	大特写	静态镜头	4″
SC—7	正面的巷子，不时有叶子被风吹起	全景	静态镜头	3″
SC—8	镜头反打，年轻人向前走的背影	全景	静态镜头	3″
SC—9	前方突然窜出一只黑色的猫，看到年轻人后惊恐地跳走	全景	静态镜头	6″
SC—10	年轻人加快了脚步	特写	跟镜，BG向后	3″
SC—11	前方巷道边隐约出现一个手推车	中景	推镜头	2″
SC—12	年轻人惊慌地向前走着	近景	跟镜头	3″
SC—13	离手推车越来越近	中景—中近景	推镜头	3″
SC—14	年轻人疑虑的表情	特写	正面跟镜	3″
SC—15	年轻人走过手推车，这其实是一个书摊，书摊的灯忽然亮起，卖书的老人用低沉的声音说：“喂，小伙子，为什么不买本书呢？”	全景	静态镜头	5″
SC—16	年轻人回头看向书摊	中近景	静态镜头	3″
SC—17	一个面色苍白的老人在卖书	中近景—近景	推镜头	3″
SC—18	年轻人看到老人卖的书都是与精灵鬼怪有关的	近景	从左向右横移镜头	5″
SC—19	年轻人看着那些书	近景	仰拍镜头	2″
SC—20	老人推出一本书说：“小伙子，这是一本有意思的书，你给我250块好了，呵呵。”	近景	静态镜头	5″
SC—21	年轻人喘着粗气，脸颊惊恐地流下汗来	特写	静态镜头	3″
SC—22	年轻人看着老人递来的书	近景	仰拍镜头	3″
SC—23	老人默不作声，用浑浊的眼睛盯着年轻人	中景—近景—特写	推镜头	7″
SC—24	小伙子害怕极了	中近景	静态镜头	2″
SC—25	迅速摸遍全身的口袋	近景	静态镜头	4″
SC—26	将钱从钱包中倒出，惊恐地说：“我，我只有这么多，全都给你。”	特写	静态镜头	5″
SC—27	老人说：“好吧，你可以拿走这本书，但是你要记住，无论发生什么情况你都不要把书翻到最后一页，否则你会后悔的！”年轻人迅速接过那本书	特写	静态镜头	7″
SC—28	年轻人慌张地跑向家	全景	静态镜头	3″
SC—29	跑向家门	全景	静态镜头	2″
SC—30	慌乱地掏出钥匙开门	特写	静态镜头	2″
SC—31	直奔到床上	全景	静态镜头	4″
SC—32	老人的话让他忐忑不安	近景	静态镜头	3″
SC—33	打着哆嗦，忽然电闪雷鸣，狂风四起	近景	静态镜头	4″

镜号	内容	景别	镜头移动方式	时间
SC—34	他恐惧地望着桌上的那本书	特写	静态镜头（虚实互换）	5″
SC—35	墙上的挂钟在嘀嗒嘀嗒地响着	特写	静态镜头	2″
SC—36	这时窗外刮进一股凉风，让他不寒而栗	近景	静态镜头	4″
SC—37	风把那本书翻到了最后一页	特写	静态镜头	4″
SC—38	年轻人抑制不住自己的好奇心看向书	特写	从上至下直移镜头	4″
SC—39	看到书的最后一页	近景	静态镜头	4″
SC—40	最后一页的右下角写着：原价250元，现价10元	特写	推镜头	3″
SC—41	年轻人拿起了书仔细查看	近景	静态镜头	3″
SC—42	他确实后悔了，瞬间崩溃，大喊起来	全景—近景—大特写	推镜头	5″
SC—43	这时墙上的时钟正好指向午夜零点	特写	静态镜头	7″
SC—44	卖书的老人还在以她自己的方式卖着书	全景	静态镜头	4″
SC—45	老人翘起嘴角，又叫住一个年轻的女孩	特写	静态镜头	4″
SC—46	老人用浑浊的眼睛盯着女孩说：“姑娘，为什么不买本书呢？呵呵。”	中近景	静态镜头	5″

到这里，动画《惊魂夜》的剧本设定就已经完成。

提示：动画剧本与文学作品是不同的，有着本质的区别，动画剧本需要将文字内容镜头化、画面化。

任务2 角色造型设计

一部动画影片不但需要紧凑的节奏、饱满的表现力，还必须有其独特的影片风格，因此，角色的造型设计就显得尤为重要。动画短片《惊魂夜》是一部带有惊悚感的动画，所以角色的设定需要有很充分的对比，特别是卖书的老人，整体的形象要怪异，从装束到五官，各个细节都要设计到位，这样才能为下一步的表演做好准备。另外，要营造恐怖气氛，一定不能使用阳光般明快的颜色。在色彩设定时，多用绿、蓝、紫这样的冷色调。

《惊魂夜》中主要有两个角色，一个是下夜班的年轻人，一个是卖书的老人。首先要结合剧情来构想角色的形态，开始动手设计角色草图（见图5—2）。

不断修改、完善角色草图，得出角色的最终形象（见图5—3）。

图5—2

下夜班的年轻人：身份为上班族，用严重的眼袋表现他常常加班需要很晚回家；在表情上具有一种无辜胆小的特点。

卖书的老太太：偏蓝的肌肤有别于正常人，一大一小浑浊的眼睛，布满皱纹的脸，紫红的花衣，老年斑，这些设计都是为了增加角色的恐怖感。

将设定好的角色形象在Flash中绘制出来，并制作元件。

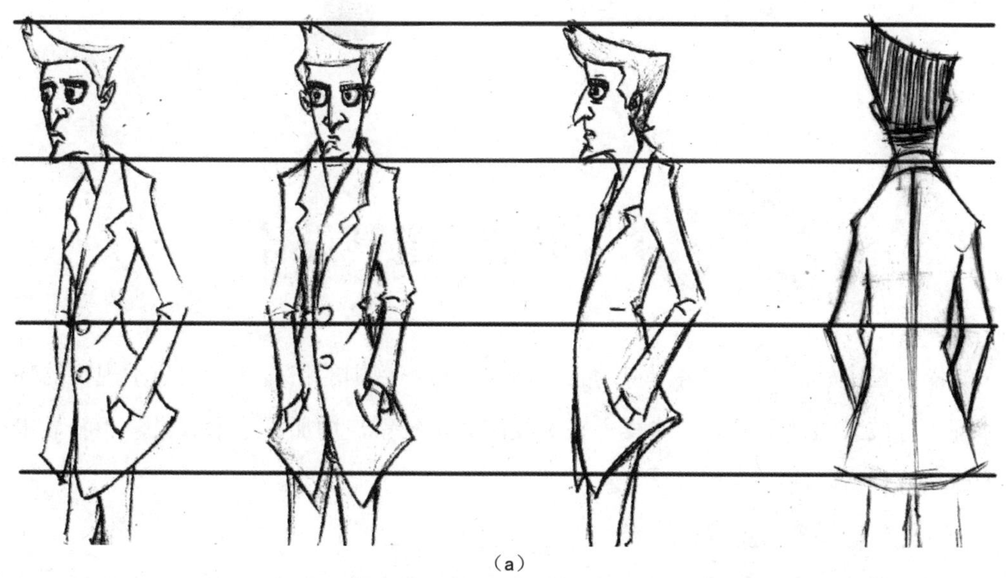

（a）

图5—3

（b）

（c）　　（d）

图5—3(续)

任务3 场景、道具设计

依据设定好的动画风格，将场景设计成一种不规则的扭曲状，因为不规则的物体可以打破人的视觉平衡，这样一来不仅渲染了气氛，增加了艺术效果，还彰显出本动画特有的绘画风格。

首先进行场景以及道具的草图设定（见图5—4、图5—5）。

不断修改和完善场景、道具，在Flash中运用绘图、上色工具，完成场景、道

图5—4

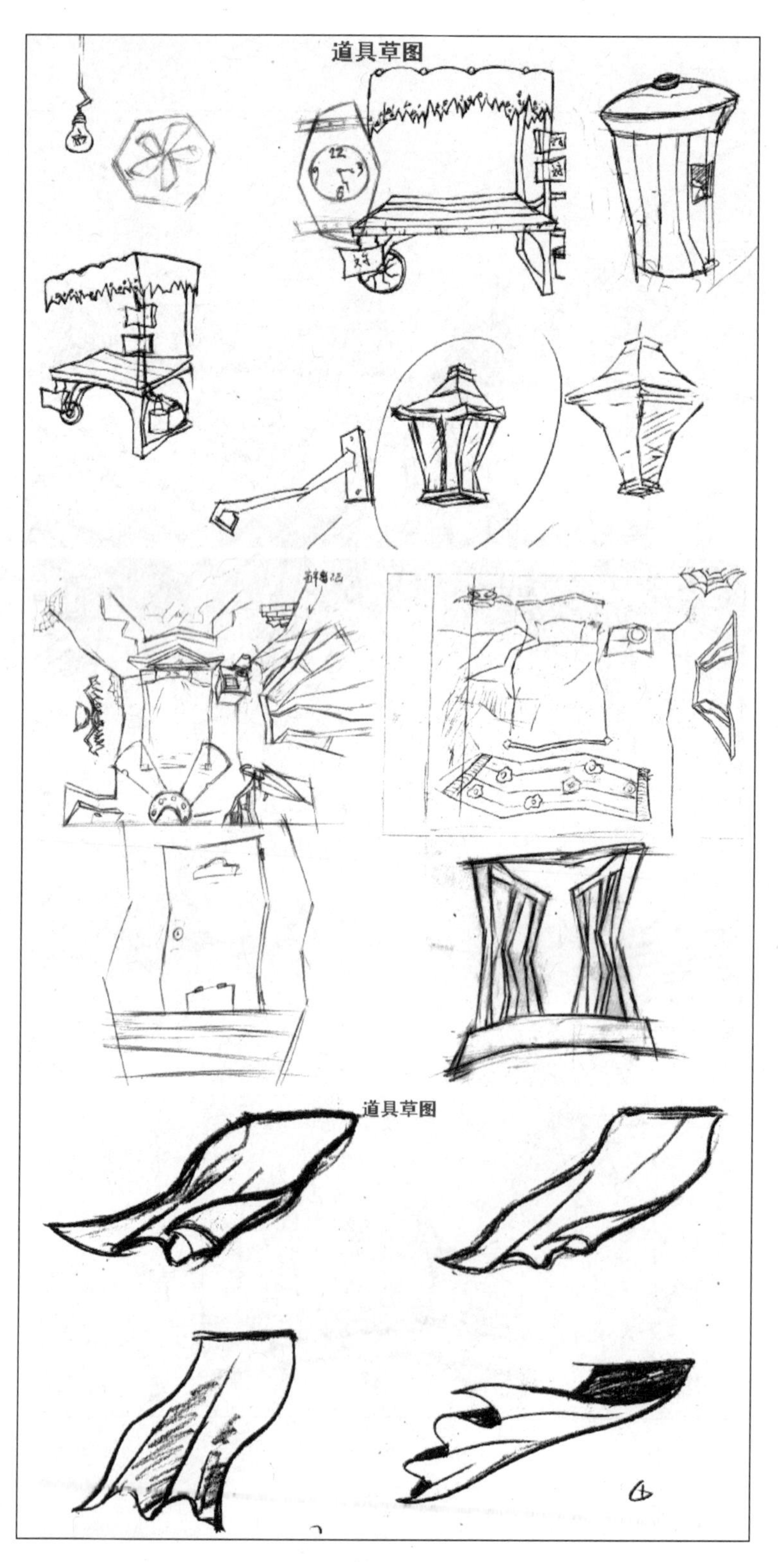

图5—5

具的绘制（见图5—6、图5—7、图5—8、图5—9、图5—10）。

图5—6

图5—7

图5—8

图5—9

图5—10

分镜头设计

分镜头设计在动画制作中是非常重要的，它是最终镜头画面形成的依据，我们根据已经设定好的镜头文字脚本、角色造型、场景造型来绘制分镜头台本。

首先，来绘制分镜头的草图（见图5—11、图5—12、图5—13、图5—14）。

不断地修改、完善分镜草图，进行分镜头台本的定稿。在定稿的时候，需要对

图5—11

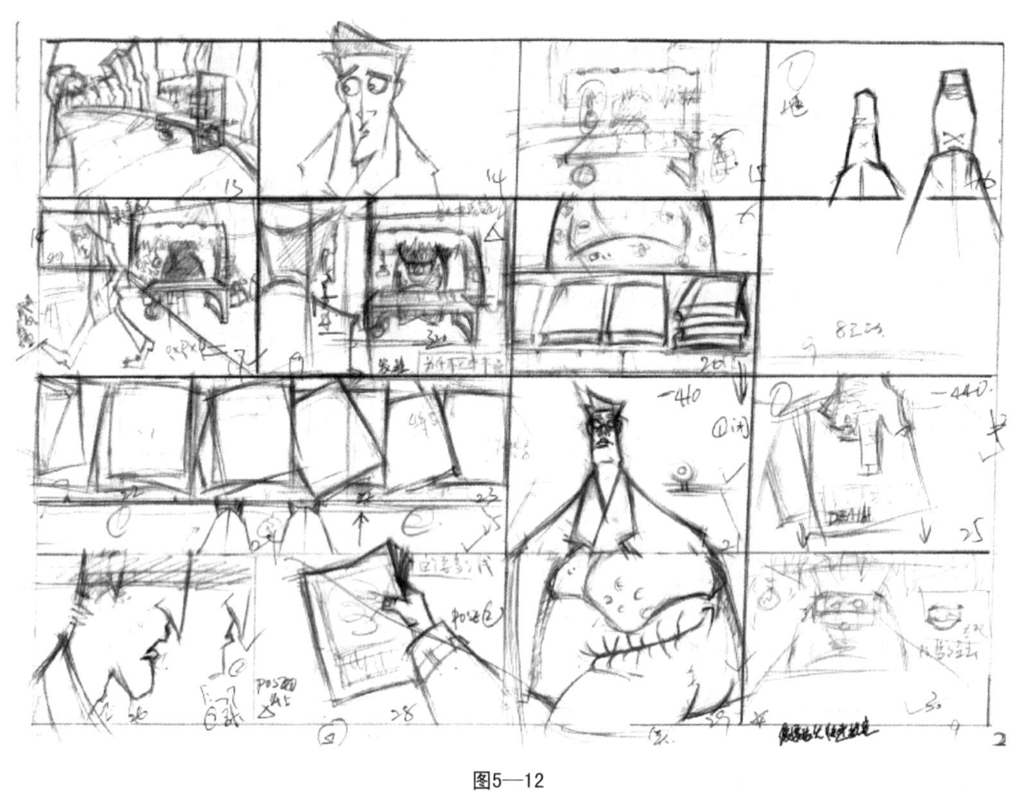

图5—12

图5—13

图5—14

镜头的氛围进行渲染，绘制过程中需要使用的标注及符号要完善（见图5—15、图5—16、图5—17、图5—18、图5—19、图5—20、图5—21、图5—22、图5—23）。

图5—15

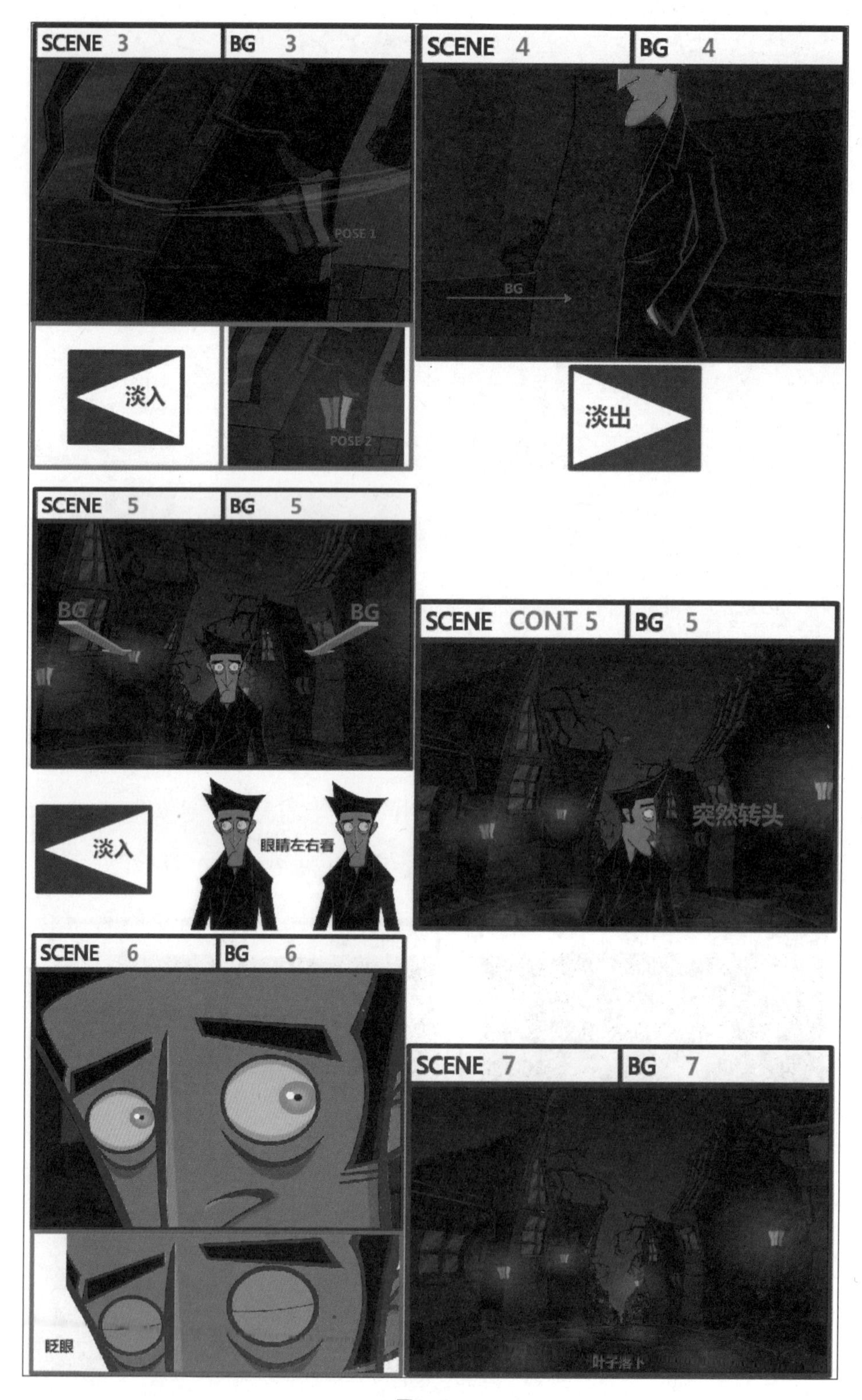
SCENE 3
BG 3
POSE 1
淡入
POSE 2
SCENE 4
BG 4
BG
淡出
SCENE 5
BG 5
BG
BG
淡入
眼睛左右看
SCENE CONT 5
BG 5
突然转头
SCENE 6
BG 6
眨眼
SCENE 7
BG 7
叶子落下

图5—16

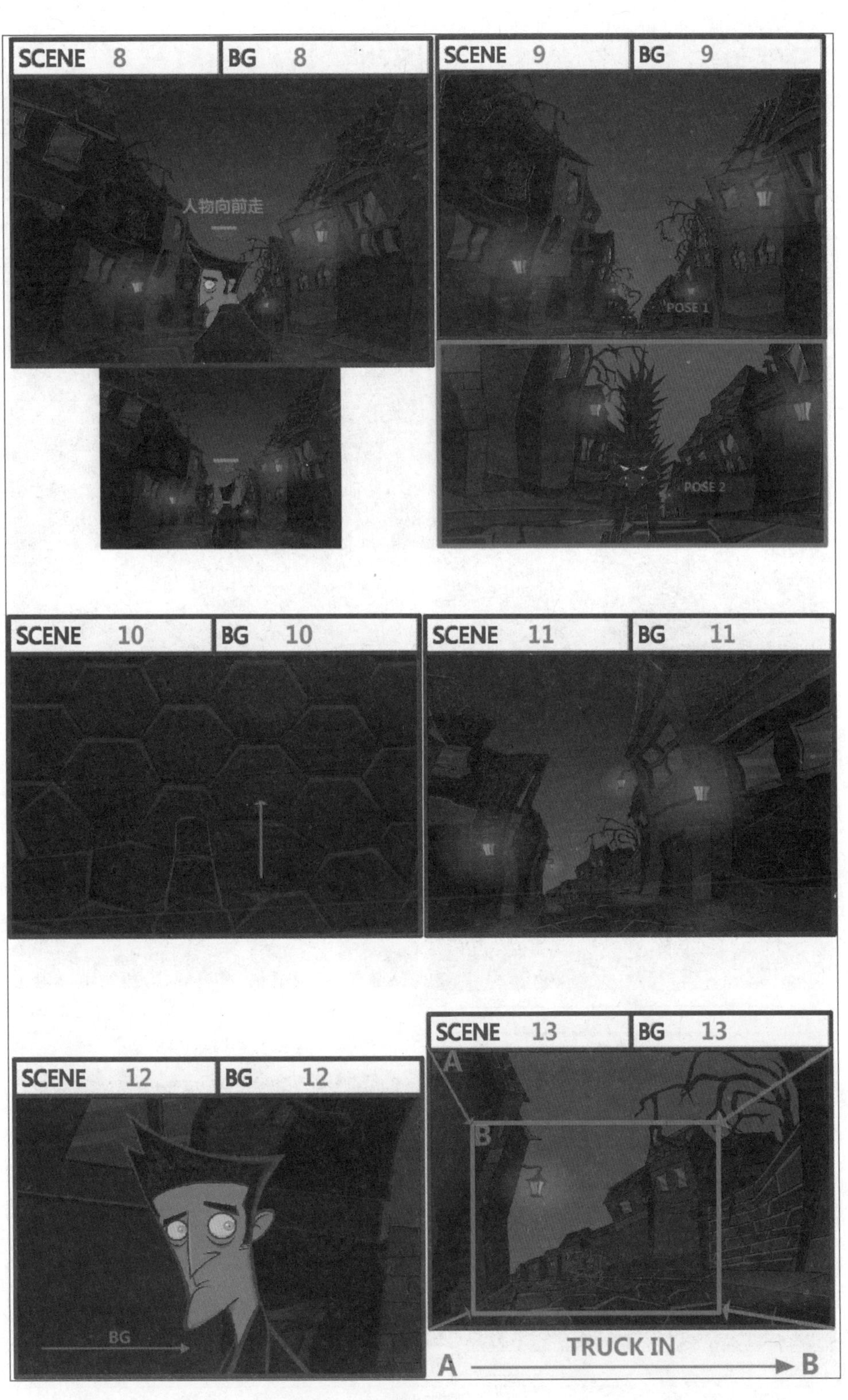
SCENE 8
BG 8
人物向前走
SCENE 9
BG 9
POSE 1
POSE 2
SCENE 10
BG 10
SCENE 11
BG 11
SCENE 12
BG 12
BG
SCENE 13
BG 13
A
B
TRUCK IN
A
B

图5—17

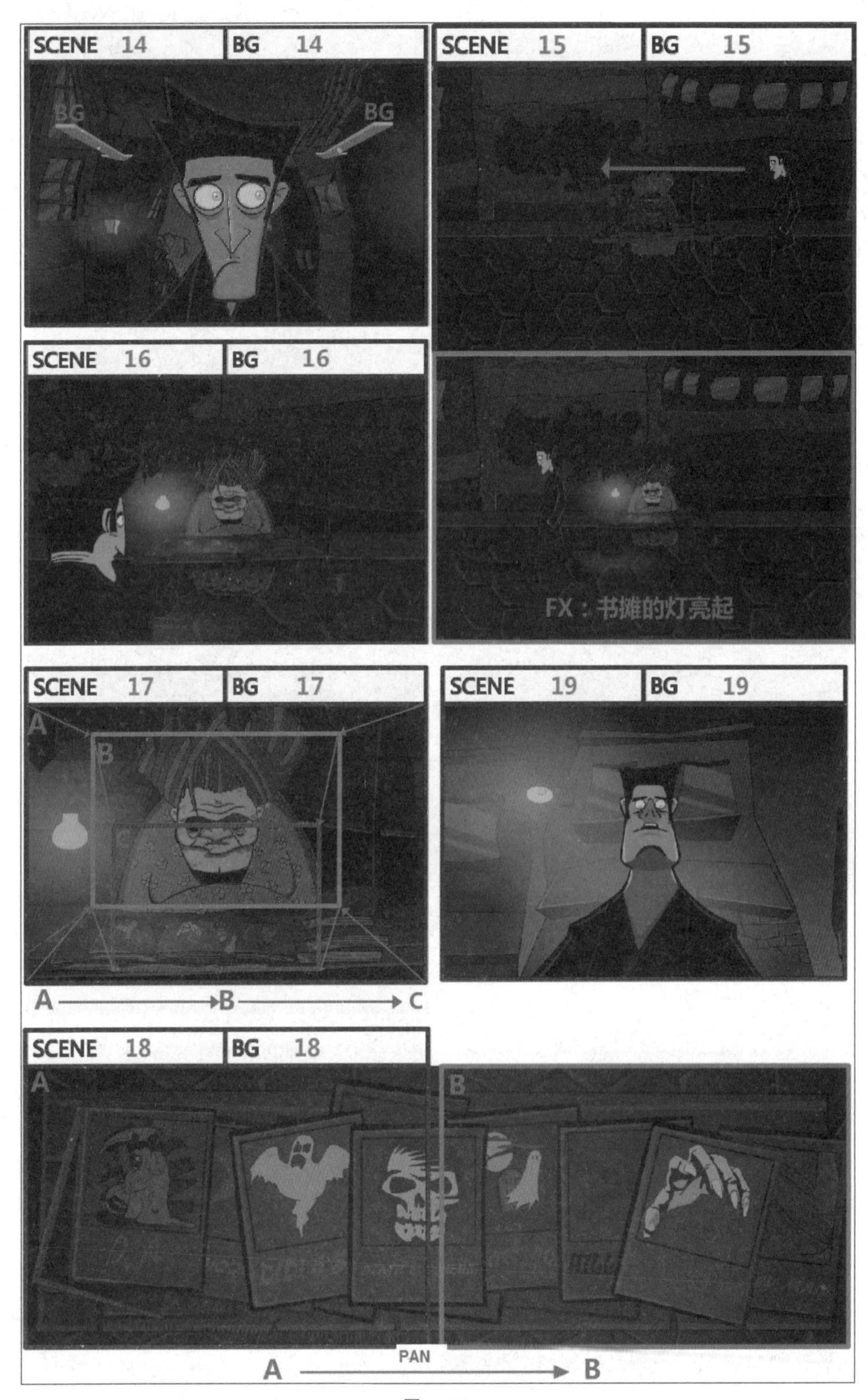
SCENE 14
BG 14
BG
BG
SCENE 15
BG 15
SCENE 16
BG 16
FX：书摊的灯亮起
SCENE 17
BG 17
A
B
A → B → C
SCENE 19
BG 19
SCENE 18
BG 18
A
B
PAN
A → B

图5—18

SCENE 20
BG 20
推书
SCENE 21
BG 21
喘气、流汗
SCENE 22
BG 22
惊讶的表情
SCENE 23
BG 23
A
B
C
SCENE 24
BG 24
SCENE 25
BG 25

图5—19

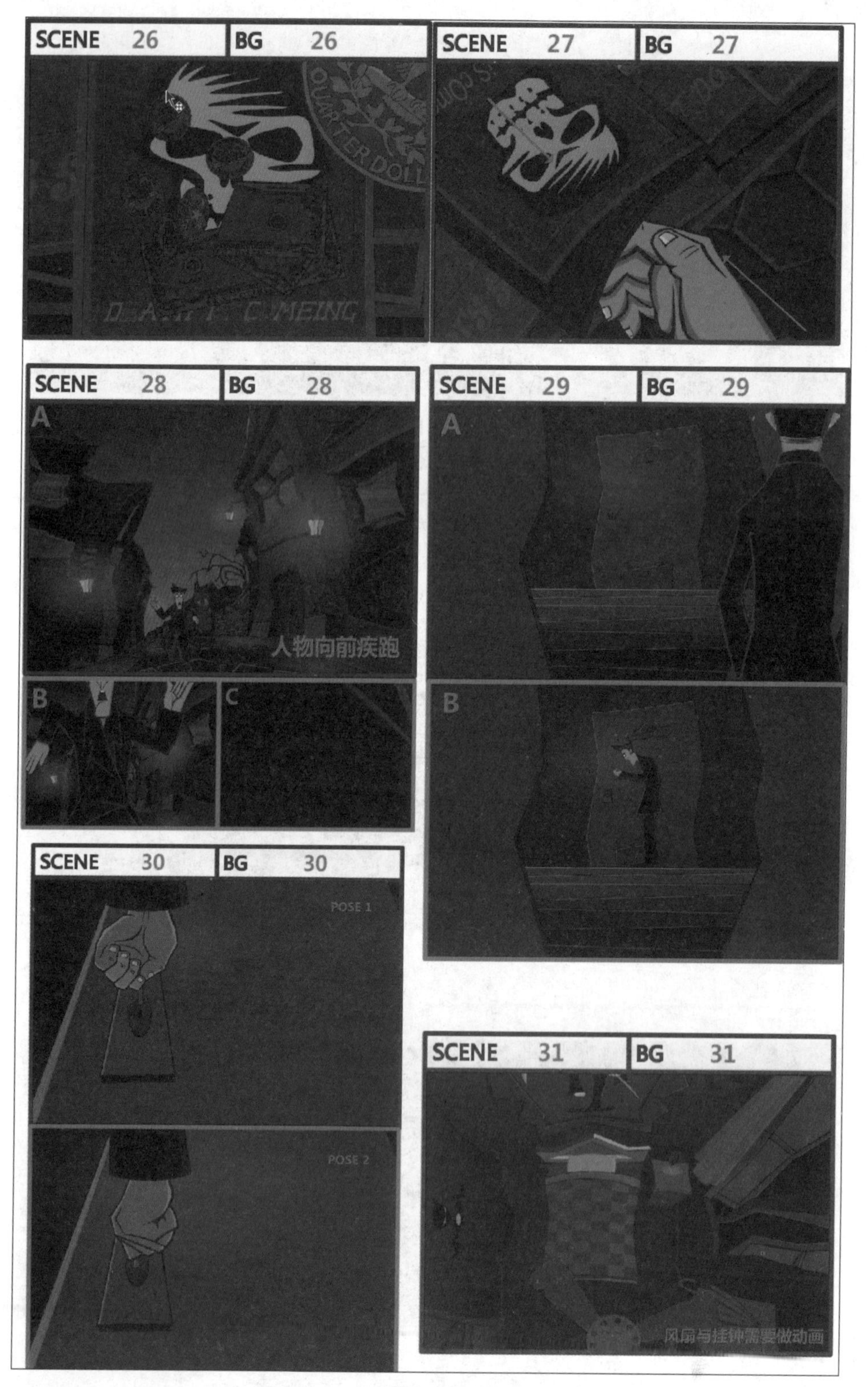
SCENE 26
BG 26
SCENE 27
BG 27
SCENE 28
BG 28
A
人物向前疾跑
B
C
SCENE 29
BG 29
A
B
SCENE 30
BG 30
POSE 1
POSE 2
SCENE 31
BG 31
风扇与挂钟需要做动画

图5—20

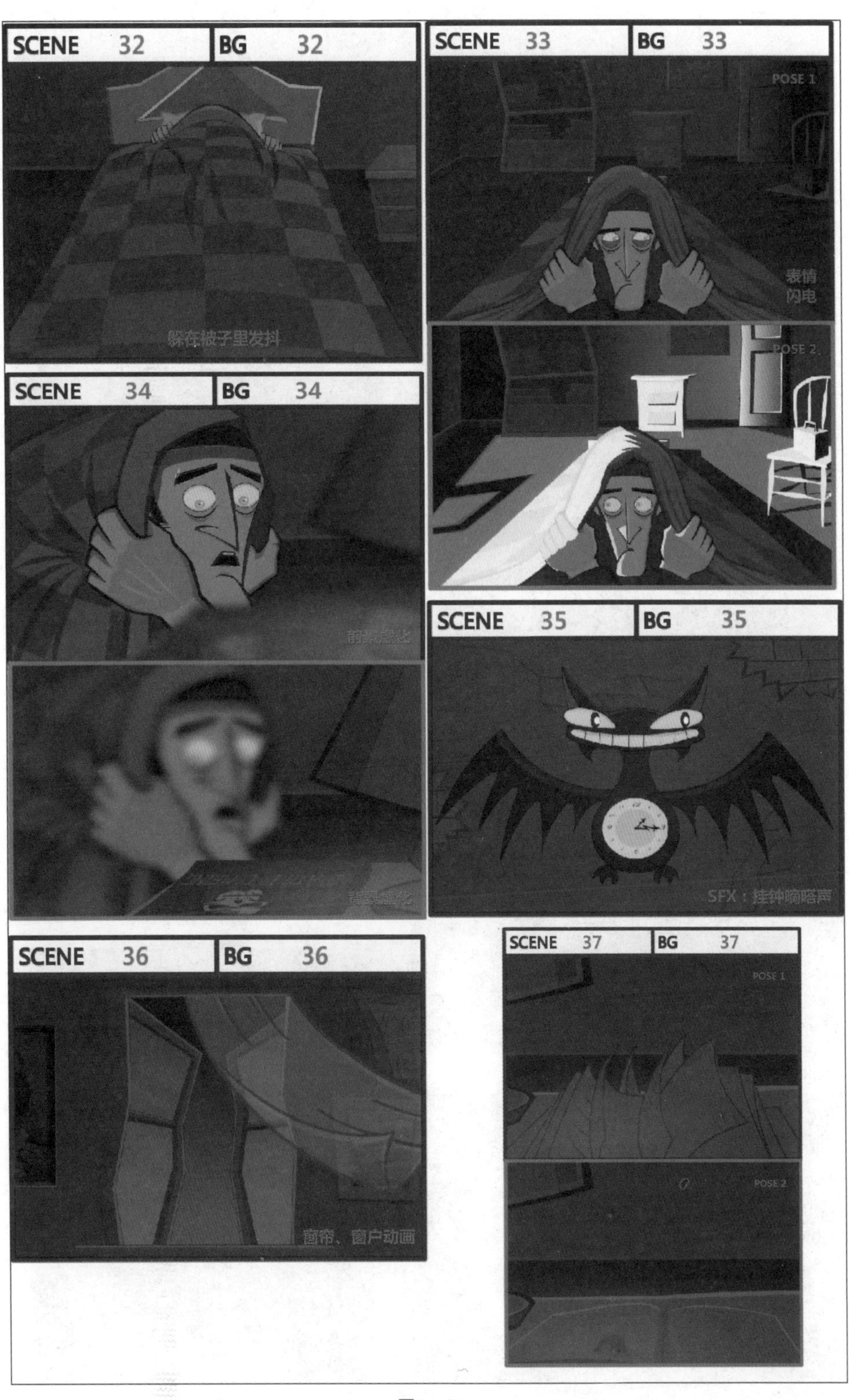
SCENE 32
BG 32
躲在被子里发抖
SCENE 33
BG 33
POSE 1
表情
闪电
POSE 2
SCENE 34
BG 34
SCENE 35
BG 35
SFX：挂钟嘀嗒声
SCENE 36
BG 36
窗帘、窗户动画
SCENE 37
BG 37
POSE 1
POSE 2

图5—21

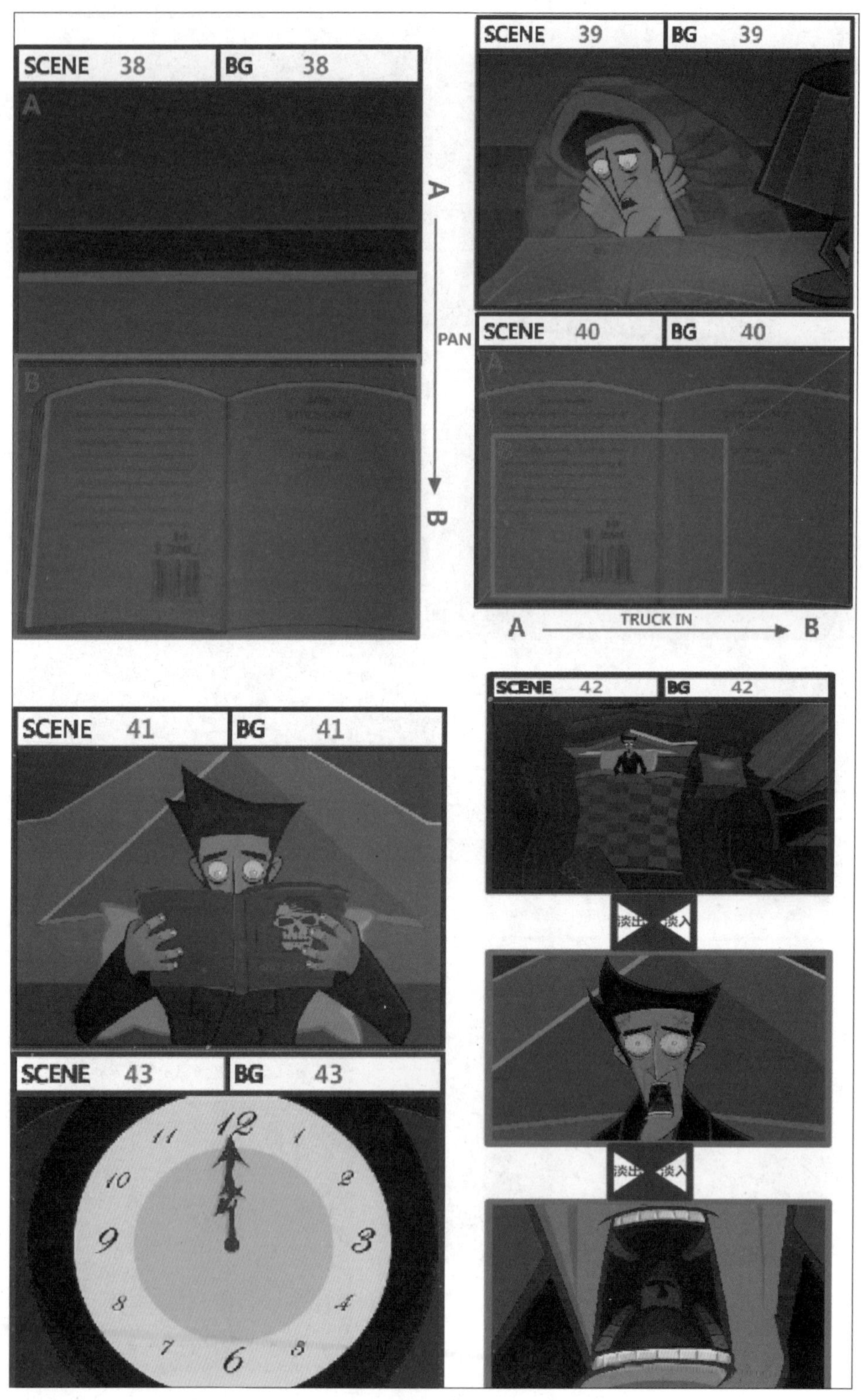
SCENE 38
BG 38
A
PAN
B
SCENE 39
BG 39
SCENE 40
BG 40
A
TRUCK IN
B
SCENE 41
BG 41
SCENE 42
BG 42
淡出
淡入
淡出
淡入
SCENE 43
BG 43

图5—22

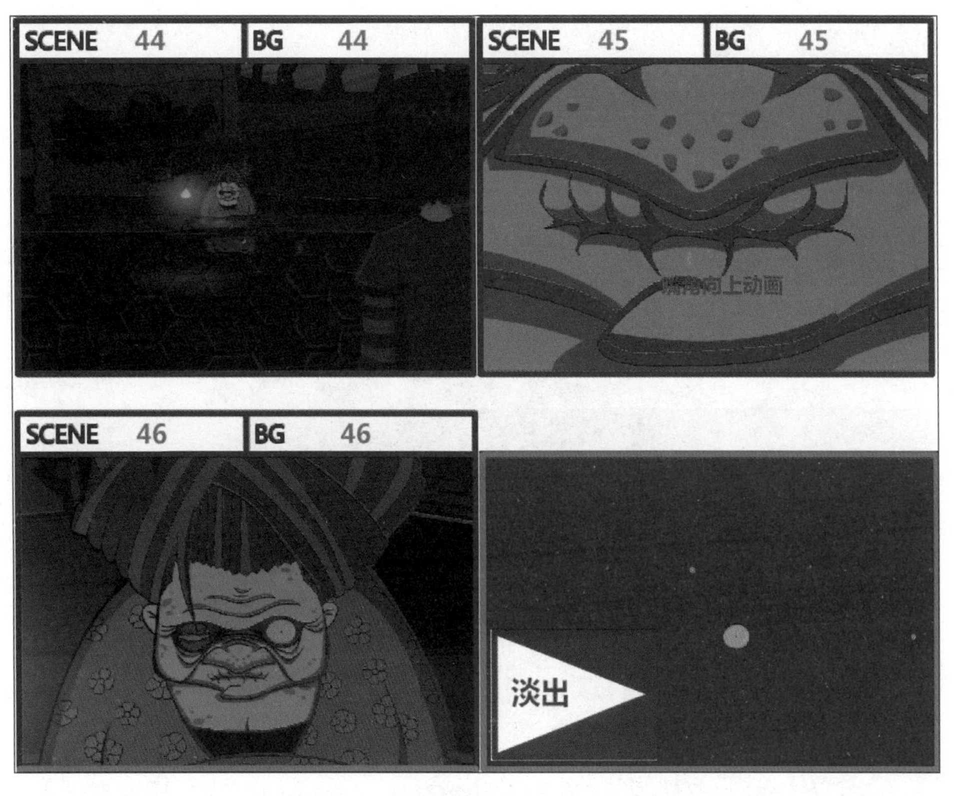

图5—23

到此，《惊魂夜》的分镜头就已经制作完成。在动画公司里，静态分镜台本完成之后往往还需要编辑动态分镜头。顾名思义，就是将绘制好的静态画面中的角色、背景等按构成关系分图层进行动态的编辑。

任务5 原动作设计、动画调节

按照分镜头已经设计好的画面及动作（镜头内容参见上面绘制好的分镜头），来进行动画的制作。

SC—1：故事背景、时间、地点的交代镜头，需要做场景从下到上的垂直移动动画，编辑场景内容如图5—24所示。首先建立一层安全框遮罩，为镜头画面确定范围；天上的云朵需要做成独立的动态图形元件；接下来在第1帧到第22帧做房子与云朵上移动画，在第28帧到第63帧做整体场景的推镜。最后镜头需要淡出，所以建立一层黑场淡出，在第58帧到第63帧建立黑场从透明到不透明的形状补间动画。

图5—24

SC—2：做人物腿部动画，编辑场景内容如图5—25所示。人物原地走，背景街道向后移动，所以人物走路需要做成动态图形元件（见图5—26），街道需要长背景（见图5—27），镜头一开始需要淡入，结束时需要淡出。

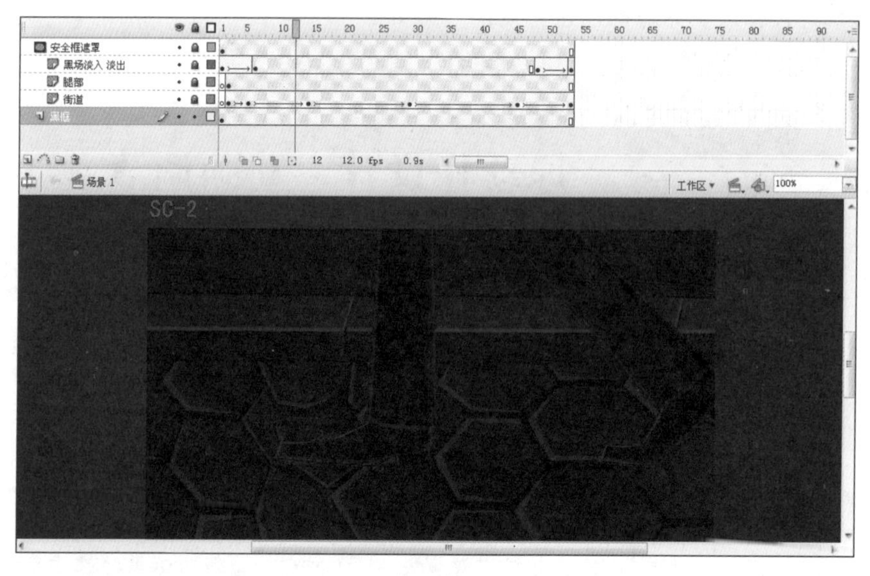

图5—25

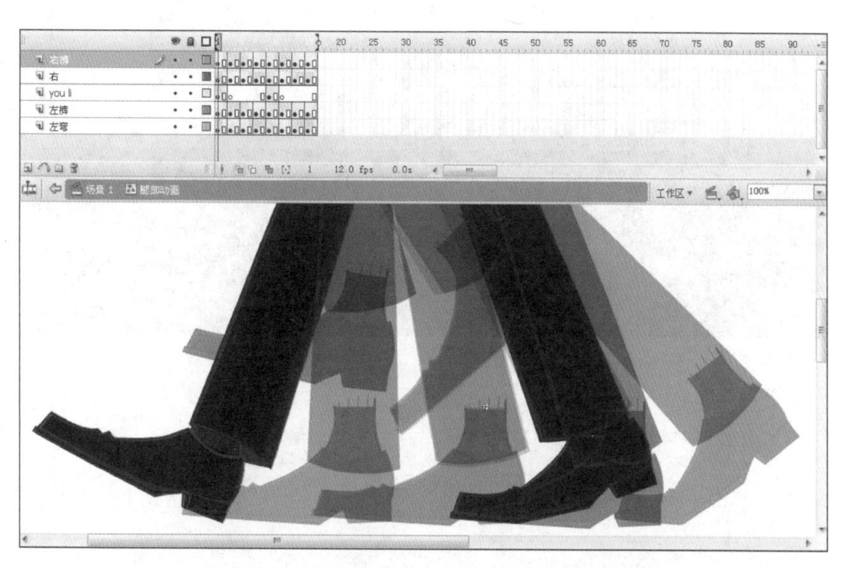

图5—26

图5—27

SC—3：特写镜头，街边的路灯来回晃动，忽亮忽暗。编辑场景内容如图5—28所示，灯忽亮忽暗需要做动态图形元件（见图5—29）。

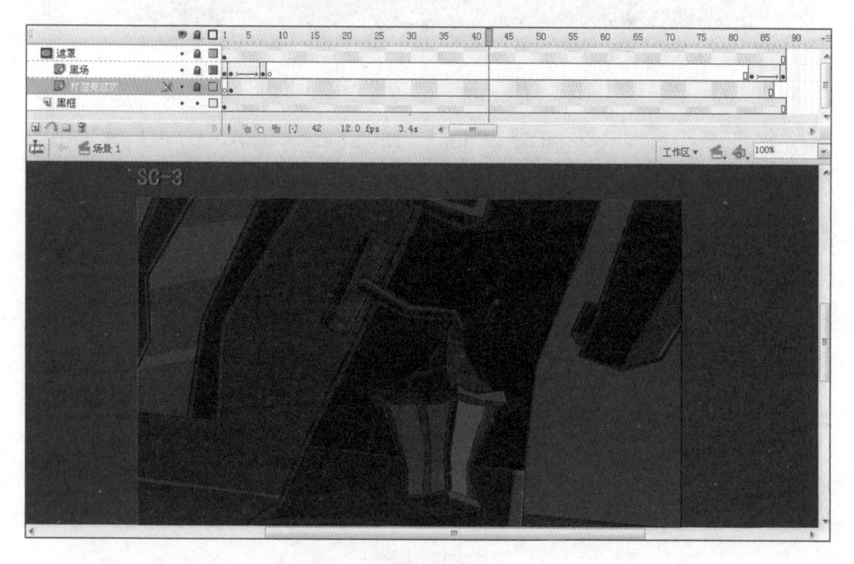

图5—28

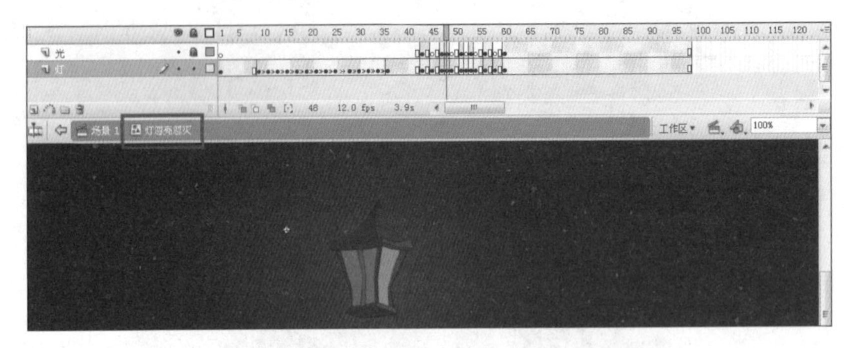

图5—29

SC—4：角色半身侧面走路，编辑场景内容如图5—30所示。背景为长背景（见图5—31），人物走路需要做动态图形元件（见图5—32）。

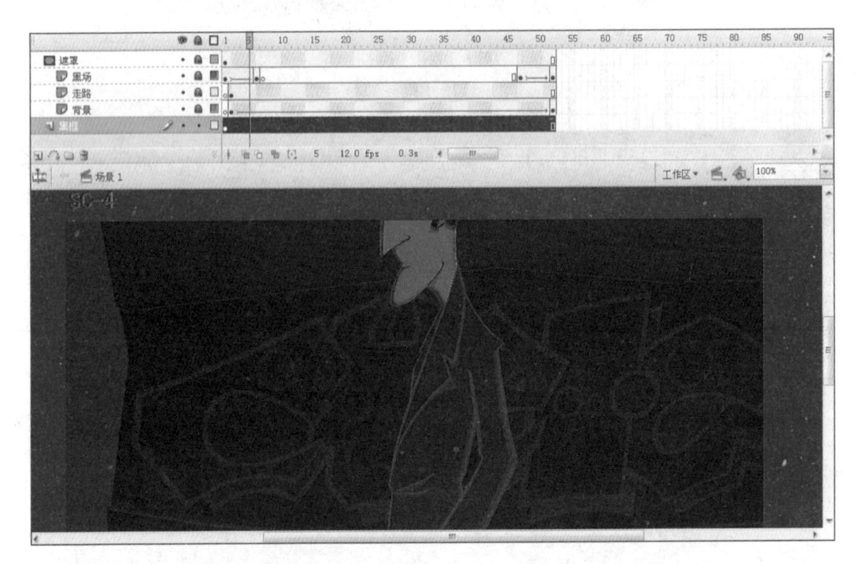

图5—30

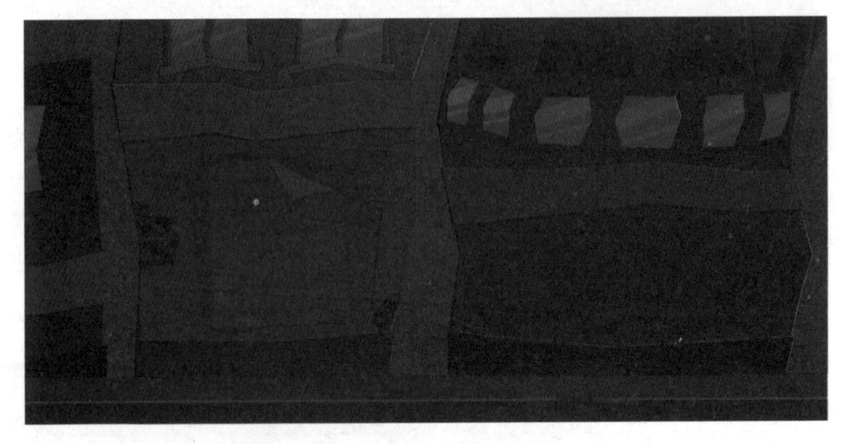

图5—31

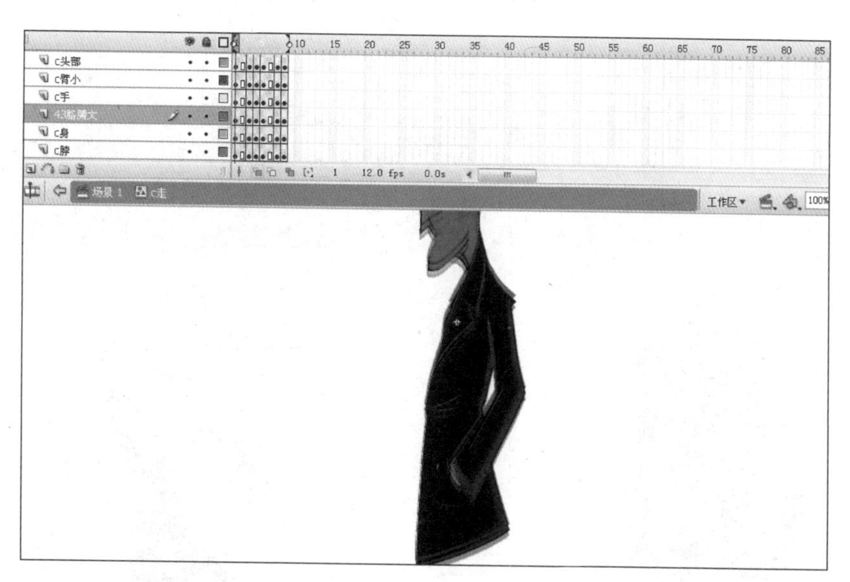

图5—32

SC—5：人物正面原地循环走，背景向后移动，编辑场景内容如图5—33所示。其中，身体需要做动态元件（见图5—34），背景中的树需要做动态元件（见图5—35），人物表情需要做动态元件（见图5—36）。

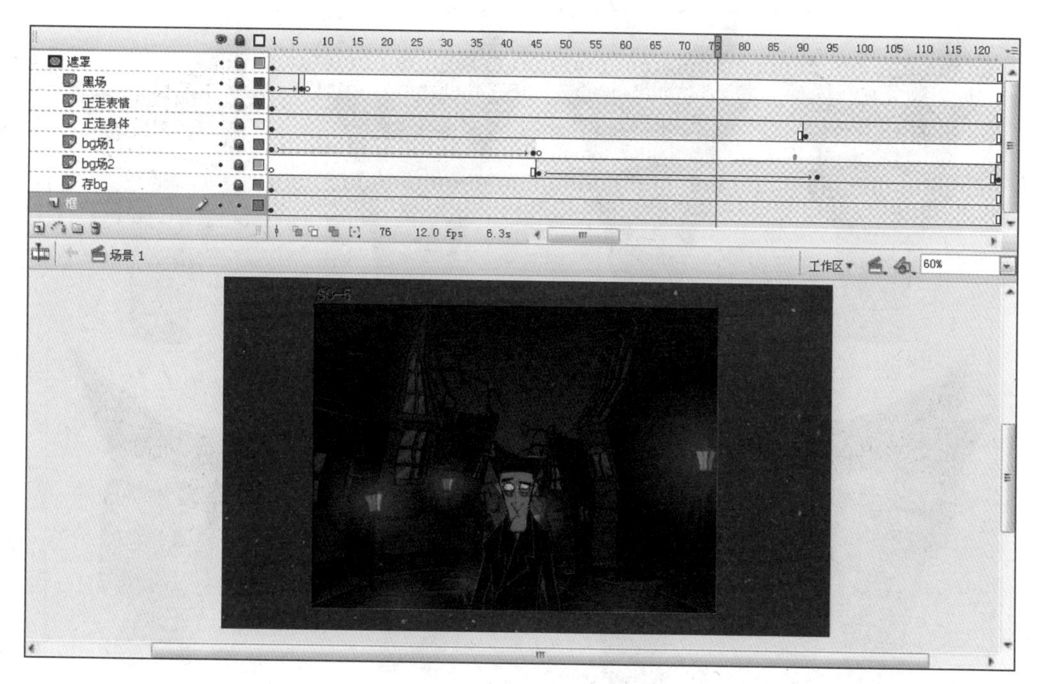

图5—33

图5—34

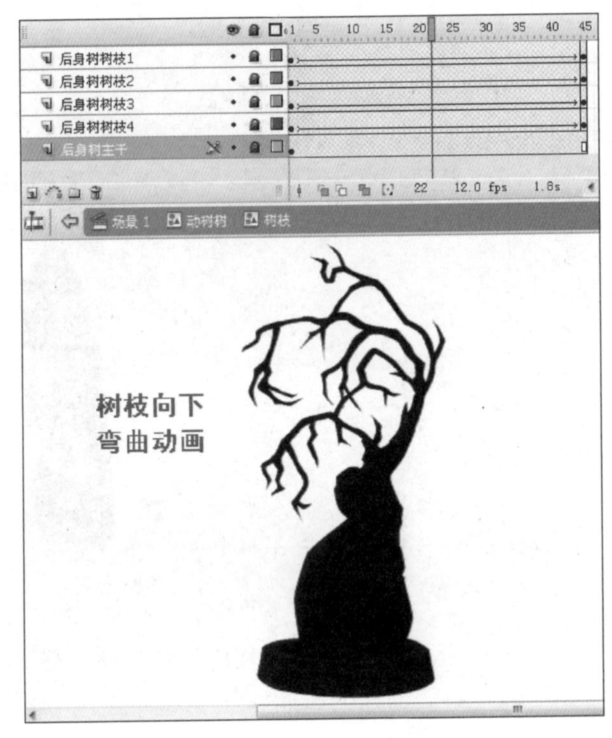

图5—35

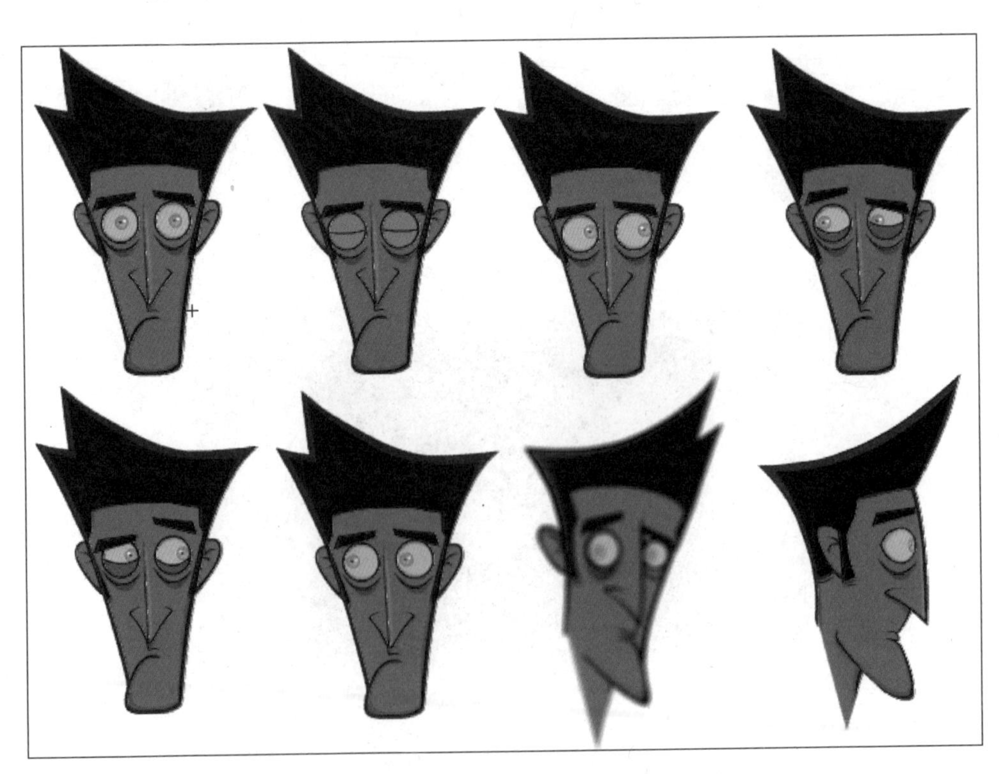

图5—36

在图5—36中，我们发现倒数第二张中的人物表情呈现虚影状态，这是因为人物在转头的过程中速度很快。如何在Flash中实现这种具有速度感的虚影效果呢？这就要用到Flash中的影片剪辑了。首先将绘制好的表情转换为影片剪辑元件，框选绘制好的角色表情，点击鼠标右键选择“转换为元件”选项（见图5—37），在弹出的面板中选择第一个选项“影片剪辑”，命名为“速度张”（见图5—38）。

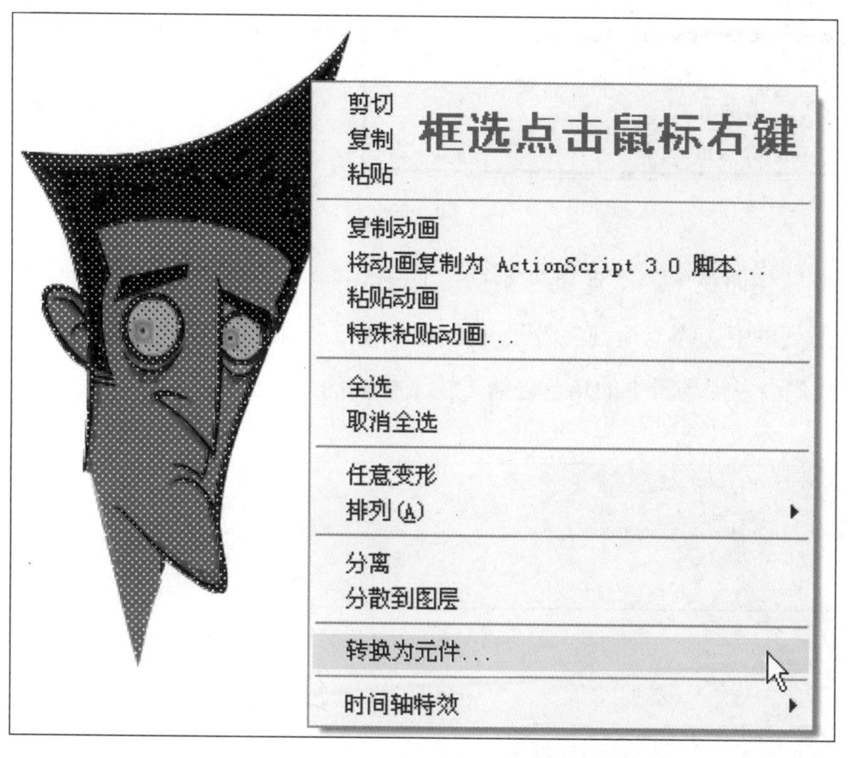

图5—37

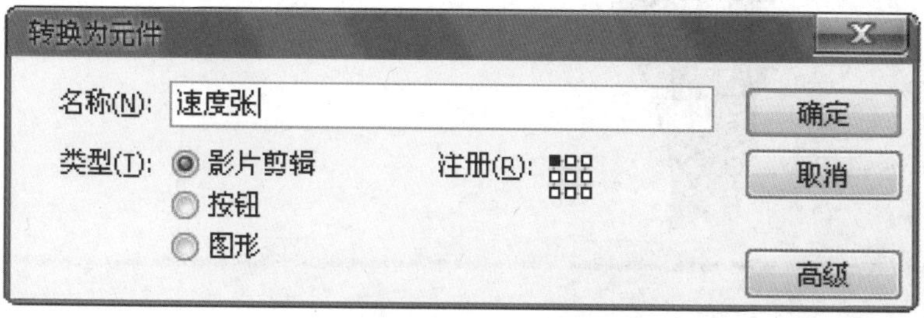

转换为元件
名称(N): 速度张
类型(T): 影片剪辑 按钮 图形
注册(R):
确定
取消
高级

图5—38

接下来，点击该影片剪辑，在Flash下方会出现影片剪辑的属性面板（见图5—39）。

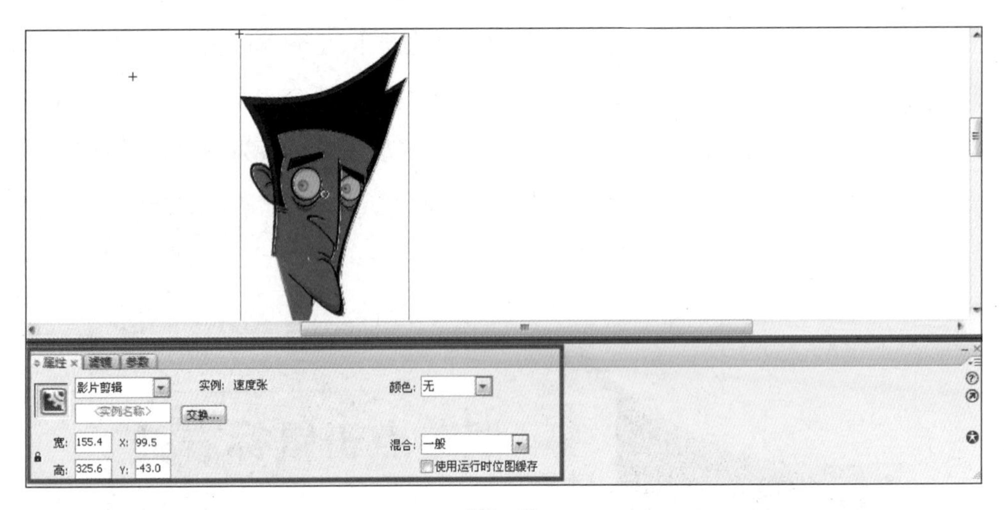

图5—39

选择属性面板中的“滤镜”菜单（见图5—40），再点击上方的加号，在弹出的效果菜单中选择“模糊”效果（见图5—41），将其X、Y值都设为5（见图5—42），我们会发现场景中的角色表情产生了模糊的效果。

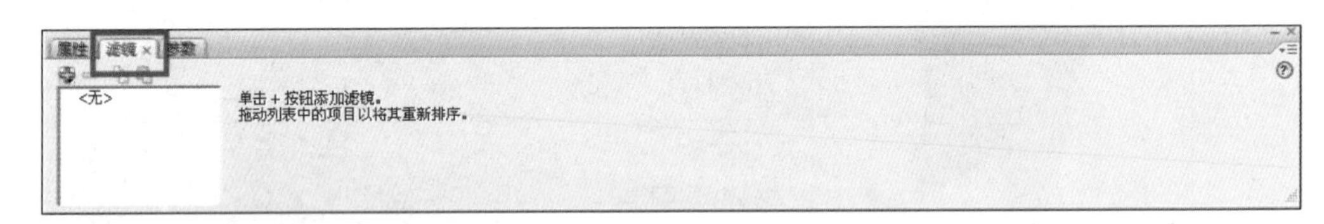

图5—40

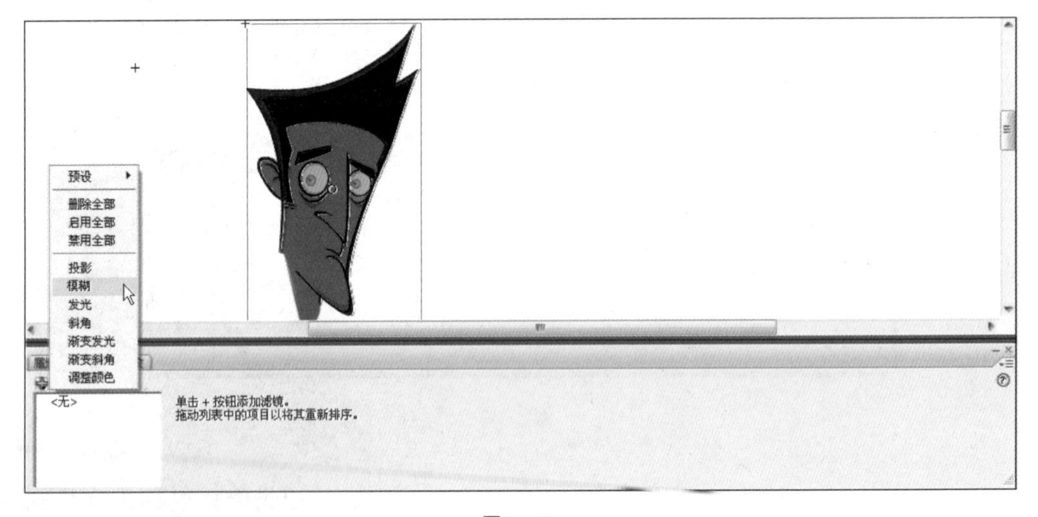

图5—41

图5—42

提示：影片剪辑具有独特的“滤镜”效果，一般在做特效的时候会经常用到，在下面的动画制作中也会用到。但是如果运用影片剪辑做动态元件，最后输出AVI格式的影片会有影响，不会呈现动画效果，所以我们在做动态元件的时候，都选择图形元件。

SC—6：表现角色眼睛状态的特写，编辑场景内容如图5—43所示。眼睛需要做动画，眼仁上下闪动（见图5—44）。

图5—43

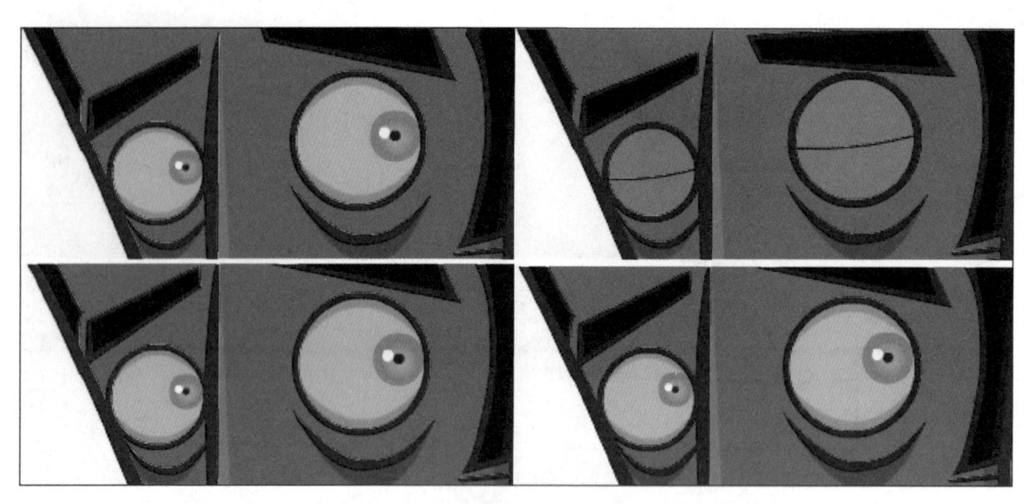

图5—44

SC—7：街道全景（见图5—45），需要做叶子飘落的引导层动画（见图5—46）。

SC—8：人物原地循环向前走，背景向后移动，编辑场景内容如图5—47所示，需要做人物背面循环走动态元件（见图5—48）。

图5—45

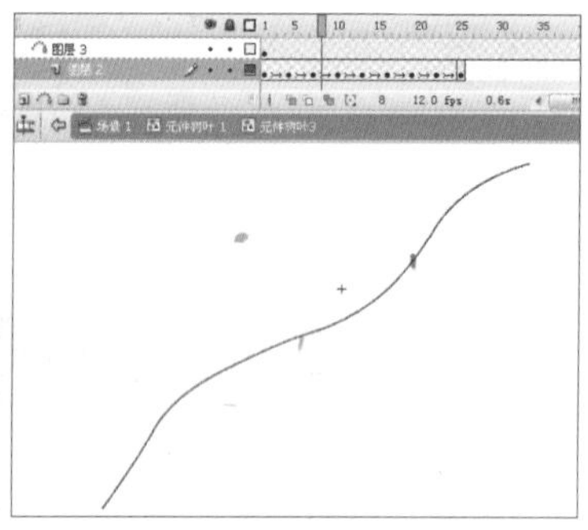

图5—46

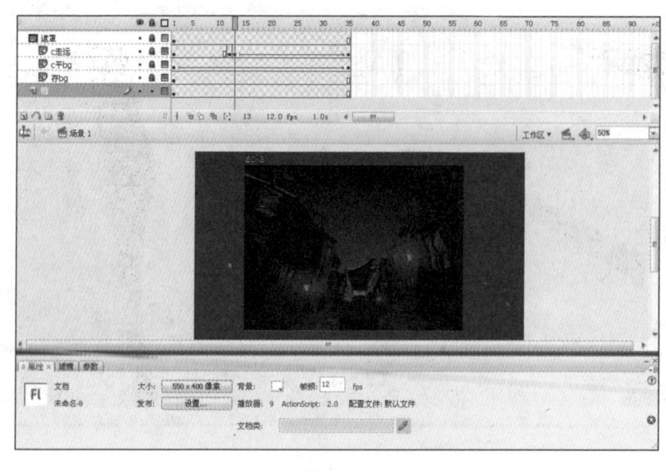

图5—47

图5—48

SC—9：角色主观镜头，街边窜出一只黑色的猫，编辑场景内容如图5—49所示。因为是角色所观察到的景象，所以需要做眼睛闭合动画（见图5—50）。

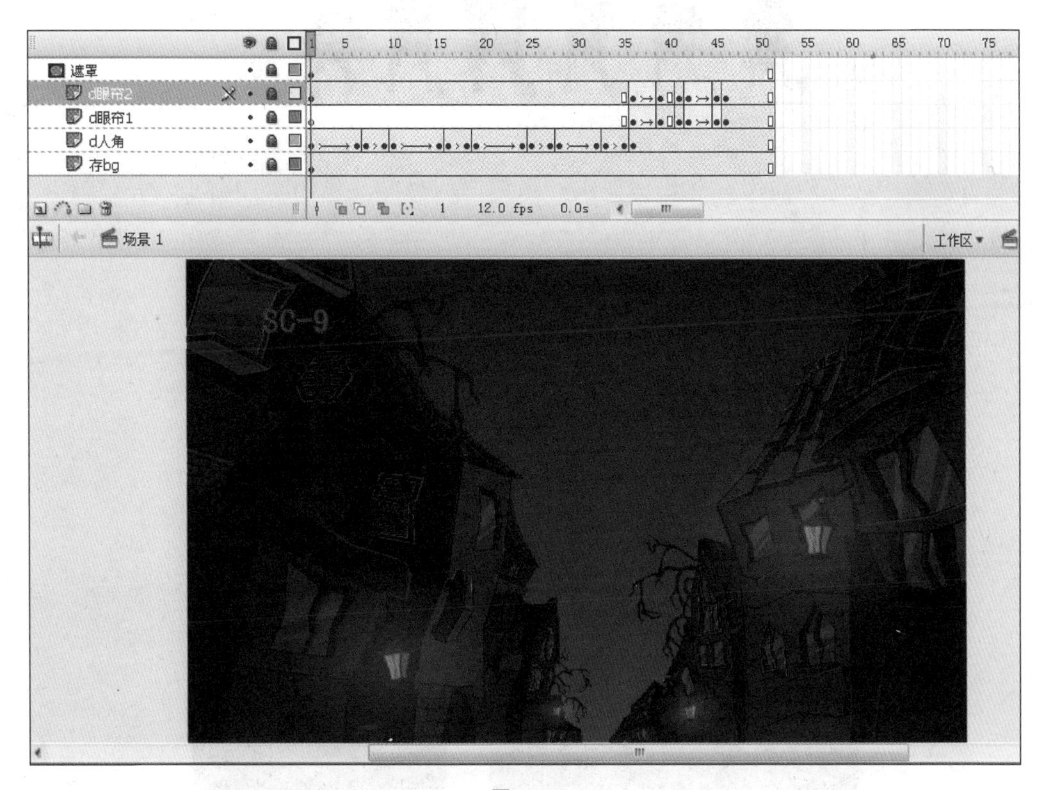

图5—49

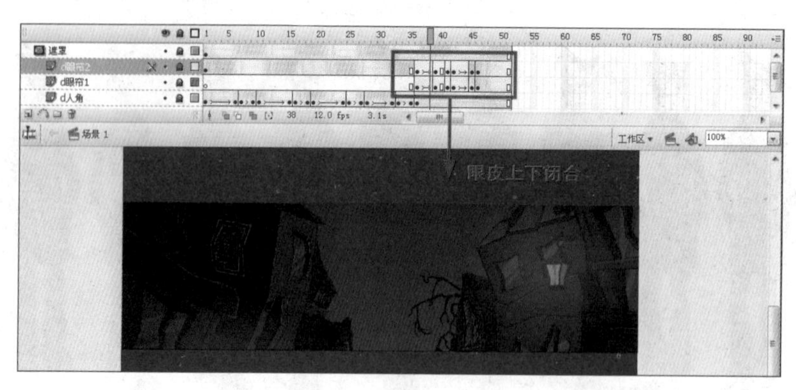

图5—50

还需要做黑猫跳出的动画（见图5—51）。

图5—51

SC—10：镜头俯拍，角色向前走，路面向后移动（见图5—52）。需要绘制路面的长背景（见图5—53）。

图5—52

图5—53

SC—11：整体场景推镜头，隐约地出现书摊（见图5—54）。

图5—54

SC—12：人物侧面原地走动画（见图5—55），背景向后移动（见图5—56）。

图5—55

图5—56

SC—13：整体场景推镜头，做补间动画（见图5—57）。

图5—57

SC—14：角色表情特写动画（见图5—58）。

图5—58

SC—15：年轻人走过书摊，书摊的灯亮起（见图5—59）。需要做年轻人侧面走的动态元件（见图5—60）和书摊灯亮起的动画。

(a)

(b)

图5—59

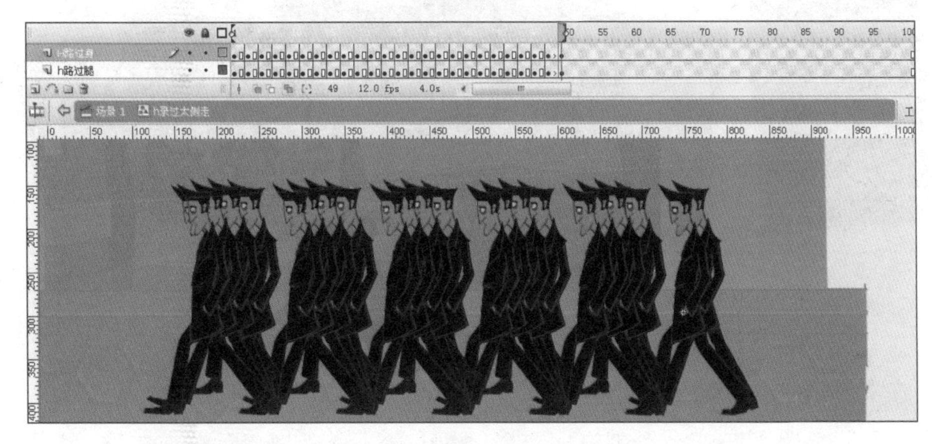

图5—60

SC—16：听到卖书老人说的话，年轻人入镜头，做元件补间动画（见图5—61）。

图5—61

SC—17到SC—46镜头不一一分解，会选择一些较为重要的镜头以及动画调节技术来讲解。

在SC—20镜头中，卖书老人的手部交代很重要，所以需要将其绘制到位（见图5—62）。

图5—62

在SC—21中，年轻人被吓得面颊流出汗来，为了表现人物的心理状态以及整个镜头的恐慌气氛，需要角色不停地喘气，前方还需要一层黑色渐变遮挡（见图5—

63），需要做流汗的动态元件（见图5—64）和人物喘气的动态元件（见图5—65）。

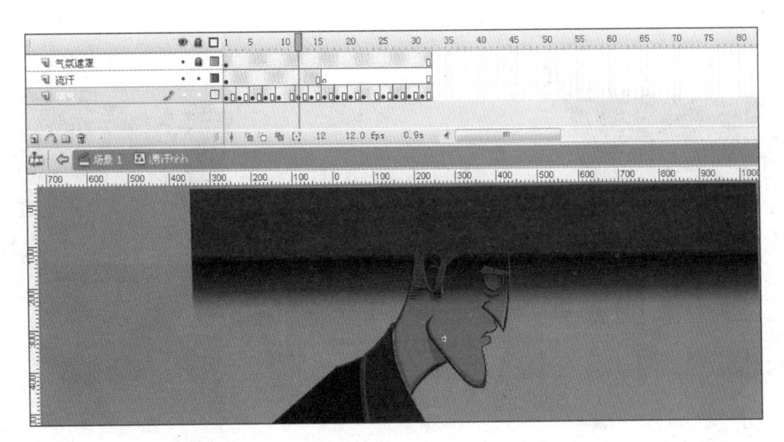

图5—63

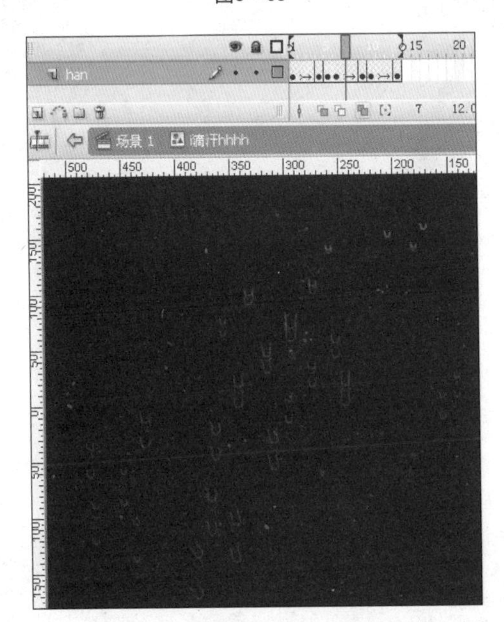

图5—64

图5—65

在SC—22中，需要注意到人物表情细致的变化（见图5—66）。

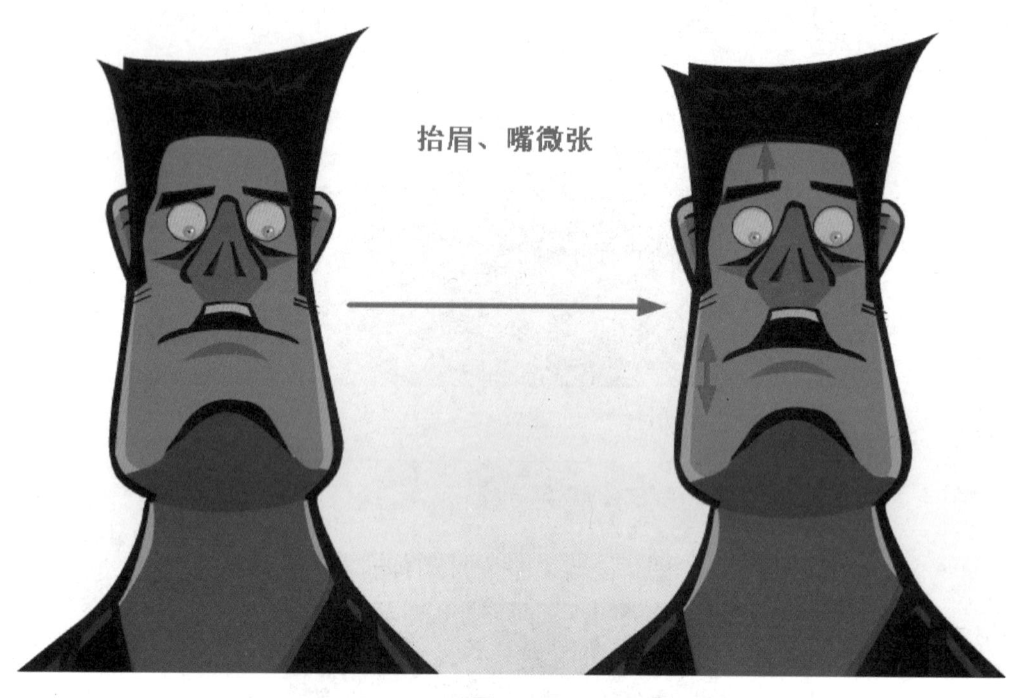

图5—66

在SC—23中，镜头急速推近，表现卖书老人的表情：一双浑浊的眼睛，布满皱纹的脸（见图5—67）。卖书老人的眼神是很重要的。

图5—67

在SC—24中，年轻人惊慌地摸遍全身口袋（见图5—68）。

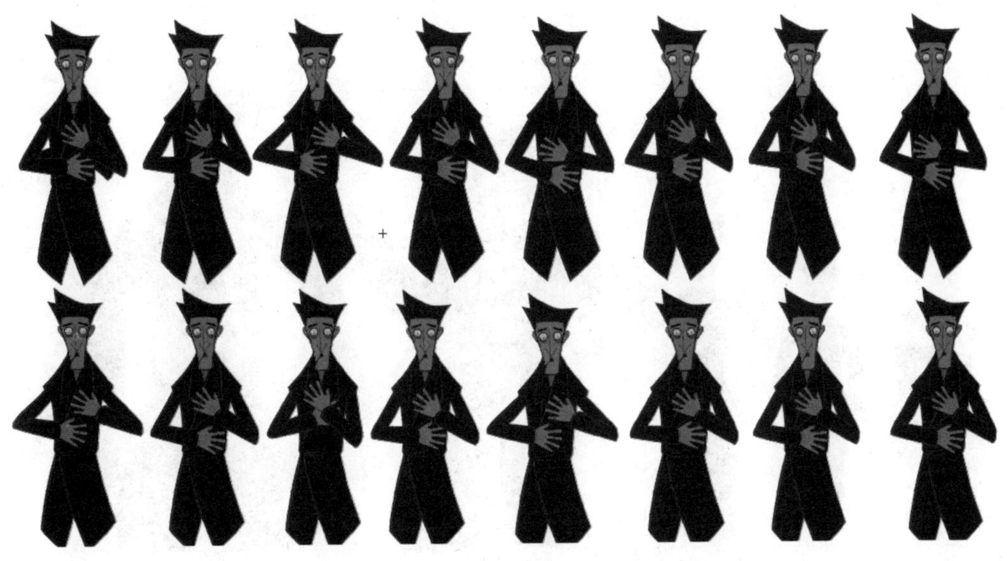

图5—68

在SC—25中，做硬币从钱包中滚落动画的时候需要加速度流线（见图5—69）。

图5—69

在SC—28中，做人物急速向前跑的动画，迎着镜头跑来（见图5—70）。

图5—70

在SC—31中，交代角色家中的场景，这时墙上的挂钟要做动画元件（见图5—71），电风扇也要做动画元件（见图5—72）。

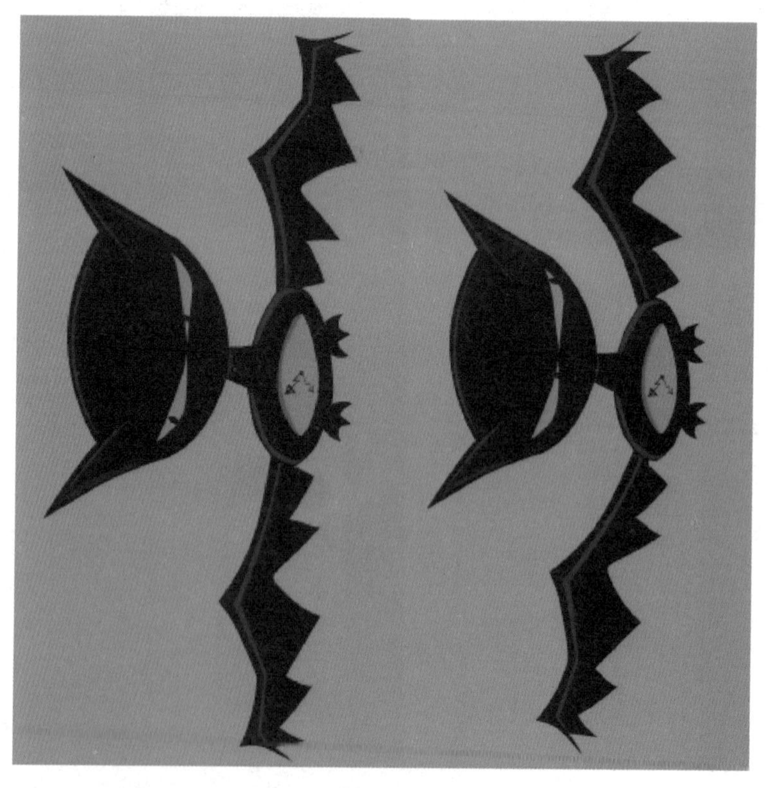

图5—71

图5—72

在SC—32中，角色钻进被窝，瑟瑟发抖，被子的形态一定要绘制得自然（见图5—73）。

图5—73

在SC—33中，人物表情要做到位（见图5—74），最重要的是闪电前后场景的光影变化（见图5—75）。

图5—74

图5—75

在SC—34中，镜头由前景的虚化到人物的虚化，需要将前层的台灯与书做成影片剪辑，后面的人物做成影片剪辑，按照之前在人物转头动画中讲过的虚化处理方法来调节该镜头动画（见图5—76）。

在SC—36中，窗户被风吹得前后晃动，窗帘飘起（见图5—77）。

在SC—37中，书页被风吹起，需要做逐帧动画（见图5—78）。

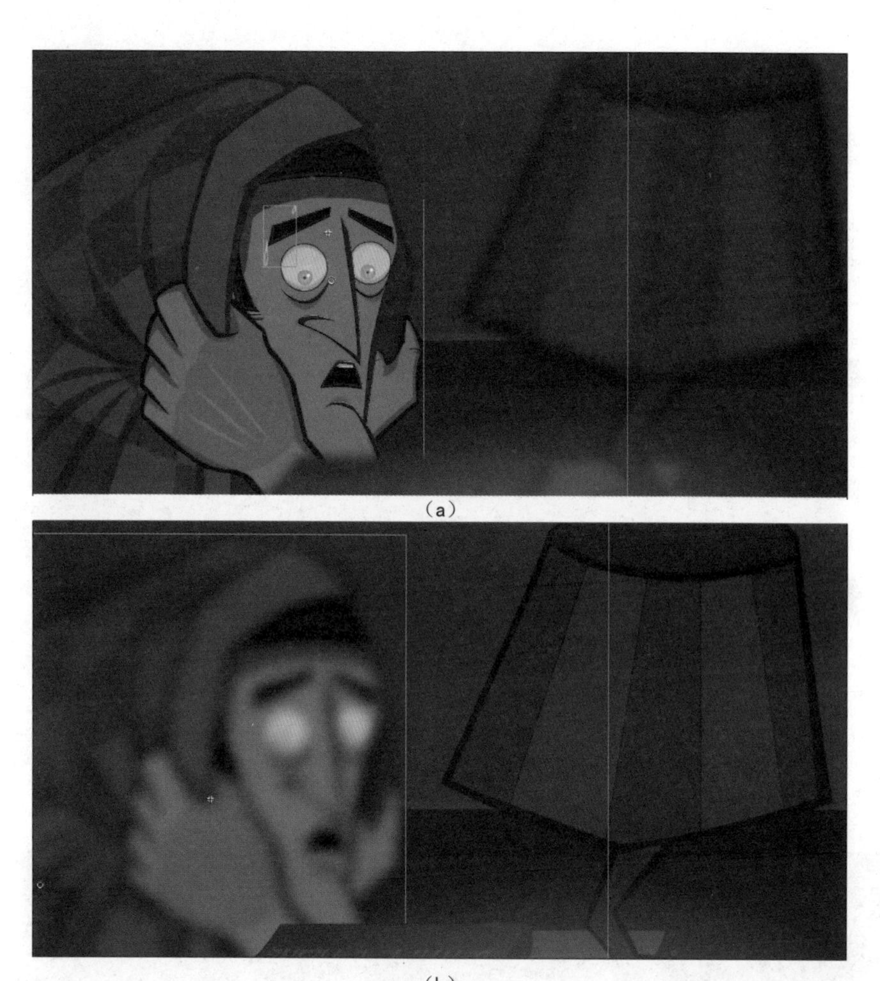

（a）

（b）

图5—76

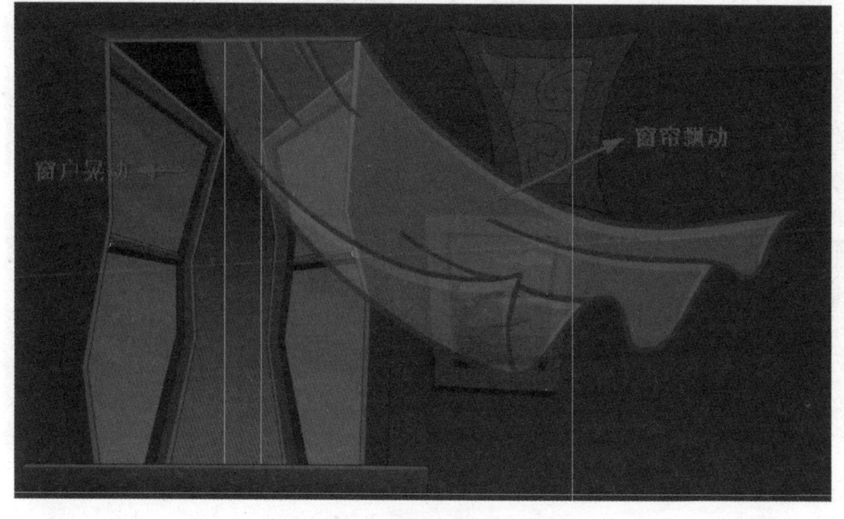

图5—77

图5—78

在SC—42中，做急速推镜头，从全景推到角色的口中，再淡出（见图5—79、图5—80、图5—81）。

图5—79

图5—80

图5—81

这个镜头需要注意人物表情的变化，眼睛、眉毛、嘴都要做抖动的动画，口腔内后部的扁桃体也要做晃动的动画。

任务6 镜头合成

将所有已经完成的动画镜头按照镜号顺序，合成到一个综合的Flash文件中。首先将每个镜头中的所有动画做成一个单独的动态图形元件，然后进行组合，如：镜头1，先选择所有图层（见图5—82），然后复制图层中的所有帧（见图5—83），新建一个图形元件，命名为“SC—1”（见图5—84），将之前复制好的图层帧粘贴进来（见图5—85）。

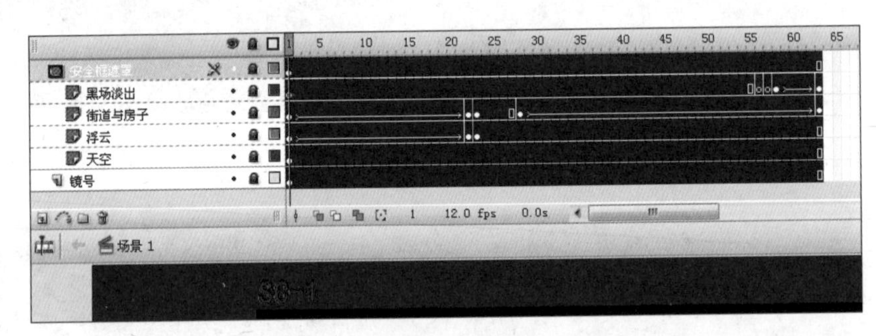

图5—82

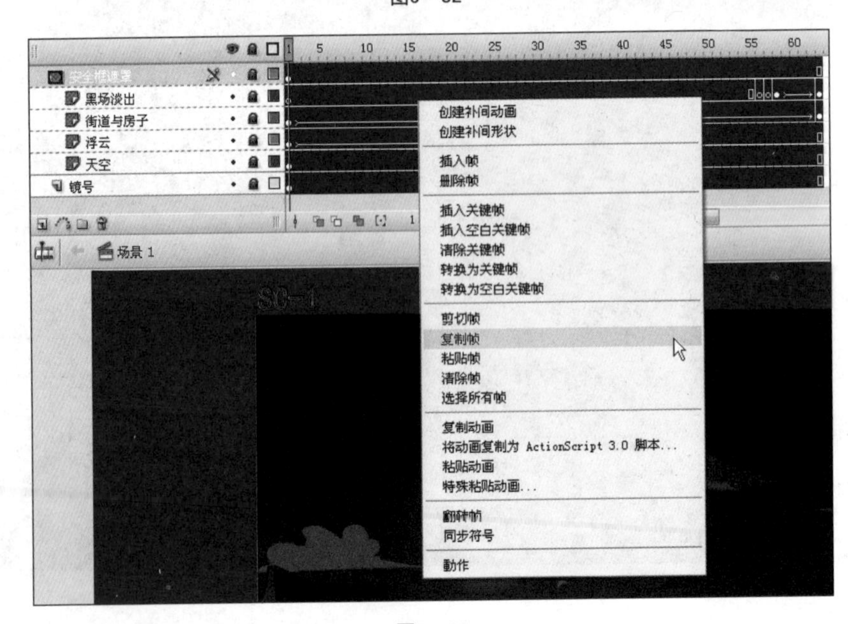

图5—83

图5—84

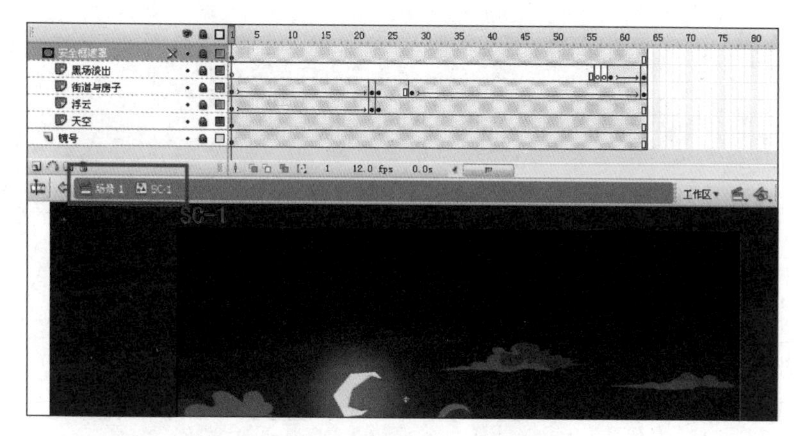

图5—85

镜头2同样按照镜头1的方法进行操作，新建一个Flash空白文档，命名为“合成”，将图层命名为“画面合成”，将两个做好的镜头动态元件导入。注意镜头1的时间，需要延长至元件动画相等的帧数，镜头2同样延长至元件编辑中相等的帧数（见图5—86）。

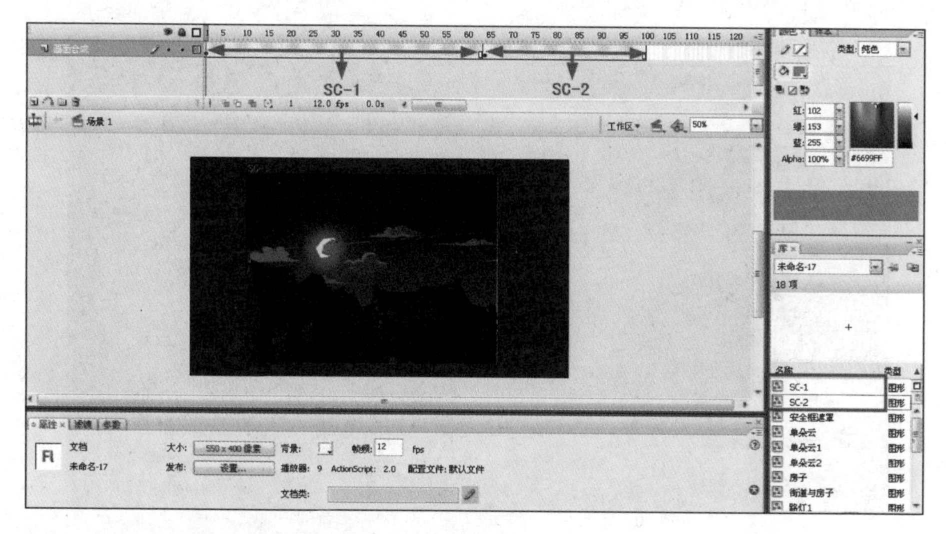

图5—86

到此，镜头1与镜头2就已经合成好了，下面的44个镜头按照同样的操作方法拖入“合成”Flash文件的“画面合成”图层。

提示： 在合成镜头的时候，需要将所有镜头的动态元件都导入一个Flash文件，库中就会产生很多的元件，为了方便寻找，要养成运用库面板文件夹的习惯。另外，每一个元件的名称不能一样，否则会对操作产生影响。

后期输出

首先在合成好的文件中加入背景乐、声效、旁白。在合成的Flash文件中新建三个图层，分别命名为“声音合成”、“声效”、“背景乐”（见图5—87）。

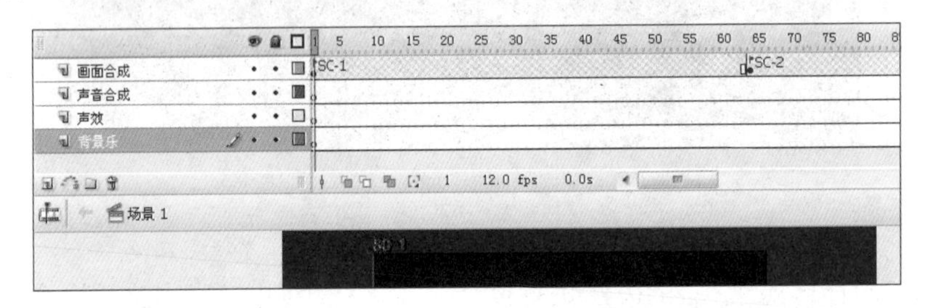

图5—87

在“声音合成”图层中加入音效、旁白等。《惊魂夜》的旁白、音效等制作用到了另外一款声音制作软件Cool Edit Pro（见图5—88）。在此，不对这个软件的操作进行讲解，这款软件很容易学会。

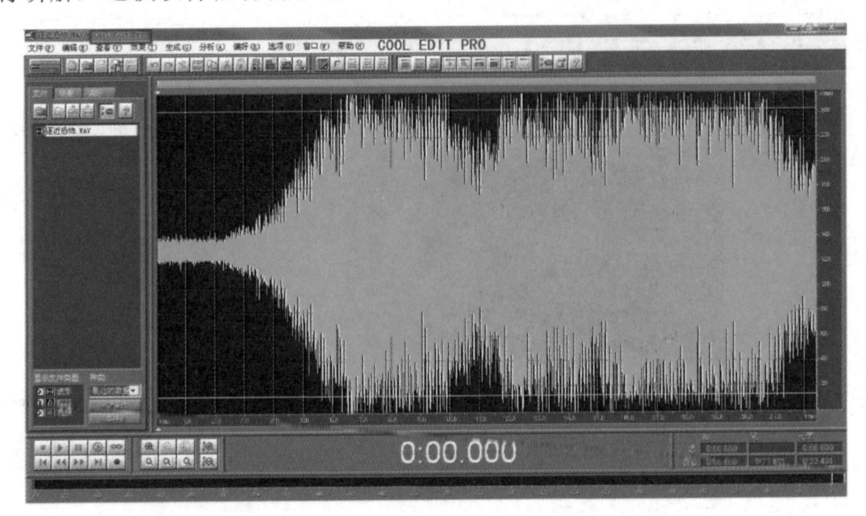

图5—88

一般在Flash中所导入的音效格式为MP3、WAV，导入方法如下（以SC—1、SC—2为例）：选择Flash“文件”菜单下“导入”命令中的“导入到库”选项（见图5—89），在弹出的导入面板中选择之前做好的声音文件，点击“打开”（见图5—90）。

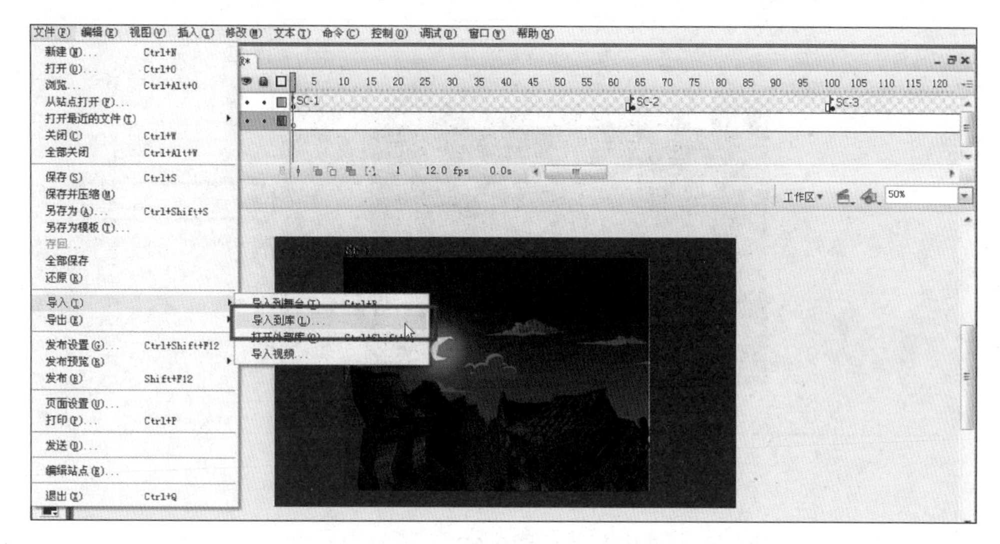

图5—89

图5—90

此时库面板中会出现一个小喇叭图标的声音文件，这个就是我们拖到场景中的声效。接下来选择“声音合成”图层，将“SC—1旁白”声效导入（见图5—91）。

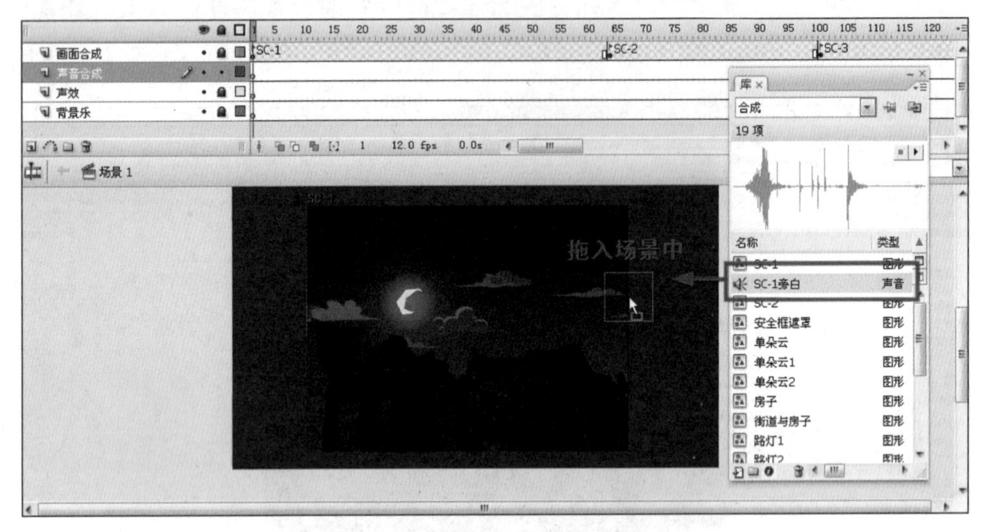

图5—91

此时时间轴呈现声音波谱状态（见图5—92）。

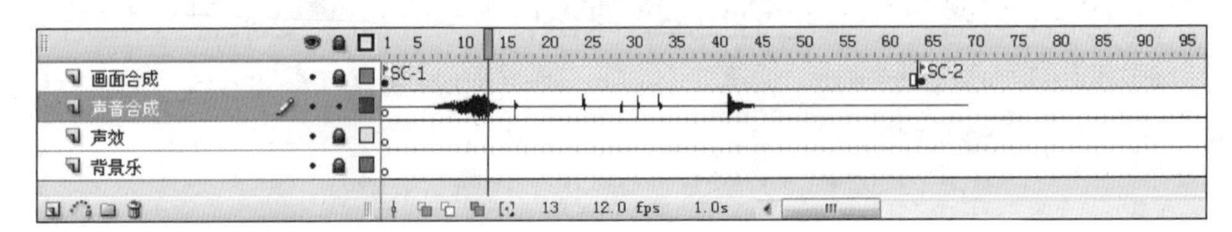

图5—92

点击时间轴，在Flash下方会出现声音的属性面板（见图5—93）。

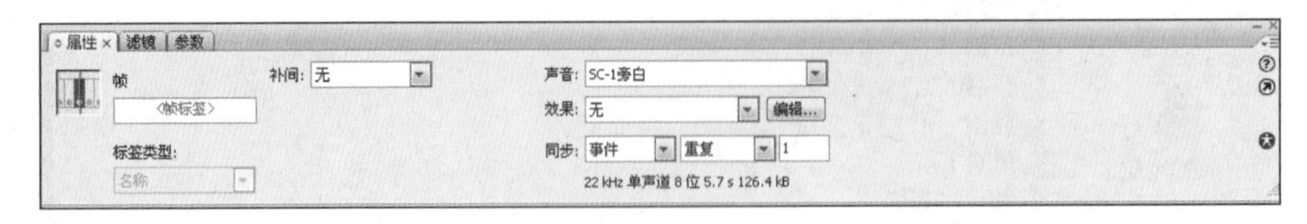

图5—93

声音属性面板中有一个“同步”选项，Flash中默认的是“事件”，在“事件”状态下，只有测试影片（Ctrl+Enter）时才可听到声音；也可以选择“数据流”，这样就可以实时拖动时间轴测试声音了（见图5—94）。

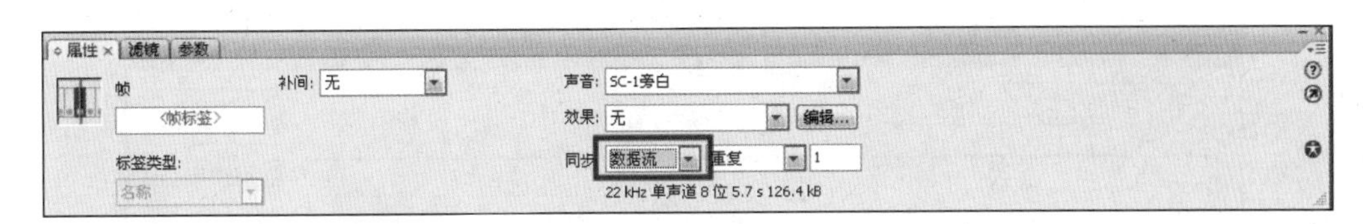

图5—94

动画中的声音同样需要一些淡出、淡入、音色高低的效果。Flash的声音属性提供了这样的效果，点击声音属性面板中的“编辑”，弹出声音编辑面板（见图5—95）。

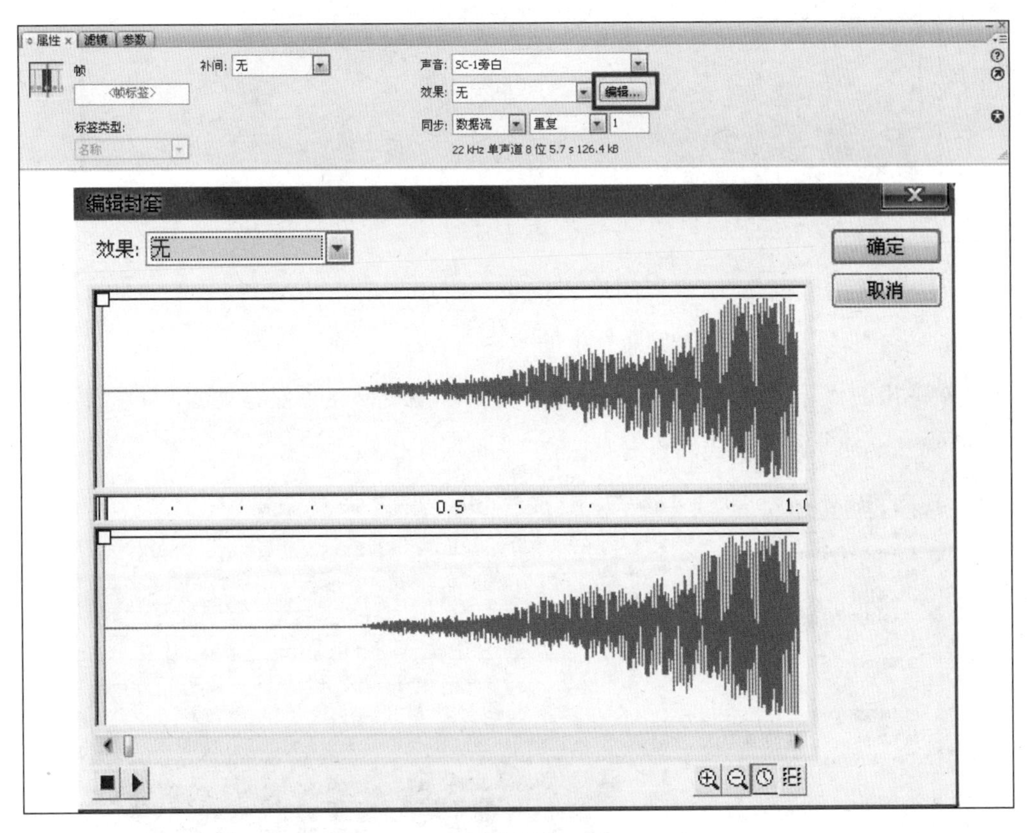

图5—95

Flash声音编辑面板中的效果里包括声道、淡出、淡入等效果。也可以利用编辑封套节点来调出动画所需的声音效果（见图5—96）。

按照上述的方法，将声效与背景乐导入其他两层，再利用声音编辑面板进行调节，将所有动画镜头中的音效制作完整。

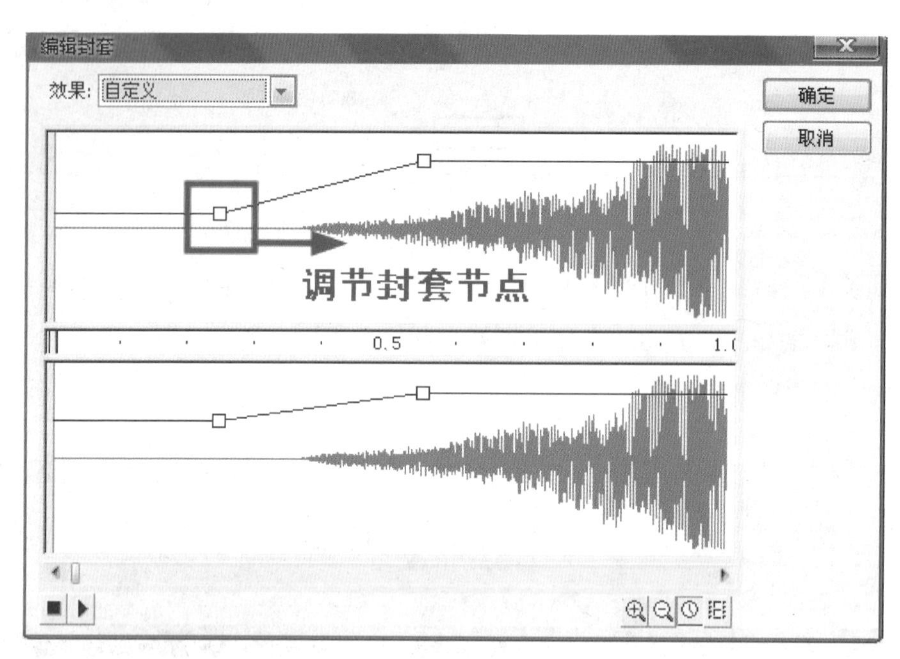

图5—96

下面就到了整个制作流程的最后一步，将影片输出为AVI格式的视频。选择Flash“文件”菜单下“导出”命令中的“导出影片”选项（见图5—97）。

在弹出的“导出影片”面板中，选择好储存路径，在“保存类型”下拉菜单中选择“Windows AVI”格式，点击“保存”（见图5—98）。

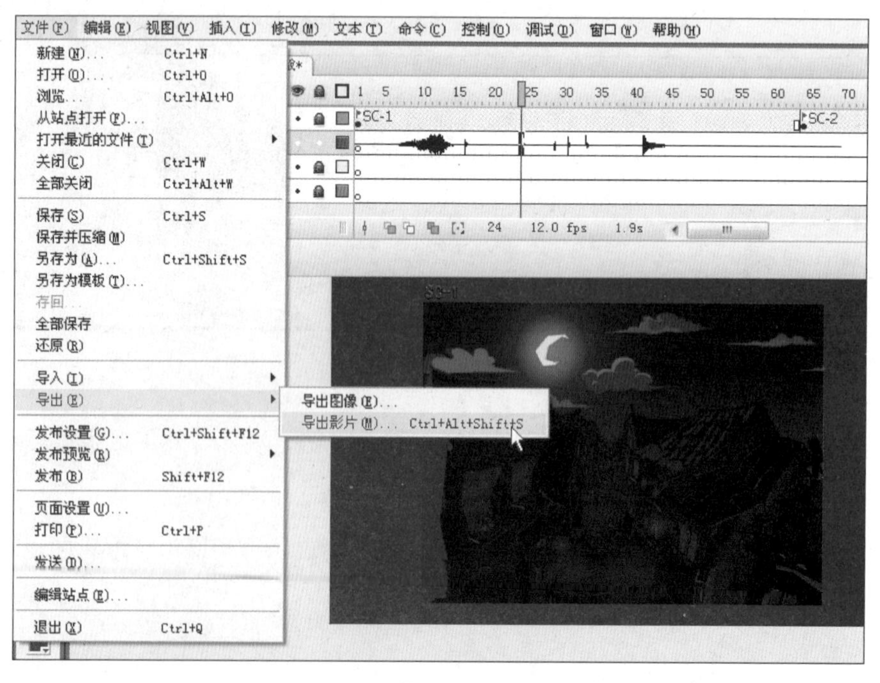

图5—97

在弹出的格式参数面板中，不要“保持宽高比”，尺寸设置为720×576，其他参数根据影片质量需要再进行调整，点击“确定”（见图5—99），在弹出的视频压

图5—98

缩选项面板中依据影片需求进行设置，最后输出影片（见图5—100）。

《惊魂夜》是一个整片长为4分30秒的动画短片，后期画面、音效合成都在Flash中进行。但是如果我们做长篇动画，就会面临时间较长、元件很多的问题，

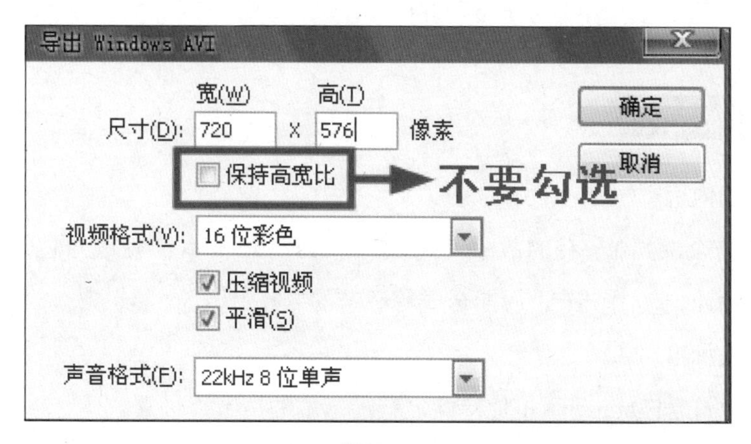

图5—99

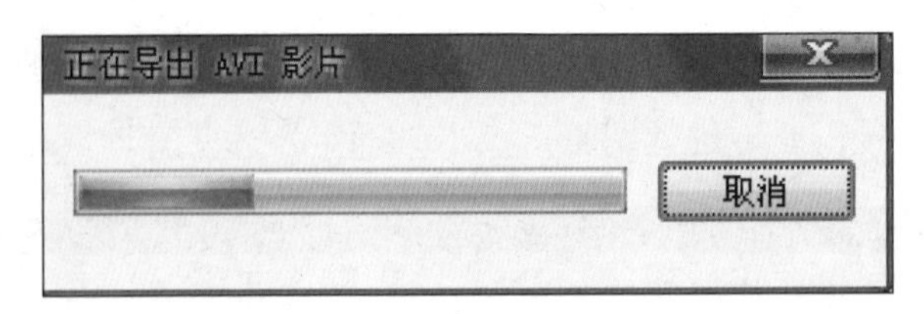

图5—100

在Flash中做后期剪辑合成就不方便了。Flash不是专门的后期处理软件，它有其本身的弱点，处理能力有限，如果编辑较大的文件，往往会出现程序意外退出的情况，所以在制作一些时长量大动画的时候，就会用After Effects、Premiere等专业后期软件来进行剪辑合成。

Flash动画短片《惊魂夜》到此已经做好，接下来制作片头、片尾（见图5—101），然后可以运用Premiere软件再进行一次整体合成。

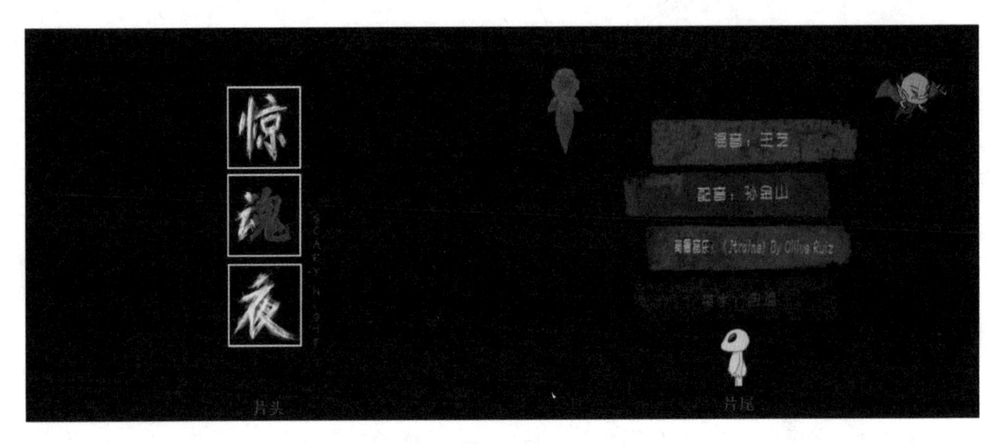

图5—101

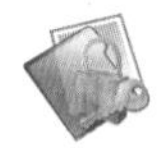

拓展练习

1. 实训内容

选择一个3分钟左右的故事，将其改编为动画剧本，完成角色造型、场景设计、镜头设计、动画调节、后期合成等环节的制作。

2. 完成标准

剧本：符合Flash动画短片特性，有最基本的情节点设置。

文字脚本：镜号、镜头内容、景别、镜头移动方式等标注明确，内容详细。

角色造型：基本转面图完整、人物结构透视准确、色彩搭配合理、色标规范、有基本的表情参考及动作参考图。

场景设计：形体、透视准确，色彩渲染符合剧情需求，场景分层合理。

动画调节：合理选择动画类型，元件套用正确，元件属性充分利用，图层、元件等命名规范。

后期合成：保证镜头叙事的正常化，音效合成保证音色准确，音画同步，生成影片质量较好。

图书在版编目（CIP）数据

FLASH 动画综合实训 /杜坚敏，孙金山主编．—北京：中国人民大学出版社，2012.6
21 世纪高等院校动画专业实训教材
ISBN 978-7-300-15619-4

Ⅰ．①F… Ⅱ．①杜…②孙… Ⅲ．①动画-设计-图形软件-高等学校-教材 Ⅳ．①TP391.41

中国版本图书馆 CIP 数据核字（2012）第 108621 号

21 世纪高等院校动画专业实训教材
FLASH 动画综合实训
主　编　杜坚敏　孙金山
副主编　陆天奕　王晓婷　吴伟峰
FLASH Donghua Zonghe Shixun

出版发行　中国人民大学出版社
社　　址　北京中关村大街 31 号　　　　**邮政编码**　100080
电　　话　010－62511242（总编室）　　010－62511398（质管部）
　　　　　　010－82501766（邮购部）　　010－62514148（门市部）
　　　　　　010－62515195（发行公司）　010－62515275（盗版举报）
网　　址　http://www.crup.com.cn
　　　　　　http://www.ttrnet.com(人大教研网)
经　　销　新华书店
印　　刷　北京宏伟双华印刷有限公司
规　　格　185 mm×260 mm　16 开本　　**版　　次**　2012 年 6 月第 1 版
印　　张　14.25　　　　　　　　　　　**印　　次**　2012 年 6 月第 1 次印刷
字　　数　100 000　　　　　　　　　　**定　　价**　56.00 元

中国人民大学出版社华东分社
信息反馈表

尊敬的老师，您好！

为了更好地为您的教学、科研服务，我们希望通过这张反馈表来获取您更多的建议和意见，以进一步完善我们的工作。

请您填好下表后以电子邮件、信件或传真的形式反馈给我们，十分感谢！

一、您使用的我社教材情况

您使用的我社教材名称			
您所讲授的课程		学生人数	
您希望获得哪些相关教学资源			
您对本书有哪些建议			

二、您目前使用的教材及计划编写的教材

	书名	作者	出版社
您目前使用的教材			
	书名	预计交稿时间	本校开课学生数量
您计划编写的教材			

三、请留下您的联系方式，以便我们为您赠送样书（限1本）

您的通讯地址			
您的姓名		联系电话	
电子邮件（必填）			

我们的联系方式：

地　址：苏州工业园区仁爱路158号中国人民大学国际学院修远楼

电　话：0512-68839319　　传　真：0512-68839316

E-mail：huadong@crup.com.cn　　邮　编：215123

微　博：http://weibo.com/cruphd　　QQ（华东分社教研服务群）：34573529

信息反馈表下载地址：http://www.crup.com.cn/hdfs